“十二五”国家重点图书·重大出版工程规划
航空航天精品系列图书

固态波陀螺仪导航系统

НАВИГАЦИОННЫЕ СИСТЕМЫ НА ВОЛНОВЫХ ТВЕРДОТЕЛЬНЫХ ГИРОСКОПАХ

В.А.Матвеев Б.С.Лунин М.А.Басараб［俄］著
马菊红 编译 傅利 审

哈爾濱工業大學出版社
HARBIN INSTITUTE OF TECHNOLOGY PRESS

内 容 简 介

本书中研究了固态波陀螺仪作为新一代捷联惯性导航系统敏感部件的主要工作原理。研究了与固态波陀螺仪的模拟、设计及生产工艺相关的问题以及与其参数识别过程、平衡过程以及一次、二次信息处理过程相关的问题。在解决所提出的问题时广泛运用了以R－函数理论和原子函数理论为基础的数值逼近方法和四元数代数机构。

本书适用于相应专业的科研工作者、研究生及高年级本科生。

图书在版编目(CIP)数据

固态波陀螺仪导航系统/马菊红编译. —哈尔滨：
哈尔滨工业大学出版社，2013.7
ISBN 978-7-5603-4038-8

Ⅰ.①固… Ⅱ.①马… Ⅲ.①航空仪表—振动—
陀螺仪—研究 Ⅳ.①V241.5

中国版本图书馆 CIP 数据核字(2013)第 054990 号

策划编辑　甄淼淼
责任编辑　范业婷
出版发行　哈尔滨工业大学出版社
社　　址　哈尔滨市南岗区复华四道街 10 号　邮编 150006
传　　真　0451-86414749
网　　址　http://hitpress.hit.edu.cn
印　　刷　黑龙江省地质测绘印制中心印刷厂
开　　本　880mm×1230mm　1/16　印张 11.75　字数 236 千字
版　　次　2013 年 7 月第 1 版　2013 年 7 月第 1 次印刷
书　　号　ISBN 978-7-5603-4038-8
定　　价　88.00 元

◎前 言

Preface

导航设备的快速发展是技术进步的一个主要方面。这一过程的特点是：一方面，出现了一系列以新原理为基础的导航设备（固态陀螺仪和微机械陀螺仪，卫星导航系统）；另一方面，它们广泛用于现代社会生活的很多领域。如果说10～15年前导航设备还只是用于空中导航和航海，那么现在它们应用于工业机器人中，钻井设备的控制头中，汽车的主动悬架中，用来定向的独立坐标测定仪中，虚拟现实头盔中等。结合现代社会的计算机化，导航系统成了信息环境的主要组成部分之一。

高精度武器系统的出现为在军用技术设备中采用导航装置提供了新的机遇。军用飞机、导弹、鱼雷、制导弹头、枪炮稳定器、各种控制器、弹射椅——这还远远没有完全列出导航装置的现代应用。

宇航技术是使用惯性导航系统的特殊领域。与天文学定向方法一样，今天，导航系统几乎运用在所有类型的航天器上。

陀螺仪像以前一样仍然是飞行器和飞船不可分割的部分。尽管卫星导航系统发展迅速，所有飞机和飞船的机载设备中还是有独立的导航系统，这是因为必须保障控制运动的独立系统工作，以及出于安全上的考虑，因为存在无线电阴影区和一些地区，在卫星信号接收器工作时地球的电磁干扰能够引起故障。

今天，在这些陀螺仪运用的传统领域中，对导航系统提出了新的、更严格的要求。

它们在复杂的外部条件中工作，应该可靠性高、工作寿命长、精度高、质量小、外形尺寸小、能量消耗少。这些要求促使人们研制新型的陀螺仪，因为几十年前研制的机械陀螺仪在今天其很多参数都已经不能满足要求。

众所周知，经典陀螺仪的主要缺点是存在旋转（及磨损）部件：电动机、轴承等。由于运用固定在轴承中的物质作为敏感部件，所以经典的转子陀螺仪对机械负荷很敏感。尽管在几十年中转子陀螺仪的性能接连得到改善，但研究者认为对参数的原则性改善与新一代固态陀螺仪有关，这种陀螺仪的旋转转子用静态结构代替：固态波陀螺仪和光学陀螺仪（环型激光陀螺仪和光纤陀螺仪）。所有这些陀螺仪的研制开始于20世纪70年代初，目前尚处于工业开发的各个阶段。

固态波陀螺仪的作用原理是以旋转的轴对称壳体中激发的弹性驻波的惯性为基础。这一效应是Г.布莱恩在1890年在振动壳体绕其对称轴旋转时研究它的声振特性时所做出的理论发现，并得到实验的证实。由于哥氏力的作用，驻波对于壳体，以及在惯性空间中都会发生进动。布莱恩在用显微镜观察在旋转平台上薄壁酒杯的振动边缘时通过巧妙的实验证实了自己的计算。他查明，驻波的转数（通过计算显微镜视野中通过的波腹或结点数确定）总是小于酒杯的实际转数，也就是说，驻波的旋转角速度小于载波的旋转角速度。

布莱恩研究了运动的个别情况——振动环的匀速旋转。在 20 世纪 60 年代，П. 林奇（美国）通过实验证实了该效应对以变角速度旋转的环的适用性。后来，茹拉夫廖夫和克里莫夫在理论上证实了布莱恩效应对于任何规律的基座旋转都正确。

在某种意义上固态波陀螺仪可以看作谐振子陀螺仪的进一步发展，它的最早模型是最简单的音叉陀螺仪。

新型陀螺仪独特的工作原理使其具有一系列优点：

(1)完全没有运动部件，装置的工作寿命长；

(2)精度高，偶然误差小；

(3)对周围环境的恶劣条件(温度，振动，γ 射线)稳定性好；

(4)较小的外形尺寸、质量及消耗功率；

(5)在短时间切断供电的情况下可以保留惯性信息。

这些优点使固态波陀螺仪成为运用在捷联惯性导航系统中最有前景的一种陀螺仪。

对这种类型装置的技术结构研究及生产运用要求解决一系列新的科学问题。在模拟固态波陀螺仪和设计以固态波陀螺仪为基础的捷联惯性导航系统时所产生问题的多样性要求更宽泛地引用现代逼近理论方法、数值分析方法、人工智能方法、数字的信号处理方法。

本专著由 5 章构成。

第 1 章描写了固态波陀螺仪的基本作用原理。根据两种模型(环形模型和半球形模型)进行阐述。尽管环形模型简单，它也能够实现半球谐振子中的很多过程，进行相当完全的定性分析。此外，这种模型具有独立作用，因为目前存在以小型环形谐振子为基础的固态波陀螺仪结构。在这章中还介绍了激发振动系统和信息采集系统方面的知识。

第 2 章阐述了非理想谐振子的误差源及对它的数学补偿(平衡)。研究了与固态波陀螺仪驻波控制系统相关的理论问题。

第 3 章阐述了通过现代逼近理论方法及数值分析法(原子逼近及样条逼近的有限元方法，R—函数理论方法)来模拟固态波陀螺仪谐振环形结构和壳体结构的方法。其重点是模拟固态波陀螺仪中对其动力学产生影响的热过程。

第 4 章研究了与固态波陀螺仪的结构及工艺相关的问题。探讨了测量高品质因数谐振子性能指标的方法。着重从非弹性理论观点研究了内摩擦的测量及实验数据插值问题。研究了测量和计算半球谐振子频谱问题，以及测量固有频率分裂的方法。研究了石英玻璃的结构和性质，以及石英玻璃中的内摩擦作用。探讨了损耗与结构温度、杂质、内应力的相互联系，研究了谐振子退火的特点。详细探讨了与玻璃机械加工所形成的损坏层，以及吸附大气水相关的表面非弹性效应。

第 5 章阐述的是在固态波陀螺仪基础上构建捷联惯性导航系统的一些情况。研究了固态波陀螺仪信号处理中的卡尔曼滤波问题，四元数逼近及插值的方法和算法。

本专著含有大量实验材料，还综述了大量文献资料，所以，对模拟和设计固态波陀螺仪以及以固态波为基础的捷联惯性导航系统都很有益。

作 者

2012 年 12 月

◎目 录

Contents

第1章 固态波陀螺仪作用的理论基础

1.1 工作原理

固态波陀螺仪作用的物理原理是以弹性波的惯性为基础(布莱恩效应)。广泛使用具有半球形敏感元件的固态波陀螺仪,其薄壁谐振子如图 1.1 所示,壳体 1 借助于支架 2 与基座 3 刚性连接。

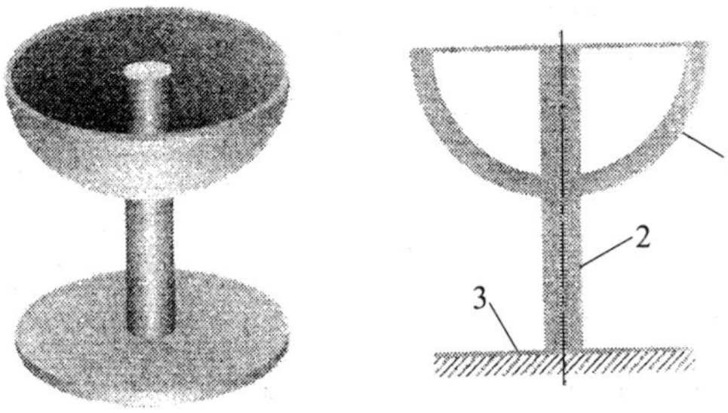

(a)三维模型　　(b)轴截面

图 1.1　固态波陀螺仪谐振子

1— 壳体;2— 支架;3— 基座

我们从半球形谐振子物体中分出横截面积有限的半径为 R 的环,并认为,该环(环形谐振子)的中心与基座刚性连接,以角速度 Ω 旋转。

假设,在基座旋转情况下,在环形谐振子中激起振型阶次为 k 的弹性驻波。图 1.2(a) 所表示的是 $k=2$ 的驻波形式,其最大值的半径在装置壳体坐标系 XOY 中的位置与 Y 轴成 φ_0 角。若装置壳体开始以角速度 Ω 旋转,那么,波腹的方位角的变化规律为

$$\varphi(t)=\varphi_0-\frac{2}{k^2+1}\int_0^t\Omega(\tau)\mathrm{d}\tau \tag{1.1.1}$$

由表达式(1.1.1)可得,驻波在空间的转角小于装置壳体的转角,等于 $\int_0^t\Omega(\tau)\mathrm{d}\tau$,并且,在 φ_0 已知的情况下(例如,在 $\varphi_0=0$ 的情况下)角 $\varphi(t)$ 是基座转角的量度,即

$$\varphi(t)=-\frac{2}{k^2+1}\int_0^t\Omega(\tau)\mathrm{d}\tau \tag{1.1.2}$$

在类似条件中,带有垂直转轴的固体会相对于基座无摩擦地转动,角度为

$$\varphi(t)=-\int_0^t\Omega(\tau)\mathrm{d}\tau \tag{1.1.3}$$

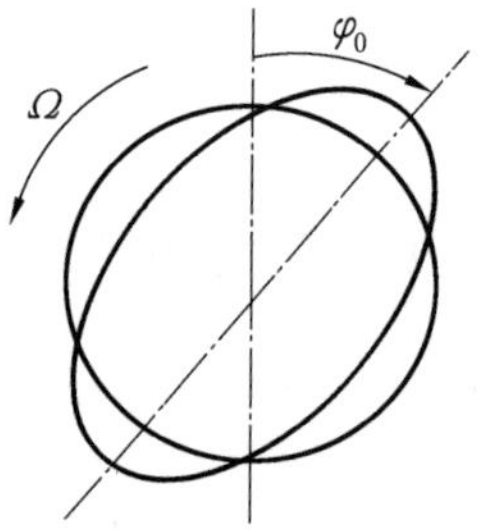

(a)二阶振型驻波的方位

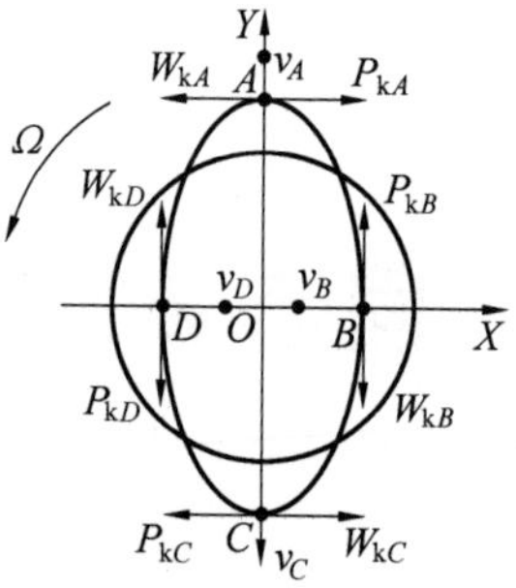

(b)形成进动的机理

图 1.2　固态波陀螺仪中的布莱恩效应

式(1.1.2)和(1.1.3)的差别只是换算比例系数(进动率)不同(不等于1)。

图1.2(b)可以详细解释产生进动的机理。驻波的波腹位于点A,B,C,D中。在半球转动时,这些点做复杂运动:速度为v_A,v_B,v_C,v_D的相对运动和角速度为Ω的牵连运动。在点A,B,C,D中出现的质量单元的科氏(旋转)加速度分别用W_{kA},W_{kB},W_{kC},W_{kD}表示。在点A,C和B,D中所施加的科氏惯性力P_{kA},P_{kB},P_{kC},P_{kD}方向相反,并产生力偶。力偶P_{kA},P_{kC}和P_{kB},P_{kD}方向相反,其总和会产生科氏惯性力的合力偶,其模量正比于基座的旋转角速度值。该力偶会引起(驻波)波场相对于谐振子在惯性空间中的进动。

在环形谐振子中可能同时存在几种形式的弹性振动,分别对应于$k=2,3,4,\cdots$,在这种情况下,可以形成几种独立的基座旋转测定方法,换算式为(1.1.2),比例系数(进动率)为

$$K=\frac{2}{k^2+1} \tag{1.1.4}$$

二阶($k=2$)振型通常用作工作形式,因为它是半球形谐振子固有弯曲振动的低阶形式(图1.3(c))。零阶振型($k=0$)相应于拉伸－压缩振动,在研究固态波陀螺仪的动力学时不予考虑,因为谐振子的拉伸变形与弯曲变形相比很小(图1.3(a))。一阶($k=1$)振型对应于谐振子作为刚体的移动,在对固态波陀螺仪运动方程求解时必须考虑,并考虑谐振子支架的形变(图1.3(b))。

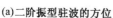

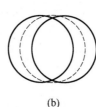

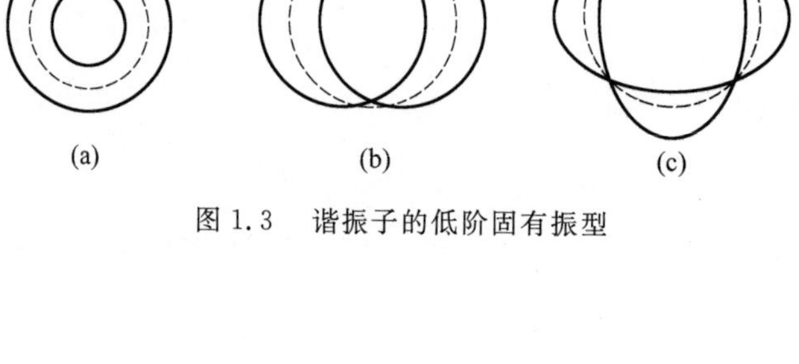

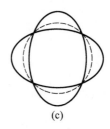

(a)　(b)　(c)

图 1.3　谐振子的低阶固有振型

1.2 环形谐振子模型

1.2.1 环形谐振子的几何结构和动力学

首先我们来看一下对于在任意角度 φ 情况下在小角度 $\Delta\varphi$ 上所形成的环形谐振子单元的主要几何关系。

假设用 aa_1 段表示处于不变形状态的谐振子单元(图 1.4)。该段在壳体坐标系 XOY 中的起点和终点坐标值为

$$x = R\cos\varphi, \quad y = R\sin\varphi$$
$$x_1 = R\cos(\varphi + \Delta\varphi), \quad y_1 = R\sin(\varphi + \Delta\varphi) \tag{1.2.1}$$

小段单元 aa_1 轴线的长度可表示为

$$\Delta s = \sqrt{(x_1 - x)^2 + (y_1 - y)^2} \tag{1.2.2}$$

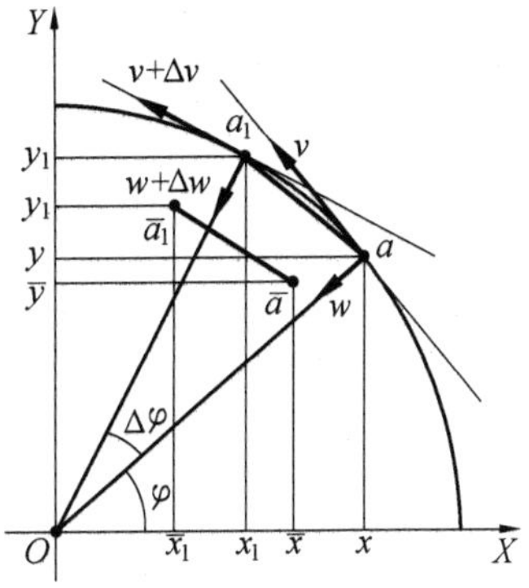

图 1.4 环形谐振子的几何结构

将式(1.2.1)代入式(1.2.2),对于小度角 $\Delta\varphi$,近似可得

$$\Delta s \approx R\Delta\varphi \tag{1.2.3}$$

在谐振子有形变的情况下,其 aa_1 单元的位置为 $\overline{aa_1}$。并且,线段起点沿轴线的切向和法向具有的正变形位移为 v 和 w,而线段终点沿轴线的切向和法向具有的正变形位移为 $v+\Delta v$ 和 $w+\Delta w$。aa_1 段的起点和终点坐标及长度可表示为

$$\left.\begin{aligned}\bar{x} &= R\cos\varphi - v\sin\varphi - w\cos\varphi \\ \bar{y} &= R\sin\varphi + v\cos\varphi - w\sin\varphi\end{aligned}\right\}$$

$$\left.\begin{aligned}\bar{x}_1 &= R\cos(\varphi + \Delta\varphi) - (v + \Delta v)\sin(\varphi + \Delta\varphi) - (w + \Delta w)\cos(\varphi + \Delta\varphi) \\ \bar{y}_1 &= R\sin(\varphi + \Delta\varphi) + (v + \Delta v)\cos(\varphi + \Delta\varphi) - (w + \Delta w)\sin(\varphi + \Delta\varphi)\end{aligned}\right\} \tag{1.2.4}$$

$$\Delta s = \sqrt{(\bar{x}_1 - \bar{x})^2 + (\bar{y}_1 - \bar{y})^2} \tag{1.2.5}$$

如果注意到在 $\Delta\varphi \to 0$ 时,$\Delta v \approx v'\Delta\varphi$,$\Delta w \approx w'\Delta\varphi$,$\cos\Delta\varphi \approx 1$,$\sin\Delta\varphi \approx \Delta\varphi$,那么,由公式(1.2.4)可得

$$\overline{\Delta s} = \Delta\varphi\sqrt{(R + v' - w)^2 + (v + w')^2} \tag{1.2.6}$$

在表达式(1.2.6)及后面各处都用"′"表示对角度 φ 的导数,而坐标 v 和 w 取作环形谐振子的广义坐标。

在后面,我们将以变形时谐振子的中线不可拉伸假设为根据,这相当于满足条件

$$\Delta s = \overline{\Delta s} \tag{1.2.7}$$

或者考虑到式(1.2.3),(1.2.6),有

$$(R+v'-w)^2+(v+w')^2=R^2 \tag{1.2.8}$$

对不可拉伸条件(1.2.7) 线性化，可得

$$v'=w \tag{1.2.9}$$

在谐振子中线圆周平面发生谐振子变形的情况下，在其每一点切线转动的角度为

$$\psi=\psi_1+\psi_2 \tag{1.2.10}$$

式中，ψ_1 为由于切向变形引起的切线的转动，它与截面位移 v 有关；角 ψ_2 为由于径向变形引起的切线的转动，它与小段长度 $R\Delta\varphi$ 两端在径向位移不同有关。

对于小的角度值 ψ_1，ψ_2，可得

$$\psi_1\approx\frac{v}{R},\quad \psi_2\approx\frac{1}{R}w'$$

那么，式(1.2.10) 变为

$$\psi=\frac{1}{R}(v+w') \tag{1.2.11}$$

切线的这一转角正是使驻波变形时在环的横截面中形成弹性矩的起因。

为进一步研究，重要的是确定以速度 Ω 旋转的环形谐振子的轴向中线上任意点在形变 $\dot{v}$，$\dot{w}$ 引起相对运动的情况下的主要动力学关系。对于小的 v 和 w 值，计算绝对点在谐振子中线上的切向分量 $v_\parallel$ 和径向分量 $v_\perp$，可得

$$\left.\begin{aligned} v_\parallel&=\dot{v}+\Omega(R-w)\\ v_\perp&=w+\Omega v\end{aligned}\right\} \tag{1.2.12}$$

1.2.2　环形谐振子动力学

为了导出环形谐振子的动力学方程，运用拉格朗日方法。既然谐振子的广义坐标 v 和 w 是两个独立变量 t 和 φ 的函数，那么，首先必须确定拉格朗日方程本身。为此，我们要研究一下环的动能与势能结构，其密度(单位角度值) 可表示为

$$T=\frac{1}{2}\rho S(v_\parallel^2+v_\perp^2)=\frac{1}{2}\rho S[(\dot{v}+\Omega R-\Omega w)^2+(\dot{w}+\Omega v)^2]$$

$$\Pi=\frac{EJ}{2}\kappa^2 \tag{1.2.13}$$

式中，ρ 为环形材料的密度；S 为环的横截面积；R 为环的中间中性线的半径；E 为材料的弹性模量；J 为环的横截面相对于中性轴的惯性矩；κ 为环的中性层曲率的变化。

考虑到式(1.2.11)，有

$$\kappa=\frac{1}{R}\psi'=\frac{1}{R^2}(v'+w'') \tag{1.2.14}$$

$$\Pi=\frac{EJ}{2R^4}(v'+w'')^2 \tag{1.2.15}$$

系统的单位拉格朗日算子可表示

$$L=\frac{T-\Pi}{\rho S}=[(\dot{v}+\Omega R-\Omega w)^2+(\dot{w}+\Omega v)^2-\kappa^2(v'+w'')^2] \quad (1.2.16)$$

式中，$\kappa^2=\dfrac{EJ}{\rho SR^4}$。

由拉格朗日函数和约束方程(1.2.8)可以形成双重定积分

$$I=\int_{\varphi_1}^{\varphi_2}\int_{t_1}^{t_2}[L(v,w,\dot{v},\dot{w},v',w'')+\lambda(t,\varphi)f(v',w)]\mathrm{d}t\mathrm{d}\varphi \quad (1.2.17)$$

式中，$\lambda(t,\varphi)$为不确定拉格朗日乘子；$f(v',w)=v'-w=0$为约束方程(环的中线不可拉伸条件)。

根据哈密顿原理，系统从给定的初始状态(φ_1,t_1)到确定的最终状态(φ_2,t_2)实际运动时，积分(1.2.17)具有最小值。位移v和w是系统的广义坐标，因此，积分(1.2.17)的最小值对于这些变量的变化相当于

$$\delta I(\delta v,\delta w)=0$$

式中，δ为函数增量或变量符号。

将最后的表达式展开，有

$$\delta I=\int_{\varphi_1}^{\varphi_2}\int_{t_1}^{t_2}\left[\frac{\partial L}{\partial v}\delta v+\frac{\partial L}{\partial w}\delta w+\frac{\partial L}{\partial \dot{v}}\delta\dot{v}+\frac{\partial L}{\partial \dot{w}}\delta\dot{w}+\frac{\partial L}{\partial v'}\delta v'+\frac{\partial L}{\partial w''}\delta w''+\lambda\frac{\partial f}{\partial v'}\delta v'+\lambda\frac{\partial f}{\partial w}\delta w\right]\mathrm{d}t\mathrm{d}\varphi=0 \quad (1.2.18)$$

利用分部积分，并注意到在确定的始点和终点的偏微分等于零来变换方程(1.2.18)，可得

$$\int_{\varphi_1}^{\varphi_2}\int_{t_1}^{t_2}\left\{\left[\frac{\partial L}{\partial v}-\frac{\mathrm{d}}{\mathrm{d}t}\frac{\partial L}{\partial \dot{v}}-\frac{\mathrm{d}}{\mathrm{d}\varphi}\frac{\partial L}{\partial v'}-\frac{\mathrm{d}}{\mathrm{d}\varphi}\left(\lambda\frac{\partial f}{\partial v'}\right)+\lambda\frac{\partial f}{\partial v}\right]\delta v+\left[\frac{\partial L}{\partial w}-\frac{\mathrm{d}}{\mathrm{d}t}\frac{\partial L}{\partial \dot{w}}+\frac{\mathrm{d}^2}{\mathrm{d}\varphi^2}\frac{\partial L}{\partial w''}+\lambda\frac{\partial f}{\partial w}-\frac{\mathrm{d}}{\mathrm{d}\varphi}\left(\lambda\frac{\partial f}{\partial w'}\right)\right]\delta w\right\}\mathrm{d}t\mathrm{d}\varphi=0$$

在$\delta v,\delta w$变换时，当余因子形式的被积式变为零时满足最后一个条件。结果可以得到弹性环谐振子的拉格朗日方程

$$\left.\begin{aligned}&\frac{\partial L}{\partial v}-\frac{\mathrm{d}}{\mathrm{d}t}\frac{\partial L}{\partial \dot{v}}-\frac{\mathrm{d}}{\mathrm{d}\varphi}\frac{\partial L}{\partial v'}-\frac{\mathrm{d}}{\mathrm{d}\varphi}\left(\lambda\frac{\partial f}{\partial v'}\right)+\lambda\frac{\partial f}{\partial v}=0\\&\frac{\partial L}{\partial w}-\frac{\mathrm{d}}{\mathrm{d}t}\frac{\partial L}{\partial \dot{w}}+\frac{\mathrm{d}^2}{\mathrm{d}\varphi^2}\frac{\partial L}{\partial w''}+\lambda\frac{\partial f}{\partial w}-\frac{\mathrm{d}}{\mathrm{d}\varphi}\left(\lambda\frac{\partial f}{\partial w'}\right)=0\end{aligned}\right\} \quad (1.2.19)$$

将拉格朗日函数(1.2.16)代入方程(1.2.19)，并考虑式(1.2.9)，可得

$$\left.\begin{aligned}&\ddot{v}-2\Omega\dot{w}+(R-w)\dot{\Omega}-\Omega^2v-\kappa^2(w'''+v'')+\\&\frac{\mathrm{d}}{\mathrm{d}\varphi}[\lambda(R+v'-w)]-\lambda(w'+v)=0\\&\ddot{w}+2\Omega\dot{v}+\dot{\Omega}v+(R-w)\Omega^2+\kappa^2(w^{(4)}+v''')+\\&\frac{\mathrm{d}}{\mathrm{d}\varphi}[\lambda(v+w')]+\lambda(R+v'-w)=0\end{aligned}\right\} \quad (1.2.20)$$

式中,"·"表示对时间的导数。

用方程(1.2.20)与约束方程(1.2.9)一起可以完全描述以绝对角速度 Ω 旋转的环形谐振子本身的运动。方程组(1.2.20)是非线性的,但是,环形谐振子运动的基本特征可以相当完全地用其主要的线性部分来描述。为了使方程组(1.2.20)线性化,我们用下面的表达式表示拉格朗日乘子

$$\lambda = \lambda_0 + \lambda_1$$

这里,λ_0 与变量 v,w 无关,而在 $v,w \to 0$ 时,$\lambda_1 = \lambda_1(t,\varphi) \to 0$。那么,由方程组(1.2.20)的第二个方程可得

$$\left.\begin{aligned} &\ddot{v} - 2\Omega\dot{w} + (R-w)\dot{\Omega} - \kappa^2(w''' + v'') + R\lambda_1' + \Omega^2 w'' = 0 \\ &\ddot{w} + 2\Omega\dot{v} + \dot{\Omega}v - 2\Omega^2 w + \kappa^2(w^{(4)} + v''') + \lambda_1 R - \Omega^2 w'' = 0 \end{aligned}\right\} \tag{1.2.21}$$

第二个方程对 φ 求微分,并从第一个方程中减掉。把这一差值再一次对 φ 求微分,并借助于约束条件(1.2.8)消去 v,可得

$$\ddot{w}'' - \ddot{w} + 4\Omega\dot{w}' + 2\dot{\Omega}w' + \kappa^2(w^{(6)} + 2w^{(4)} + w'') - \Omega^2(w^{(4)} + 3w'') = 0 \tag{1.2.22}$$

这样,代替方程组(1.2.21)得到了对于变量 w 的齐次微分方程,变量 w 描述的是弹性环在径向的形变。

在分析环形谐振子的运动时,使用无量纲时间 $\tau = kt$ 和基座的无量纲角速度 $\omega = \Omega/k$ 很方便:

$$\ddot{w}'' - \ddot{w} + 4\omega\dot{w}' + 2\dot{\omega}v' + w^{(6)} + 2w^{(4)} + w'' - \omega^2(w^{(4)} + 3w'') = 0 \tag{1.2.23}$$

这里,时间导数按无量纲时间 τ 计算。

为了得到单值解,必须对方程(1.2.23)补充初始条件和沿圆周角 φ 循环的条件,例如

$$\left.\begin{aligned} &w(\varphi,0) = \alpha_0, \quad w(\varphi,0) = 0 \\ &w^{(n)}(0,t) = w^{(n)}(2\pi,t), \quad n = \overline{0,5} \end{aligned}\right\} \tag{1.2.24}$$

由方程(1.2.23)可得,基座的旋转角速度 ω 和角加速度 $\dot{\omega}$ 包含在随时间变化的系数里。因此,基座本身的旋转不会导致形成环形谐振子的弹性振动。但是,在外部激励使谐振子激起弹性波以后,谐振子的动力学则与基座的旋转有关,这种关系在该类型的惯性敏感旋转部件中得到运用。

以后要研究的情况是 $\Omega^2, \omega^2, \dot{\Omega}, \dot{\omega}$ 值很小,并且在方程(1.2.22),(1.2.23)中它们可以忽略不计。

1.2.3 解环形谐振子的运动方程

我们要对方程(1.2.23)求解,得到环形谐振子中驻波的参数。对应的解是所有相互独立的函数,其形式为

$$w(\varphi,\tau)=a(\tau)\cos[2(\varphi-\varphi_0)+\alpha(\tau)] \tag{1.2.25}$$

式中，$a(\tau)$ 为驻波在径向的位移；$\alpha(\tau)$ 为驻波在空间环形展开。

把式(1.2.25) 代入式(1.2.23)，可得

$$-[5\ddot{\alpha}+(36+4\omega^2+8\omega\dot{\alpha}-5\dot{\alpha}^2)\alpha]\cos\beta+$$
$$[(10\dot{a}-8\omega)\dot{a}+(5\ddot{a}-4\dot{\omega})a]\sin\beta=0 \tag{1.2.26}$$

其中，$\beta=2(\varphi-\varphi_0)+a$.

等式(1.2.26) 成立的条件是

$$2\dot{a}(5\dot{a}-4\omega)+a(5\ddot{a}-4\dot{\omega})=0$$

或

$$a(\tau)=\frac{4}{5}\int_0^\tau\omega(s)\mathrm{d}s \tag{1.2.27}$$

那么，解方程

$$5\ddot{a}+\left(36+\frac{36}{5}\omega^2\right)a=0 \tag{1.2.28}$$

可以得到振幅 $a(\tau)$。我们来研究一下解方程(1.2.28) 的个别情况。在基座没有旋转时($\omega=0$)，可以得到带有常系数的方程

$$5\ddot{a}+36a=0 \tag{1.2.29}$$

它的初始条件是

$$a(0)=a_0,\quad \dot{a}(0)=0$$

解为

$$a(\tau)=a_0\cos\frac{6}{\sqrt{5}}\tau \tag{1.2.30}$$

驻波振动频率的量纲形式按下式计算

$$v_0=k\mu_0=6\sqrt{\frac{EJ}{5\rho SR^4}}$$

把式(1.2.27)，(1.2.30) 代入式(1.2.25)，并对于静基座取 $\alpha(\tau)=0$，可得

$$w(\varphi,\tau)=a_0\cos\mu_0\tau\cos[2(\varphi-\varphi_0)] \tag{1.2.31}$$

式中，$\mu_0=6\sqrt{5}$ 为不旋转谐振子弹性固有振动的无量纲频率。

从解式(1.2.31) 可见，驻波波腹的角度位置是

$$\varphi_n=\varphi_0+(m-1)\pi,\quad m=1,2$$

式中，φ_0 为初始角，它对应于激发初始振动的方向。

在基座以不变的角速度 $\omega=\omega_0=$ 常数旋转时，解式(1.2.23) 的形式为

$$w(\varphi,\tau)=a(\tau)\cos\left[2(\varphi-\varphi_0)+\frac{4}{5}\omega_0\tau\right] \tag{1.2.32}$$

式中
$$a(\tau)=a_0\cos\mu\tau$$

由式(1.2.28) 可得

$$\mu = \sqrt{\mu_0^2 + \frac{36}{25}\omega_0^2}$$

解式(1.2.23)可得，基座转速不变，既会改变基座的固有振动频率 μ，也会改变驻波的空间位置。因此，对驻波谐振频率的测定可以给出有关基座旋转的信息。但是，主要的测定方法应该认为是测定驻波波腹相对于装置壳体的位置。由式(1.2.32)还可得出，驻波波腹的位置满足：$\cos\left[2(\varphi - \varphi_0) + \frac{4}{5}\omega_0\tau\right] = 1$，即

$$\varphi_n = \varphi_0 + (m-1)\pi - \frac{2}{5}\omega_0\tau, \quad m = 1,2 \tag{1.2.33}$$

根据测定装置壳体坐标系中的角度 φ，可以得到有关基座转速 ω_0 或基座转角 $\alpha_0 = \omega_0\tau$ 的信息。

指出下列事实很有用：对于惯性空间驻波的转动速度为

$$\dot{\varphi}_n(\tau) = \omega_0 - \frac{2}{5}\omega_0 = \frac{3}{5}\omega_0 \tag{1.2.34}$$

由式(1.2.34)可知，谐振子形成的驻波相对惯性空间以 $\frac{3}{5}\omega_0$（基座转速的3/5）的速度旋转。

在基座以任意角速度旋转时($\omega(\tau) \neq \text{const}$)，式(1.2.25)解中的函数 $\alpha(\tau)$ 由式(1.2.27)确定。所以，在这种情况下仍然有可能测定驻波角度位置的转动，即

$$\varphi(\tau) = \varphi_0 + (m-1)\pi - \frac{2}{5}\int_0^\tau \omega(s)\mathrm{d}s \tag{1.2.35}$$

在这种情况下函数 $\alpha(\tau)$ 由线性非稳态方程(1.2.23)的解决定，很多个别情况在其他相关文献中得到相当详尽的研究。

用布勒诺夫－加廖尔金法(Метод БУбнова－Галеркина)求解动力学方程。我们来研究求解理想的未拉伸旋转环的自由振动方程的布勒诺夫－加廖尔金法。

$$\ddot{w}'' - \ddot{w} + \kappa^2(w^{(6)} + 2w^{(4)} + w'') = 0 \tag{1.2.36}$$

方程(1.2.36)是对于空间变量的6阶方程和对于时间的2阶方程。因此，必须提出6个边界条件和2个初始条件。我们对振动相位不感兴趣，因此，只提出边界条件。很明显，对于环就是6个周期条件(1.2.24)。通常满足这些条件的三角基础函数是

$$\{1, \cos\varphi, \sin\varphi, \cos 2\varphi, \sin 2\varphi, \cdots, \cos n\varphi, \sin n\varphi, \cdots\} \tag{1.2.37}$$

我们研究二阶振型（主要形式）。在这种情况下系统(1.2.37)中只剩下两个函数：$\cos 2\varphi$ 和 $\sin 2\varphi$。那么，初始函数 w 展开成级数的形式为

$$w(\varphi, t) = p(t)\cos 2\varphi + q(t)\sin 2\varphi \tag{1.2.38}$$

式中，$p(t)$，$q(t)$ 是与时间有关的未知系数。

根据布勒诺夫－加廖尔金法，应该使空间基础函数 $\cos 2\varphi$ 和 $\sin 2\varphi$ 的数量积(1.2.38)等于零，即

$$\left.\begin{aligned}\int_0^{2\pi}[\ddot{w}''-\ddot{w}+k^2(w^{(6)}+2w^{(4)}+w'')]\cos 2\varphi\mathrm{d}\varphi=0\\ \int_0^{2\pi}[\ddot{w}''-\ddot{w}+k^2(w^{(6)}+2w^{(4)}+w'')]\sin 2\varphi\mathrm{d}\varphi=0\end{aligned}\right\}\tag{1.2.39}$$

将 w 的表达式(1.2.38)代入式(1.2.39)中,经过不复杂的变换和求积分后可得

$$\left.\begin{aligned}\ddot{p}+\frac{36\kappa^2}{5}p=0\\ \ddot{q}+\frac{36\kappa^2}{5}q=0\end{aligned}\right\}\tag{1.2.40}$$

方程组(1.2.40)决定两个谐振子,具有相同的固有频率

$$\omega_0=6\kappa/\sqrt{5}$$

近似解的形式为

$$w(\varphi,t)=(A_2\sin\omega_0 t+B_2\cos\omega_0 t)\sin 2\varphi+(C_2\sin\omega_0 t+D_2\cos\omega_0 t)\cos 2\varphi\tag{1.2.41}$$

式(1.2.41)具有以下物理意义:环形谐振子的振动可以用圆周角和相位正交的两个驻波的和的形式表示。

类似地,对于三阶振型有

$$\omega_0=\frac{24}{\sqrt{10}}\kappa$$

$$w(\varphi,t)=(A_3\sin\omega_0 t+B_3\cos\omega_0 t)\sin 3\varphi+(C_3\sin\omega_0 t+D_3\cos\omega_0 t)\cos 3\varphi$$

一般来说,任何环谐振子的振动都是无数下列固有振动形式的和

$$w(\varphi,t)=\sum_{n=1}^{\infty}[p_n(t)\cos n\varphi+q_n(t)\sin n\varphi]$$

用傅里叶法求解动态方程。我们来研究环形谐振子的动态方程

$$\ddot{w}''-\ddot{w}+4\Omega\dot{w}'+\kappa^2(w^{(6)}+2w^{(4)}+w'')=0\tag{1.2.42}$$

初始条件为

$$w(\varphi,0)=a_0(\varphi),\quad \dot{w}(\varphi,0)=a_1(\varphi)\tag{1.2.43}$$

由原型 $w=w(\varphi,t)$ 对自变量 φ,转为傅里叶形式 $W=W(s,t)$

$$W(s,t)=\frac{1}{\sqrt{2\pi}}\int_0^{2\pi}w(\varphi,t)\mathrm{e}^{-\mathrm{i}\varphi s}\mathrm{d}\varphi$$

运用傅里叶变换的性质,替代偏导数微分方程(1.2.42),可以得到普通的微分方程

$$\ddot{W}+4\Omega\mathrm{i}\frac{s}{s^2+1}\dot{W}+\kappa^2\frac{(s^2-1)^2s^2}{s+1}W=0\tag{1.2.44}$$

初始条件为

$$W(s,0)=\hat{a}_0(s),\quad \dot{W}(s,0)=\hat{a}_1(s)\tag{1.2.45}$$

这里

$$\hat{a}_j(s)=\frac{1}{\sqrt{2\pi}}\int_0^{2\pi}a_j(\varphi)\mathrm{e}^{-\mathrm{i}\varphi s}\mathrm{d}\varphi,\quad j=0,1$$

相应的特征方程为

$$r^2+4\Omega\mathrm{i}\,\frac{s}{s^2+1}r+\kappa^2\,\frac{(s^2-1)^2s^2}{s^2+1}=0$$

判别式为

$$D=\left(4\Omega\mathrm{i}\,\frac{s}{s+1}\right)^2-4\kappa^2\,\frac{(s^2-1)^2s^2}{s^2+1}<0$$

式(1.2.44)解的形式为

$$W(s,t)=\exp[-\mathrm{i}\beta(s)t]\left[C_1(s)\exp\left(\mathrm{i}t\sqrt{\omega_0^2(s)+\beta^2(s)}\right)+C_2(s)\exp\left(-\mathrm{i}t\sqrt{\omega_0^2(s)+\beta^2(s)}\right)\right]\tag{1.2.46}$$

式中

$$\beta(s)=\Omega\,\frac{2s}{s^2+1};\quad \omega_0(s)=k\,\frac{(s^2-1)s}{\sqrt{s^2+1}}$$

$C_1(s)$,$C_2(s)$ 为不确定函数。

由于 $\Omega^2\ll 1$,可以近似地记为

$$W(s,t)=\mathrm{e}^{-\mathrm{i}\beta t}(C_1\mathrm{e}^{\mathrm{i}t\omega_0}+C_2\mathrm{e}^{-\mathrm{i}t\omega_0})\tag{1.2.47}$$

不确定函数可以由初始条件(1.2.45)获得

$$W(s,0)=C_1(s)+C_2(s)=\hat{a}_0(s)$$

$$\dot{W}(s,0)=-\mathrm{i}\beta(s)[C_1(s)+C_2(s)]+\mathrm{i}\omega_0(s)[C_1(s)-C_2(s)]=\hat{a}_1(s)$$

我们可以得到

$$C_1(s)=\frac{[\omega_0(s)+\beta(s)]\hat{a}_0(s)-\mathrm{i}\hat{a}_1(s)}{2\omega_0(s)}$$

$$C_2(s)=\frac{[\omega_0(s)-\beta(s)]\hat{a}_0(s)+\mathrm{i}\hat{a}_1(s)}{2\omega_0(s)}$$

原式的傅里叶级数形式为

$$w(\varphi,t)=\sum_{s=-\infty}^{\infty}W(s,t)\mathrm{e}^{\mathrm{i}\varphi s}\tag{1.2.48}$$

特别是对于二阶振型($s=\pm 2$),有

$$w(\varphi,t)=\mathrm{e}^{-\mathrm{i}\Omega\frac{4}{5}t}\mathrm{e}^{2\mathrm{i}\varphi}\left[C_1(2)\mathrm{e}^{\mathrm{i}t\frac{6}{\sqrt{5}}\kappa}+C_2(2)\mathrm{e}^{-\mathrm{i}t\frac{6}{\sqrt{5}}\kappa}\right]+\mathrm{e}^{\mathrm{i}\Omega\frac{4}{5}t}\mathrm{e}^{-2\mathrm{i}\varphi}\left[C_1(-2)\mathrm{e}^{-\mathrm{i}t\frac{6}{\sqrt{5}}\kappa}+C_2(-2)\mathrm{e}^{\mathrm{i}t\frac{6}{\sqrt{5}}\kappa}\right]$$

1.2.4 内摩擦及外部载荷对环形谐振子动力学的作用

弹性波使环形谐振子发生形变不可避免地伴有克服内部摩擦的能量损失。内部耗散机理最普遍的模型是杰利维－法依格特模型(Модель Кельвина-Фойгта)。它是胡克定律在非弹性形变情况的概括

$$\sigma = E(\varepsilon + \xi\dot{\varepsilon}) \tag{1.2.49}$$

式中，σ 为应力函数；ε 为形变；ξ 为描述非弹性松弛衰减时间的无量纲量。

在存在摩擦的情况下，列环形谐振子动力学方程的过程不存在摩擦的情况的差别，只是不用拉格朗日函数(1.2.16)，而是根据表达式

$$L = \frac{1}{\rho S}\left(T - \Pi - \xi \frac{EJ}{R}\frac{\partial \psi}{\partial \varphi}\right)$$

因此，省略中间运算，我们写出谐振子最后的有量纲形式和无量纲形式的动力学方程

$$\ddot{w}'' - \ddot{w} + 4\Omega\dot{w}' + \kappa^2(w^{(6)} + 2w^{(4)} + w'') + \kappa^2\xi(\dot{w}^{(6)} + 2\dot{w}^{(4)} + \dot{w}'') = 0 \tag{1.2.50}$$

$$\ddot{w}'' - \ddot{w} + 4\omega\dot{w}' + w^{(6)} + 2w^{(4)} + w'' + \xi(\dot{w}^{(6)} + 2\dot{w}^{(4)} + \dot{w}'') = 0 \tag{1.2.51}$$

假设 ξ 相当小，那么内部摩擦几乎对驻波的空间位置没有影响，且会导致它们逐渐衰减。假设方程(1.2.51) 中 $\omega = 0$(自由振动)，则有

$$\ddot{w}'' - \ddot{w} + w^{(6)} + 2w^{(4)} + w'' + \xi(\dot{w}^{(6)} + 2\dot{w}^{(4)} + \dot{w}'') = 0 \tag{1.2.52}$$

我们将求得方程(1.2.52) 有以下形式的解

$$w(\varphi,\tau) = a(\tau)\cos[2(\varphi - \varphi_0)] \tag{1.2.53}$$

把式(1.2.53) 代入方程(1.2.52)，可得

$$\ddot{a} + \xi\frac{36}{5}\dot{a} + \frac{36}{5}a = 0 \tag{1.2.54}$$

在 $a(0) = a_0$，$\dot{a}(0) = 0$ 时，方程(1.2.54) 的解是函数

$$a(\tau) = a_0 e^{-\delta\tau}\cos\mu\tau \tag{1.2.55}$$

(指数衰减的波幅)，式中

$$\delta = \frac{18}{5}\xi,\quad \mu = \sqrt{\frac{36}{5} - \left(\xi\frac{18}{25}\right)^2}$$

在这种情况下，式(1.2.52) 的解为

$$w(\varphi,\tau) = a_0 e^{-\delta\tau}\cos\mu\tau\cos[2(\varphi - \varphi_0)] \tag{1.2.56}$$

对于基座匀速旋转的情况，有

$$w(\varphi,\tau) = a_0 e^{-\delta\tau}\cos\tilde{\mu}\tau\cos\left[2(\varphi - \varphi_0) + \frac{4}{5}\nu_0\tau\right] \tag{1.2.57}$$

像以前一样，可以按照驻波波腹相对仪器壳体的位置测定基座的旋转。

谐振子的重要性能指标是其品质因数

$$Q = \frac{1}{\nu_0\xi} \tag{1.2.58}$$

式中，ν_0 为弹性固有振动的频率，$\nu_0 = \kappa\mu_0 = 6\sqrt{\frac{EJ}{5\rho SR^4}}$。对于熔融的石英，$Q$ 值为 $10^6 \sim 10^7$。

对于环形谐振子的自由振荡，可以把动力学方程的一般形式(1.2.50) 写成算子

形式

$$[\kappa^2 D_\varphi^2(D_\varphi^2+1)^2(\xi D_t+1)+D_t^2(D_\varphi^2-1)+4\Omega D_\varphi D_t]\omega=0 \qquad (1.2.59)$$

式中

$$D\varphi\equiv\frac{\partial}{\partial\varphi},\quad D\equiv\frac{\partial}{\partial t}$$

外部载荷：由参数 δ 决定的驻波很弱的衰减应该由外部的能量“压送”来补偿。这在组成分量为 p_v，p_w 的外部分布载荷 $p(\varphi,t)$ 作用下可以达到(图 1.5)。

与上述列举情况类似，对环形谐振子的动力学进行分析，并省略中间计算，可以得到量纲形式

$$\ddot{w}''-\ddot{w}+4\Omega\dot{w}'+\kappa^2(w^{(6)}+2w^{(4)}+w'')+$$
$$\kappa^2\xi(\dot{w}^{(6)}+2\dot{w}^{(4)}+\dot{w}'')=\frac{1}{\rho S}(p''_w-p'_v) \qquad (1.2.60)$$

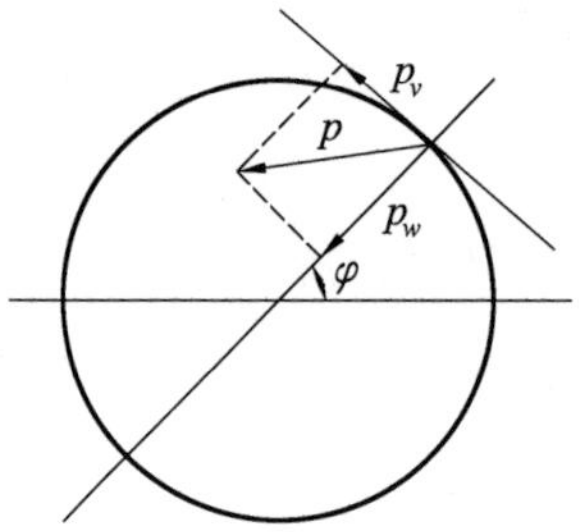

图 1.5 谐振子的力因数

方程(1.2.60)是在平面以角速度 Ω 绕对称轴旋转、受外部分布负载作用的非理想不可拉伸弹性环的运动方程。

在结束对理想环形固态波陀螺仪研究时，要指出的是，对旋转弹性环中物理过程更深入的分析是建立在微分方程的定性理论基础上。

1.3 外壳式谐振子模型

1.3.1 半球形谐振子模型

我们推导一下半球形固态波陀螺仪谐振子的运动方程。谐振子是用圆柱形支座固定在磁极附近的半球形薄壁壳体(图 1.1)。假设谐振子的物理参数与圆周角无关，并且为常量。壳体的数学模型建立在基尔霍夫－李雅夫假设(Гипотеза Кирхгофа－Лява)基础上。

在一般情况下，形变是中面点的切向应力 $u(\alpha,\beta)$，$v(\alpha,\beta)$ 与该面法向位移 $w(\alpha,\beta)$ 的和。这里 α 和 β 为壳体中面上点的局部坐标(图 1.6)。

根据基尔霍夫－李雅夫的假设，应力张量部分(σ)和形变张量部分(e)满足条件

$$e_{\alpha\gamma}=e_{\beta\gamma}=e_{\gamma\gamma}=0,\quad \sigma_{\gamma\gamma}=0$$

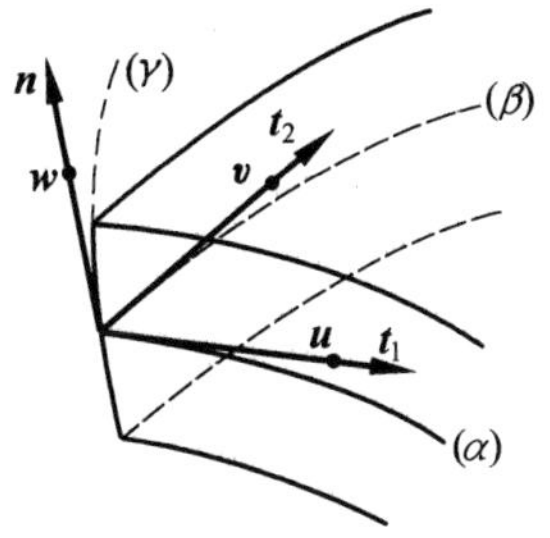

图 1.6 壳体形变图

(α),(β),(γ)— 坐标线;u,v,w— 位移矢量分量;t_1,t_2,n— 单位矢量

式中,γ 为位于壳体内部的点的正规坐标。那么,应力张量和形变张量的线性关系可以借助于胡克定律表示为

$$\sigma_\alpha=\frac{E}{1-v^2}(e_{\alpha\alpha}+ve_{\beta\beta}),\quad \sigma_\beta=\frac{E}{1-v^2}(e_{\beta\beta}+ve_{\alpha\alpha}),\quad \tau_{\alpha\beta}=\frac{E}{2(1+v)}e_{\alpha\beta} \tag{1.3.1}$$

式中,E 为杨氏模数;v 为壳体材料的泊松比。按坐标的维数 γ 展开形变张量部分,在所得到的展开式中只保留关于 γ 的线性分量

$$e_{\alpha\alpha}=\varepsilon_1+\kappa_1\gamma+o(\gamma),\quad e_{\beta\beta}=\varepsilon_2+\kappa_2\gamma+o(\gamma),\quad e_{\alpha\beta}=\omega+\tau\gamma+o(\gamma) \tag{1.3.2}$$

展开式(1.3.2)的系数具有以下几何意义:ε_1,ε_2 为坐标线的延伸率;ω 为坐标线之间的角度变化(剪切形变);k_1,k_2 为过渡到变形状态时中面的主曲率变化(弯曲形变);τ 表示中面的扭转形变。

对于半球形壳体(图 1.7),如果 α,β 为球面坐标,$\alpha=\theta$,$\beta=\varphi$;R 为中面处于不变形状态时的半径,那么,下面等式成立

$$\varepsilon_1=\frac{1}{R}\left(w+\frac{\partial u}{\partial\theta}\right),\quad \varepsilon_2=\frac{1}{R}\left(w+u\cot\theta+\frac{1}{\sin\theta}\frac{\partial v}{\partial\varphi}\right)$$

$$\omega=\frac{1}{R}\left(-v\cot\theta+\frac{1}{\sin\theta}\frac{\partial u}{\partial\varphi}+\frac{\partial v}{\partial\theta}\right)$$

$$\tau=\frac{1}{R^2\sin\theta}\left(-\frac{\partial^2 w}{\partial\theta\partial\varphi}+\cot\theta\frac{\partial w}{\partial\varphi}\right),\quad \kappa_1=\frac{1}{R^2}\left(w+\frac{\partial^2 w}{\partial\theta^2}\right)$$

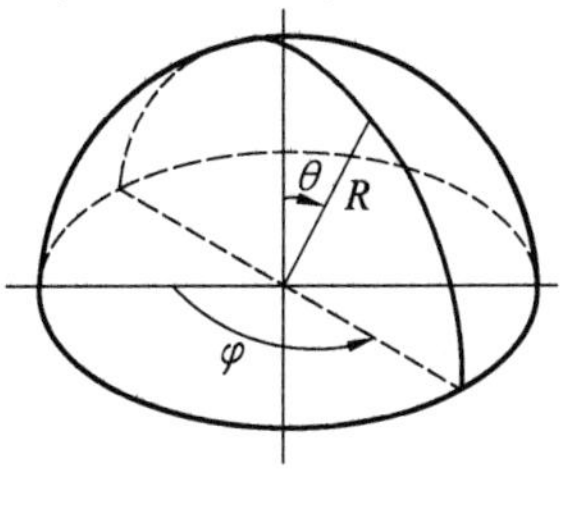

图 1.7 球面坐标

$$\kappa_2 = -\frac{1}{R^2}\left(w + \frac{1}{\sin^2\theta}\frac{\partial^2 w}{\partial \varphi^2} + \cot\theta\frac{\partial w}{\partial \theta}\right) \tag{1.3.3}$$

如果我们应用壳体中面不可拉伸的假设，那么，可以通过三个切向形变分量等于零来得到计算壳体弯曲的方程

$$\varepsilon_1 = \varepsilon_2 = \omega = 0 \tag{1.3.4}$$

把式(1.3.2)代入式(1.3.1)，可得

$$\left.\begin{aligned} \sigma_\alpha &= \frac{E}{1-v^2}(\kappa_1 + v\kappa_2)\gamma \\ \sigma_\beta &= \frac{E}{1-v^2}(\kappa_2 + v\kappa_1)\gamma \\ \tau_{\alpha\beta} &= \frac{E}{2(1+v)}\tau\gamma \end{aligned}\right\} \tag{1.3.5}$$

我们可以通过形变分量来表示力和力矩(图1.8)

法向力

$$N_1 = N_2 = 0 \tag{1.3.6}$$

剪切力

$$S_1 = S_2 = 0 \tag{1.3.7}$$

弯曲力矩

$$M_1 = -\frac{Eh^3}{12(1-v^2)}(k_1 + vk_2),\quad M_2 = -\frac{Eh^3}{12(1-v^2)}(k_2 + vk_1) \tag{1.3.8}$$

扭矩

$$M_{12} = M_{21} = \frac{Eh^3}{12(1+v)}\tau \tag{1.3.9}$$

式中，h 为壳体厚度。

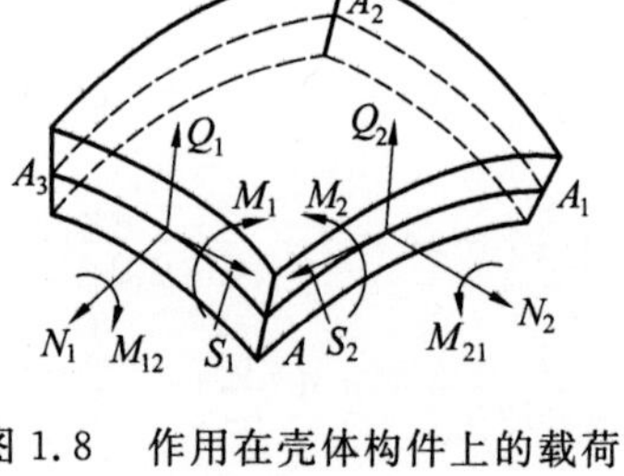

图1.8　作用在壳体构件上的载荷

根据达朗贝尔定理，在消去剪力后壳体部件的平衡方程具有下面形式

$$\left.\begin{aligned}
&-\frac{\partial M_1}{\partial\theta}+(M_2-M_1)\cot\theta+\frac{1}{\sin\theta}\frac{\partial M_{21}}{\partial\varphi}=-R^2X\\
&-\frac{1}{\sin\theta}\frac{\partial M_2}{\partial\varphi}+\frac{\partial M_{12}}{\partial\theta}+2M_{12}\cot\theta=-R^2Y\\
&-\frac{\partial^2 M_1}{\partial\theta^2}-\frac{1}{\sin^2\theta}\frac{\partial^2 M_2}{\partial\varphi^2}+\cot\theta\frac{\partial}{\partial\theta}(M_2-2M_1)+\\
&\frac{2}{\sin\theta}\frac{\partial^2 M_{21}}{\partial\theta\partial\varphi}+2\frac{\cot\theta}{\sin\theta}\frac{\partial M_{12}}{\partial\varphi}+M_1-M_2=-R^2Z
\end{aligned}\right\}\qquad(1.3.10)$$

惯性力的形式为(图 1.9)

$$\left.\begin{aligned}
&X=-\rho h(u''_{tt}-2\Omega v'_t\cos\theta)\\
&Y=-\rho h[v''_{tt}+2\Omega(w'_t\sin\theta+u'_t\cos\theta)]\\
&Z=-\rho h(w''_{tt}-2\Omega v'_t\sin\theta)
\end{aligned}\right\}\qquad(1.3.11)$$

式中,ρ 为壳体材料的密度;Ω 为壳体的旋转角速度。

下面把式(1.3.6)～(1.3.9)和式(1.3.11)代入式(1.3.10),可以得到以角速度 Ω 绕对称轴旋转的半球形谐振子的运动方程

$$\left.\begin{aligned}
&\frac{D}{R^2}\left[-w'''_{\theta\theta\theta}-\frac{1}{\sin^2\theta}w'''_{\theta\varphi\varphi}-w''_{\theta\theta}\cot\theta+2\frac{\cot\theta}{\sin^2\theta}w''_{\varphi\varphi}+(\cot^2\theta-1)w'_\theta\right]=\\
&R^2\rho h(u''_{tt}-2\Omega v'_t\cos\theta)\\
&\frac{D}{R^2}\left[-\frac{1}{\sin\theta}w'''_{\theta\theta\varphi}-\frac{1}{\sin^2\theta}w'''_{\varphi\varphi\varphi}-\frac{\cot\theta}{\sin\theta}w''_{\theta\varphi}-\frac{2}{\sin\theta}w'_\varphi\right]=\\
&R^2\rho h[v''_{tt}+2\Omega(w'_t\sin\theta+u'_t\cos\theta)]\\
&\frac{D}{R^2}\left[-w^{(4)}_{\theta\theta\theta\theta}-\frac{2}{\sin^2\theta}w^{(4)}_{\theta\theta\varphi\varphi}-\frac{1}{\sin^4\theta}w^{(4)}_{\varphi\varphi\varphi\varphi}-2w'''_{\theta\theta\theta}\cot\theta+2\frac{\cot\theta}{\sin^2\theta}w'''_{\theta\varphi\varphi}+\right.\\
&\left.w''_{\theta\theta}\cot^2\theta-\frac{4}{\sin^4\theta}w''_{\varphi\varphi}-\cot\theta\left(2+\frac{1}{\sin^2\theta}\right)w'_\theta\right]=R^2\rho h(w''_{tt}-2\Omega v'_t\sin\theta)
\end{aligned}\right\}\qquad(1.3.12)$$

式中,D 为柱形的刚度,$D=Eh^3/12(1-v^2)$。

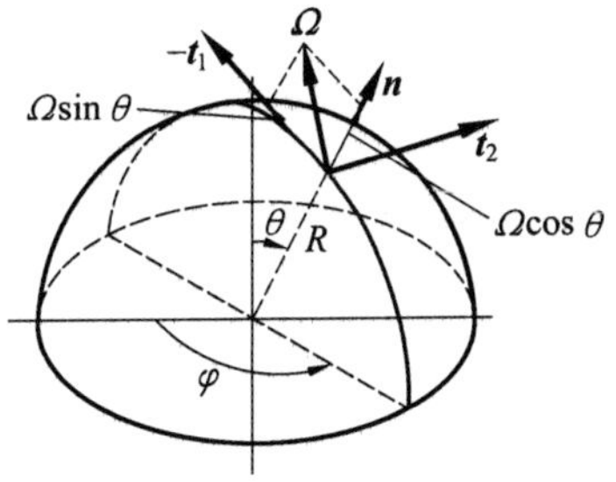

图 1.9 惯性力的计算

为了得到方程组(1.3.12)的解,我们将谐振子各点的位移按不可拉伸薄壳的二阶固有振型展开

$$\left.\begin{aligned}u(\theta,\varphi,t)&=U(\theta)[p(t)\cos 2\varphi+q(t)\sin 2\varphi]\\v(\theta,\varphi,t)&=V(\theta)[p(t)\sin 2\varphi-q(t)\cos 2\varphi]\\w(\theta,\varphi,t)&=W(\theta)[p(t)\cos 2\varphi+q(t)\sin 2\varphi]\end{aligned}\right\}\tag{1.3.13}$$

式中，$U(\theta)$，$V(\theta)$，$W(\theta)$ 为球形壳体的瑞利函数；$p(t)$，$q(t)$ 为未知函数。

我们认为，谐振子的边缘由角 θ_0 决定。把式(1.3.13) 代入式(1.3.12)，并在对函数 $p(t)$，$q(t)$ 列微分方程时采用布勃诺夫－加廖尔金法，可以得到描述理想半球形谐振子二阶固有振型的动力学方程

$$\left.\begin{aligned}m_0p''_{tt}-2\Omega bq'_t+c_0p=0\\m_0q''_{tt}+2\Omega bp'_t+c_0q=0\end{aligned}\right\}\tag{1.3.14}$$

式中

$$m_0=-R^2\rho h\int_0^{\theta_0}(U^2+V^2+W^2)\sin\theta\mathrm{d}\theta$$

$$b=2R^2\rho h\int_0^{\theta_0}V(U\cos\theta+W\sin\theta)\sin\theta\mathrm{d}\theta$$

$$\begin{aligned}c_0=\frac{D}{R^2}\int_0^{\theta_0}\Bigg[&\left(-W'''-W''\cot\theta+\frac{3+2\cos^2\theta W'}{\sin^2\theta}-8\frac{\cot\theta}{\sin^2\theta}W\right)U+\\&\left(2W''+2W'\cot\theta-4\frac{1+\cos^2\theta}{\sin^2\theta}W\right)\frac{V}{\sin\theta}+\\&\left(-W^{(4)}-2W'''\cot\theta+\frac{9-\sin^2\theta}{\sin^2\theta}W''-\frac{\cot\theta}{\sin^2\theta}(9+2\sin^2\theta)W'\right)W\Bigg]\sin\theta\mathrm{d}\theta\end{aligned}$$

谐振子中驻波的进动系数可表示为

$$K=\frac{b}{2m_0}=-\frac{\int_0^{\theta_0}V(U\cos\theta+W\sin\theta)\sin\theta\mathrm{d}\theta}{\int_0^{\theta_0}(U^2+V^2+W^2)\sin\theta\mathrm{d}\theta}\tag{1.3.15}$$

瑞利函数可以通过求解微分方程组(1.3.4) 确定，方程组的展开形式为

$$\left.\begin{aligned}&w+\frac{\partial u}{\partial\theta}=0\\&w\sin\theta+u\cos\theta+\frac{\partial v}{\partial\varphi}=0\\&-v\cos\theta+\frac{\partial u}{\partial\varphi}+\sin\theta\frac{\partial v}{\partial\theta}=0\end{aligned}\right\}\tag{1.3.16}$$

在分离圆周角 φ 后，所得到的方程组可以简化为对角 θ 的二阶线性微分方程

$$V''\sin^2\theta-V'\sin\theta\cos\theta-3V=0\tag{1.3.17}$$

在球形圆顶顶部的解析解是

$$V(\theta)=\sin\theta\tan^2\left(\frac{\theta}{2}\right)$$

运用式(1.3.16)，很容易得到

$$U(\theta)=V(\theta)=\sin\theta\tan^2\left(\frac{\theta}{2}\right);W(\theta)=-(2+\cos\theta)\tan^2\left(\frac{\theta}{2}\right)\tag{1.3.18}$$

对于 $\theta_0=\frac{\pi}{2}$ 把式(1.3.18)代入式(1.3.15)可以得出以下进动参数值：$k\approx 0.277$。

1. 任意轴对称壳体模型

现在我们来研究由两条平行线限定，或者呈杯形的任意旋转壳体。假设，壳体的边界条件为线性齐次边界条件。我们引入正交直角坐标系，使它与中面的经线和纬线相连。作为曲线坐标我们取母线的弧长 $S(0<S_1<S<S_2)$ 和圆周角 $\varphi(0<\varphi<2\pi)$。设 $B(s)$ 为至转轴的距离，θ 为壳体的内法线与转轴之间的夹角($\theta_1<\theta<\theta_2$)(图 1.10)。

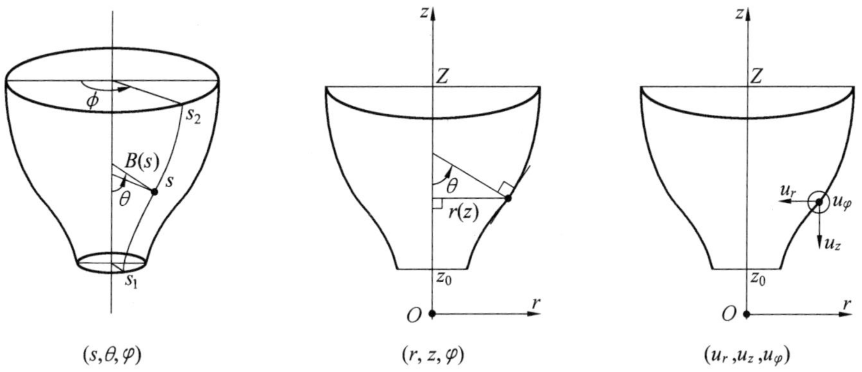

图 1.10　旋转壳体的几何形状

众所周知，在对称壳体旋转时，由于哥氏力的作用会发生固有弯曲振型破裂，这会导致驻波的进动效应。在补充假设平行线不可拉伸的情况下，旋转壳体驻波的进动率可以表示为

$$K=-\frac{\int_{s_1}^{s_2}V(U\cos\theta+W\sin\theta)B(s)\mathrm{d}s}{\int_{s_1}^{s_2}(U^2+V^2+W^2)B(s)\mathrm{d}s}\tag{1.3.19}$$

式中，瑞利函数 $U(\theta),V(\theta),W(\theta)$ 由壳体的形状、边界条件及振型号 n(沿平行线波的数量)决定。

在实际中，除了一小类能够方便选择曲线坐标系，具有规范形状的轴对称壳体外，直接运用公式(1.3.19)很不方便。通常，在这种情况下，瑞利函数通过解析法求得。

我们再补充引入柱坐标系(r,z,φ)，使轴 z 顺着对称轴。对于位移分量 u_r,u_z,u_φ，下列表达式正确

$$\left.\begin{aligned}u_r&=U\cos\theta+W\sin\theta\\u_z&=-U\sin\theta+W\cos\theta\\u_\varphi&=\frac{V}{r}\end{aligned}\right\}\tag{1.3.20}$$

在满足中面不可拉伸条件情况下，有

$$U\cos\theta + W\sin\theta = nV$$

使用新的符号，表达式(1.3.19)的形式为

$$K = -\frac{n\int_{z_0}^{Z} u_\varphi^2 r^3 \sqrt{1+(r')^2}\,dz}{\int_{z_0}^{Z}[r^2(n^2+1)u_\varphi^2 + u_z^2]r\sqrt{1+(r')^2}\,dz} \tag{1.3.21}$$

式中，$z_0 = z(s_1)$，$z = z(s_2)$。根据瑞利函数，计算不可拉伸壳体的函数 u_r，u_z，u_φ 的方程组如下

$$\left.\begin{aligned} &\frac{1}{r^2}(r^2 u_\varphi')' + n^2\frac{r''}{r}u_\varphi = 0 \\ &u_r = nru_\varphi \\ &u_z = -r\left(nr'u_\varphi + \frac{r}{n}u_\varphi'\right) \end{aligned}\right\} \tag{1.3.22}$$

我们做如下表示：$y(z) = ru_\varphi(z)$。假设 $y(z_0)=0$(刚性固定)，边 $z=Z$ 自由。由于计算瑞利函数的精确度可以达到不等于零的常数因子，那么，可以认为 $y(z)=C$，这里 C 为任意不等于零的常数。设 $C=1$，那么函数 $y(z)$ 就是普通二阶微分方程边界值问题的解

$$\left.\begin{aligned} &y'' + (n^2-1)\frac{r''}{r}y = 0 \\ &y(z_0) = 0,\quad y(Z) = 1 \end{aligned}\right\} \tag{1.3.23}$$

作替换 $y(z)=u(z)+u_0(z)$，这里 $u_0(z)=\dfrac{z-z_0}{Z-z_0}$，那么，问题(1.3.23)可以简化为齐次边界条件的等价问题

$$\left.\begin{aligned} &u'' + t(z)u = f(z) \\ &u(z_0) = 0,\quad u(Z) = 0 \end{aligned}\right\} \tag{1.3.24}$$

式中

$$t(z) = \frac{(n^2-1)r''}{r},\quad f(z) = -t(z)u_0$$

2. 零曲率壳体

我们来研究圆柱形和锥形壳体。在这种情况，由于 $t(z)=f(z)=0$，方程组(1.3.24)的解可以简化：$u(z)=u_0(z)$。进行变换后，对于圆柱形($r=a$)(图1.11(a))可得

$$K = \frac{-n}{n^2+1+\dfrac{3}{n^2}\left(\dfrac{a}{Z-z_0}\right)^2} \tag{1.3.25}$$

在 $Z\to\infty$ 极端情况下，$K\to -0.4$ 的固态波陀螺仪的环形谐振子模型会给出同样的相同的比例系数值。对锥形体($r=\lambda z$)(图1.11(b))，进动率表达式为

$$K=\frac{-n}{n^2+1+n^2\lambda^2} \tag{1.3.26}$$

圆柱形壳体比例系数的形式应该为

$$K=\frac{-2}{n^2+1+\frac{3}{n^2}\left(\frac{a}{Z-z_0}\right)^2} \tag{1.3.27}$$

对于锥形壳体

$$K=\frac{-2}{n^2+1+n^2\lambda^2} \tag{1.3.28}$$

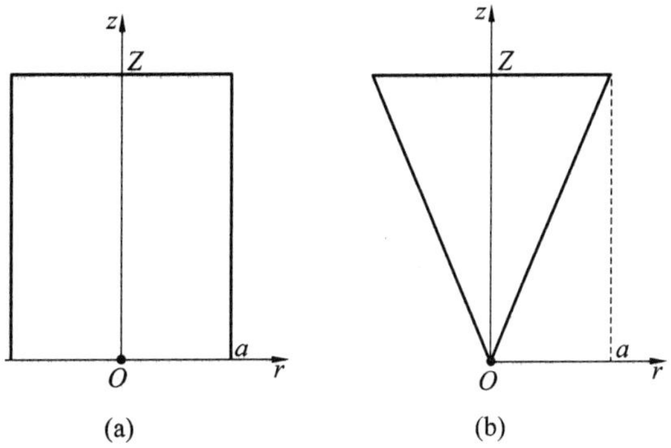

图 1.11　旋转壳体的剖面图

对于我们所感兴趣的工作振型($n=2$)，式(1.3.25)，(1.3.26) 与(1.3.27)，(1.3.28) 一致。应该指出的是，对于零曲率壳体，中面的拉伸要比正曲率壳体更严重一些。但所得到的结果并未考虑这些拉伸情况。所以，只能看作定性研究结果。

在结束固态波陀螺仪理想谐振子模型分析时应该指出，不论是环形的，还是壳体形的固态波陀螺仪的很多特点一般都可以通过分析“傅科摆”型装置来研究(参见附录 1)。

1.4　激励系统

固态波陀螺仪的工作要求在谐振子中存在不衰减的弹性波。在理想装置中，与各种内部摩擦机理有关的谐振子振动的能量损失可以通过谐振子施加外部交变电场力得到补偿。按照在捷联惯性导航系统中采用的方式和作用原理，固态波陀螺仪可以分为工作在角速度传感器状态的陀螺仪(角速率陀螺仪) 和积分陀螺仪。固态波陀螺仪谐振子激励系统的工作原理及特点可以很方便地根据其具有二阶工作(主) 振型的环形模型(具有 4 个节点和 4 个腹点) 来研究。

1.4.1　谐振子的位置激励(角速率陀螺仪)

在以角速度传感器状态工作的陀螺仪中可以实现对谐振子的位置激励形式，如

图 1.12(a) 所示。

向一对相反的电极上施加频率为主振型的固有频率$\frac{1}{2}$的交流电压

$$V(\varphi,t)=\begin{cases}0 & (\text{在 } 0.5\varphi_{эл}<\varphi<\pi-0.5\varphi_{эл}\text{ 时})\\ V_0\cos\frac{\omega_0}{2}t & (\text{在 } 0\leqslant\varphi<0.5\varphi_{эл}\text{ 和 }\pi-0.5\varphi_{эл}<\varphi<\pi+0.5\varphi_{эл}\text{ 时})\end{cases} \tag{1.4.1}$$

式中,V_0 为电压的幅值;$\varphi_{эл}$ 为电极的角度;ω_0 为谐振子的固有振动频率。

谐振子和电极的表面覆盖着薄薄的一层导电材料,是电容器的极板。在小角度电极情况下,这种电容器可以看作平板电容器。充电电容器的极板相互吸引,因此,从电极一方对谐振子有电场引力的作用。

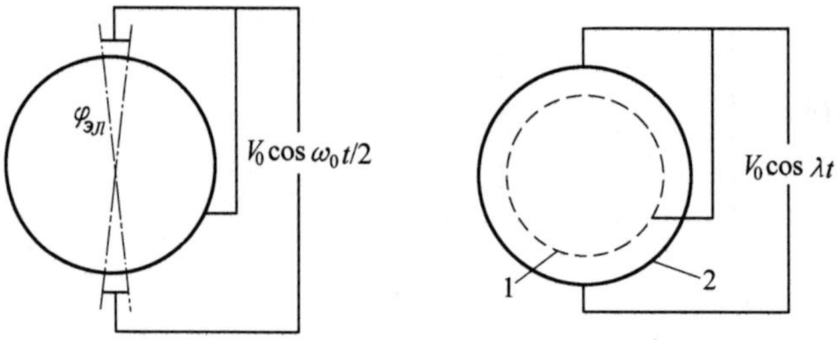

(a)位置激励　　(b)参数激励

图 1.12　位置激励和参数激励示意图

1— 谐振子;2— 环形电极

平板电容器极板的引力的计算式为

$$p=-\frac{\varepsilon_0}{2}\left(\frac{V}{d}\right)^2 \tag{1.4.2}$$

式中,d 为极板之间的距离;ε_0 为介电常数,$\varepsilon_0=8.85\times10^{-12}$ F/m;“负”号表示永远是吸引力。

由于形变很小,谐振子在位置激励力的作用下处于线性模型架内,考虑到引力的切向分量等于零($P_v=0$),那么,环形模型的动力学方程形式为

$$\ddot{w}''-\ddot{w}+4\Omega\dot{w}+k^2(w^{(6)}+2w^{(4)}+w'')+$$
$$k^2\xi(\dot{w}^{(6)}+2\dot{w}^{(4)}+\dot{w}'')=\frac{p''_w}{\rho S} \tag{1.4.3}$$

把电势差(1.4.1)代入式(1.4.2),可以得到外部载荷的法向分量为

$$p_w(\varphi,t)=-\frac{\varepsilon_0V_0^2L}{2d^2}f(\varphi)\cos^2\frac{\omega_0}{2}t \tag{1.4.4}$$

式中,L 为电极的高度,而

$$f(\varphi)=\begin{cases}0, & \text{在 } 0.5\varphi_{эл}<\varphi<\pi-0.5\varphi_{эл}\text{ 时}\\ 1, & \text{在 } 0\leqslant\varphi<0.5\varphi_{эл}\text{ 和 }\pi-0.5\varphi_{эл}<\varphi<\pi+0.5\varphi_{эл}\text{ 时}\end{cases}$$

由于 $f(\varphi)$ 是圆周角的周期函数，周期为 π，那么，它可以在 $[0,\pi]$ 区间展成傅里叶级数

$$f(\varphi)=\frac{2}{\pi}\left(\frac{\varphi_{\text{эл}}}{2}+\sin\varphi_{\text{эл}}\cos 2\varphi+\frac{1}{2}\sin 2\varphi_{\text{эл}}\cos 4\varphi+\cdots\right)$$

由于我们感兴趣的是主振型运动，那么，在激励力频谱中我们只留下圆周角的二次（共振）谐波，忽略所有其他（非共振）的谐波。

假设，激励电极对于装置壳体的角度位置是 $\varphi=\varphi_{\text{B}}$ 和 $\varphi=\varphi_{\text{B}}+\pi$，那么，对于外力二次谐波表达式的形式为

$$p_w(\varphi,t)=-\frac{\varepsilon_0 V_0^2 L}{2\pi d^2}\sin\varphi_{\text{эл}}\cos 2(\varphi-\varphi_{\text{B}})(\cos\omega_0 t+1) \tag{1.4.5}$$

一般地，电极与谐振子之间间隙的计算式为

$$d=d_0+w(\varphi,t)$$

式中，d_0 为初始间隙。

把式(1.4.5)展开成 w 值幂的泰勒级数，消去二阶极小值量和常量部分（它使谐振子产生很小的静态偏移，在分析原理图时可以忽略）。那么，式(1.4.5)对角 φ 的二阶导数近似等于

$$p''_w(\varphi,t)\approx\frac{2\varepsilon_0 V_0^2 L}{\pi d_0^2}\sin\varphi_{\text{эл}}\cos 2(\varphi-\varphi_{\text{B}})\cos\omega_0 t \tag{1.4.6}$$

把式(1.4.6)代入式(1.4.3)，可得方程

$$\begin{aligned}&\ddot{w}''-\ddot{w}+4\Omega\dot{w}'+\kappa^2(w^{(6)}+2w^{(4)}+w'')+\kappa^2\xi(\dot{w}^{(6)}+2\dot{w}^{(4)}+\dot{w}'')=\\&H\cos 2(\varphi-\varphi_{\text{B}})\cos\omega_0 t\end{aligned} \tag{1.4.7}$$

式中

$$H=\frac{2\varepsilon_0 V_0^2 L}{\pi d_0^2\rho S}\sin\varphi_{\text{эл}}$$

方程(1.4.7)解的形式为

$$w(\varphi,t)=p(t)\cos 2\varphi+q(t)\sin 2\varphi \tag{1.4.8}$$

我们用布勃诺夫—加廖尔金法求解。结果可以得到方程组

$$\left.\begin{aligned}\ddot{p}+\omega_0^2\xi\dot{p}+\omega_0^2 p-\frac{8}{5}\Omega\dot{q}=-\frac{1}{5}H\cos 2\varphi_{\text{B}}\cos\omega_0 t\\ \ddot{q}+\omega_0^2\xi\dot{q}+\omega_0^2 q+\frac{8}{5}\Omega\dot{p}=-\frac{1}{5}H\sin 2\varphi_{\text{B}}\cos\omega_0 t\end{aligned}\right\} \tag{1.4.9}$$

同样，函数 $p(t)$，$q(t)$ 的解为

$$p(t)=a\cos\omega_0 t+m\sin\omega_0 t$$

$$q(t)=b\cos\omega_0 t+n\sin\omega_0 t$$

那么，对于 a,m,b,n 值有方程组

$$\left.\begin{aligned}&m\omega_0^3\xi-\frac{8}{5}\Omega\omega_0 n=-\frac{1}{5}H\cos 2\varphi_B\\&n\omega_0^3\xi+\frac{8}{5}\Omega\omega_0 m=\frac{1}{5}H\sin 2\varphi_B\\&a=b=0\end{aligned}\right\}\quad(1.4.10)$$

可以列出如下形式的谐振子边缘位移的表达式

$$w(\varphi,t)=\sqrt{m^2+n^2}\sin\omega_0 t+\cos 2(\varphi-\vartheta)\quad(1.4.11)$$

式中

$$\tan 2\vartheta=\frac{n}{m}$$

由式(1.4.10)求得 m,n,代入式(1.4.11)后可以得到位置激励条件下计算驻波方位角的公式

$$\tan 2\vartheta=\tan 2\varphi_B-\frac{8}{5}\frac{\Omega}{w_0^2\xi}(1+\tan^2 2\varphi_B)+\left(\frac{8}{5}\frac{\Omega}{\omega_0^2\xi}\right)^2\tan 2\varphi_B\quad(1.4.12)$$

对表达式(1.4.12)分析表明:在 $\Omega=0$ 的情况下,固态波陀螺仪谐振子中波场的方位不变,它可以通过位置激励电极的方位确定 $\vartheta=\varphi_B$,换句话说,驻波被"拴"在装置的壳体上;在 $\Omega\neq 0$ 的情况下(考虑到 Ω^2 无穷小),驻波波腹落后激励方向 ψ 角,它可以由角速度值、固有频率及衰减量计算,即

$$\vartheta=\varphi_B-\psi\quad(1.4.13)$$

式中

$$\psi=2K\frac{\Omega}{\omega_0^2\xi},\quad K\approx 0,4$$

由于驻波落后的角度正比于输入角速度,固态波陀螺仪的这种工作状态是角速率传感器(角速率陀螺仪)状态。公式(1.4.13)在角速度 Ω 不是常数时也正确。

测量角速度原理:在谐振子的表面安装电容传感器(图1.13)。在谐振子与传感器表面之间的间隙变化时,它们所形成的电容两端的电压会发生变化,因为电容器的电荷几乎不变。

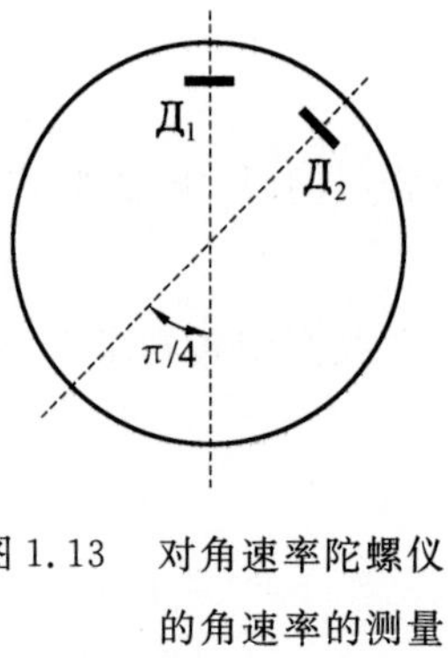

图 1.13 对角速率陀螺仪的角速率的测量

传感器 $Д_1$ 和 $Д_2$ 的角度分别为 0° 和 45°。从这两个传感器出来信号的形式为:

传感器 $Д_1$:$w_1=m\sin\omega_0 t$

传感器 $Д_2$:$w_2=n\sin\omega_0 t$

对信号进行解调,可得

$$\frac{w_2^*}{w_1^*}=\tan 2\vartheta,\quad \vartheta=\frac{1}{2}\arctan\frac{w_2^*}{w_1^*}$$

式中,ϑ 为驻波波腹的方位角;w_1^*,w_2^* 为解调后的信号。

基座的角速度为

$$\Omega=\frac{\omega_0^2\xi}{2K}(\varphi_B-\vartheta) \tag{1.4.14}$$

1.4.2 谐振子的参数激励(积分陀螺仪)

最初由于美国 Delco Electronics 公司的专家选择了高品质因数的半球形谐振子材料,并用参数激励代替了位置激励,因而得以制造出有竞争能力的积分陀螺仪。

在积分陀螺仪的输出端可以获得有关基座转角增量的信息(“自由”陀螺仪工作状态)。积分陀螺仪与工作在角速度传感器状态的陀螺仪相比是更有前景的飞行器和航天器捷联惯性导航系统的敏感部件,因为它具有很高的精度(随机偏移速度分量是 10^{-4}(°)/h,而不是 10^{-2}(°)/h)。

谐振子参数激励的示意图如图 1.12(b) 所示。激励是借助于包围谐振子 1 边缘的环形电极实现的。谐振子和环形电极的表面可以看作柱形电容器的极板,所施加的电压与圆周角无关,振幅为 V_0,频率 λ 接近于谐振子的固有频率

$$V(t)=V_0\cos\lambda t$$

参数激励形式的作用是补偿谐振子的能量损失。与位置激励不同,参数汲取能量的方式对波形姿态不产生影响。

参数激励的本质如图 1.14 所示。当谐振子不发生形变时,电场力与外部电压平衡。当谐振子发生形变时,在较小间隙区域的吸引力增加,而在较大间隙区域的吸引力减小,其原因是该吸引力反比于环形电极与谐振子之间间隙值的平方。合力会导致谐振子更大的形变,作用方向是驻波波腹的方向。

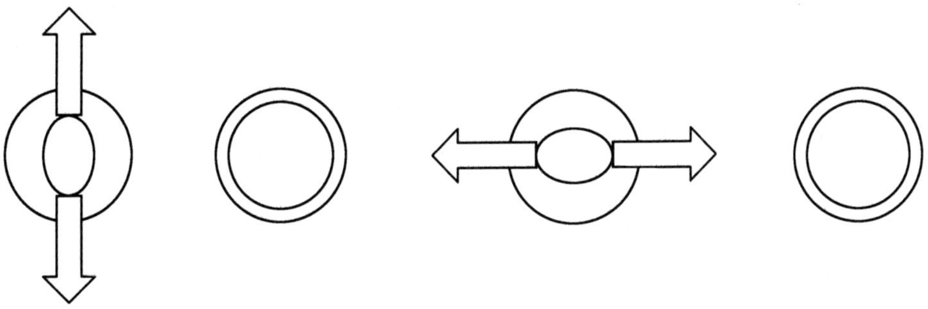

图 1.14　参数激励过程

Ⅰ,Ⅲ— 供电电压接入;Ⅱ,Ⅳ— 供电电压断开(由于惯性运动)

图 1.14 中的 4 个阶段可以说明这一过程。在阶段 Ⅰ,谐振子向最大形变的方向运动,供电电压接通。在阶段 Ⅱ,谐振子由于惯性返回到平衡位置,在这种情况下,电压断开。在阶段 Ⅲ 和阶段 Ⅳ,重复这一程序,但是朝相反方向运动。

通过对环形电极加频率为 2λ 的脉冲,或加频率为谐振子主振型固有频率的正弦电压来实现参数激励。

重新使对谐振子所加电场力的切向分量等于零，把其法向分量展开成位移的幂级数，精度达 1 阶：

$$p_w = -\frac{\varepsilon_0}{2}\frac{V^2}{(d_0+w)^2} \approx \frac{\varepsilon_0 V^2 w}{d_0^3} + \cdots$$

式中的省略号表示更高阶值很小及常数分量。

考虑到上述情况，我们把在参数激励条件下环形谐振子模型的动力学方程写为

$$\begin{gathered}\ddot{w}'' - \ddot{w} + 4\Omega\dot{w}' + \kappa^2(w^{(6)} + 2w^{(4)} + w'') + \\ \kappa^2\xi(\dot{w}^{(6)} + 2\dot{w}^{(4)} + \dot{w}'') = w''R\cos^2\lambda t \end{gathered} \tag{1.4.15}$$

这里

$$R = \frac{\varepsilon_0 V_0^2 L}{d_0^3 \rho S}$$

把方程(1.4.15)的解表示为式(1.4.8)的形式，并采用布勒诺夫－加廖尔金法，可以得到方程组

$$\left.\begin{aligned} \ddot{p} + \omega_0^2\xi\dot{p} + \omega_0^2 p - \frac{8}{5}\Omega\dot{q} = \frac{4R}{5}p\cos^2\lambda t \\ \ddot{q} + \omega_0^2\xi\dot{q} + \omega_0^2 q + \frac{8}{5}\Omega\dot{p} = \frac{4R}{5}q\cos^2\lambda t \end{aligned}\right\} \tag{1.4.16}$$

为了求解方程组(1.4.16)，我们运用求平均法。设 Ω 为时间的慢变函数，$\Omega = \Omega(t)$，它的变化速度可以忽略不计。我们引入"慢"变量 $a(t)$，$m(t)$，$b(t)$，$n(t)$，依据下列条件

$$\left.\begin{aligned} p(t) &= a(t)\cos\lambda t + m(t)\sin\lambda t \\ q(t) &= b(t)\cos\lambda t + n(t)\sin\lambda t \\ \dot{p}(t) &= -a(t)\lambda\sin\lambda t + m(t)\lambda\cos\lambda t \\ \dot{q}(t) &= -b(t)\lambda\sin\lambda t + n(t)\lambda\cos\lambda t \end{aligned}\right\} \tag{1.4.17}$$

把式(1.4.17)代入式(1.4.16)，对所得到的"快"变量 λt 方程组取平均值，可以得出描绘"慢"变量变化的方程组

$$\left.\begin{aligned} \dot{m} &= -\frac{1}{2}\left(\Delta + \frac{3}{2}s\right)a + \frac{1}{2}\omega_0^2\xi m - \frac{4}{5}\Omega n \\ \dot{a} &= \frac{1}{2}\omega_0^2\xi a + \frac{1}{2}\left(\Delta + \frac{1}{2}s\right)m - \frac{4}{5}\Omega b \\ \dot{n} &= \frac{4}{5}\Omega m - \frac{1}{2}\left(\Delta + \frac{3}{2}s\right)b + \frac{1}{2}\omega_0^2\xi n \\ \dot{b} &= \frac{4}{5}\Omega a + \frac{1}{2}\omega_0^2\xi b + \frac{1}{2}\left(\Delta + \frac{1}{2}s\right)n \end{aligned}\right\} \tag{1.4.18}$$

式中

$$\Delta = \frac{\lambda^2 - \omega_0^2}{\lambda}, \quad s = \frac{2R}{5\lambda} \quad (|\lambda - \omega| \ll 1)$$

我们来建立在 $\Omega = 0$ 情况下方程组(1.4.18)稳定性的域界。

式(1.4.18)实现有限振动的充要条件是满足等式

$$\det\begin{bmatrix}\Delta+\dfrac{3}{2}s & -\omega_0^2\xi \\ \omega_0^2\xi & \Delta+\dfrac{1}{2}s\end{bmatrix}=0 \tag{1.4.19}$$

条件(1.4.19)给出了在参数 Δ, s 平面稳定性域界的方程

$$\left(\Delta+\frac{3}{2}s\right)\left(\Delta+\frac{1}{2}s\right)+\omega^4\xi^2=0 \tag{1.4.20}$$

方程(1.4.20)确定的是双曲线(图 1.15),并且极小值点的坐标是

$$\Delta_{\min}=-2\omega_0^2\xi,\quad s_{\min}=2\omega_0^2\xi \tag{1.4.21}$$

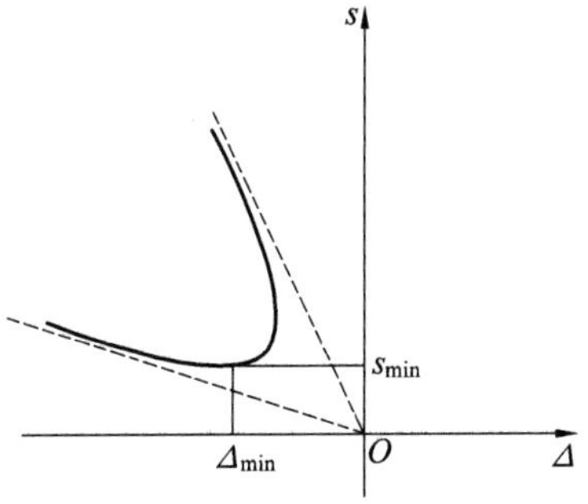

图 1.15 稳定性的域界

双曲线内部的区域对应于不稳定振动,而双曲线外部的区域对应于稳定振动。

我们来研究环形电极电压的频率和振幅对应于极小值点(1.4.21)的激励状态

$$\lambda_{\min}=-\omega_0^2\xi+\omega_0^2\sqrt{1+w_0^2\xi^2}$$

$$V_{0\min}^2=\frac{5\rho s d_0^3\omega_0^3\xi\lambda_{\min}}{\varepsilon_0 L}$$

我们把谐振子中激励的振动过程写成

$$w(\varphi,t)=(a\cos\lambda t+m\sin\lambda t)\cos 2\varphi+(b\cos\lambda t+n\sin\lambda t)\sin 2\varphi \tag{1.4.22}$$

在满足以下条件下式(1.4.22)是驻波

$$\det\begin{bmatrix}a & m\\ b & n\end{bmatrix}=0 \tag{1.4.23}$$

在 $\Omega\neq 0$,并考虑式(1.4.21)的情况下,我们可把方程组(1.4.18)写成

$$\left.\begin{aligned}\dot{m}&=\frac{1}{2}\omega_0^2\xi(m-a)-\frac{4}{5}\Omega n\\\dot{a}&=\frac{1}{2}\omega_0^2\xi(a-m)-\frac{4}{5}\Omega b\\\dot{n}&=\frac{1}{2}\omega_0^2\xi(n-b)+\frac{4}{5}\Omega m\\\dot{b}&=\frac{1}{2}\omega_0^2\xi(b-n)+\frac{4}{5}\Omega a\end{aligned}\right\}\tag{1.4.24}$$

接下来，基于式(1.4.23)，(1.4.22)的解变换成

$$w(\varphi,t)=\sqrt{a^2+m^2+b^2+n^2}\cos(\lambda t-\alpha)\cos 2(\varphi-\vartheta)\tag{1.4.25}$$

式中

$$\tan\alpha=\frac{m}{a},\quad \tan 2\vartheta=\frac{\sqrt{b^2+n^2}}{\sqrt{a^2+m^2}}$$

角 ϑ 决定着驻波(1.4.25)对谐振子的方位。为该角度的变化，利用关系式

$$\frac{\mathrm{d}\vartheta}{\mathrm{d}t}=\frac{1}{2}\frac{\mathrm{d}}{\mathrm{d}t}\left(\arctan\frac{\sqrt{b^2+n^2}}{\sqrt{a^2+m^2}}\right)$$

计算导数，并运用方程组(1.4.24)的方程，可得

$$\frac{\mathrm{d}\vartheta}{\mathrm{d}t}=-\frac{2}{5}\Omega+4\omega_0^2\xi[m^2b^2-n^2a^2+2(b^2+n^2)am-2(a^2+m^2)bn]$$

方括号中的表达式等于零，因此

$$\dot{\vartheta}=-K\Omega$$

或

$$\theta=\theta_0-K\int_0^t\Omega(\tau)\mathrm{d}\tau$$

式中，K 为比例系数，$K=0,4$。

由最后一个公式可得，驻波的转角正比于固态波陀螺仪壳体的转角，因此，参数激励状态中的固态波陀螺仪是积分陀螺仪。

在实际的装置中工作有几个控制回路：振幅稳定系统，频率相位自动微调系统，抑制正交波系统。相关文献表明，所有上述组成部分对固态波陀螺仪的积分性质都不会产生影响。

借助于式(1.4.25)中参考信号的解调可以求得 θ 角。从传感器 $Д_1$ 和 $Д_2$(图1.13)出来的信号形式为

传感器 $Д_1$：$w_1=A\cos(\lambda t-\alpha)\cos 2\vartheta$

传感器 $Д_2$：$w_2=A\cos(\lambda t-\alpha)\sin 2\vartheta$

式中

$$A=\sqrt{a^2+m^2+b^2+n^2}$$

解调后对信号作如下变换

$$w_1^* = A\cos\alpha \cdot \cos 2\vartheta$$

$$w_2^* = A\cos\alpha \cdot \sin 2\vartheta$$

由此可以得到 $\tan 2\vartheta = \frac{w_2^*}{w_1^*}$，基座的转角为

$$\Delta\psi = \frac{1}{2K}\arctan\frac{w_2^*}{w_1^*}$$

1.5　获取信息系统

固态波陀螺仪的获取信息系统由 8 个线位移传感器组成，它们位于装置的内部壳体。

每个电极都与径向相对的电极电连接。从 0°，90°，180°，270° 传感器来的信号（图 1.16(a)）进行电叠加，形成所谓的余弦型信息通道 E_c。类似地，从 45°，135°，225°，315° 传感器出来的信号叠加决定了正弦型信息通道 E_s。信号 E_c 和 E_s 的变化频率是谐振子的固有振动频率，振幅正比于顺着 O_x，O_y，O_{x_1}，O_{y_1} 轴振幅分量（图 1.16(b)）。

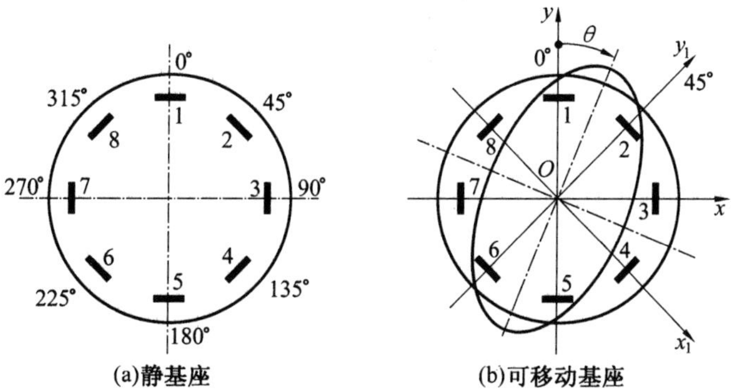

图 1.16　获取信号传感器的位置

1 ～ 8 分别为传感器 Д1 ～ Д8

对信号 E_c 和 E_s 进行信号处理的目的是计算振幅的比值，求得驻波对谐振子的转角 θ。

信号 E_s 和 E_s 加强，然后借助于解调器分出其分量，它们与解调器的参考信号 $\cos\lambda t$（λ 为环形电极供电电压的频率）同相位。接下来这些分量变换成电子代码，进入电子计算机，计算出角 θ（相应的公式列在第 1.4 节中）。

信号变换的原理图如图 1.17 所示。

我们来研究借助于线位移电容传感器来获取描述驻波位置信息的方法（图 1.16(b)）。这种原理图等效于波形图的角位置传感器，因此，我们运用固态波陀螺仪“角度传感器”的传统术语。

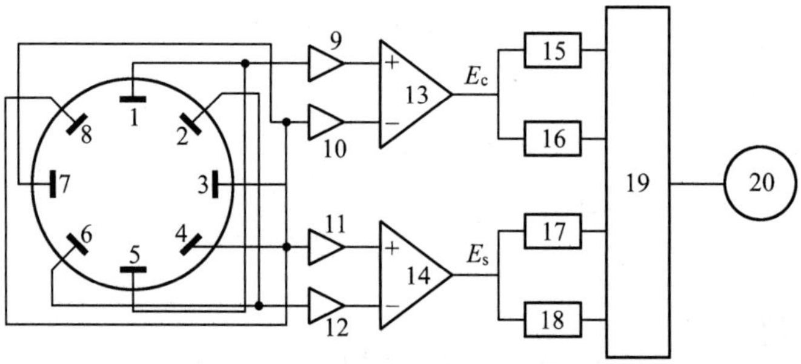

图 1.17　用于计算固态波陀螺仪基座转角的传感器 Д$_1$ ~ Д$_8$ 的信号变换示意图

1 ~ 8— 电容传感器;9 ~ 12—E_c 和 E_s 通道的前置放大器;13,14— 运算放大器;15,17—E_c 和 E_s 信号的相解调器;16,18—E_c 和 E_s 信号的正交解调器;19— 模数转换器;20— 电子计算机

固态波陀螺仪获取信息装置由 8 个电容位移传感器 Д$_1$ ~ Д$_8$ 和放大器组成(图 1.18)。

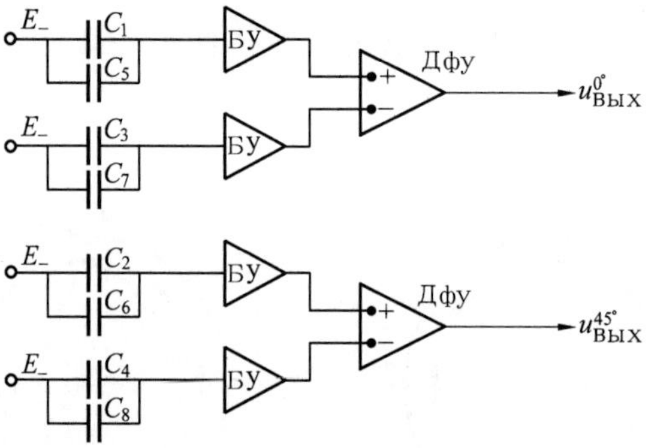

图 1.18　从固态波陀螺仪传感器获取信息装置

E— 直流供电电压;C_1 ~ C_8— 角度传感器的工作电容;

Бу— 缓冲放大器;Пϕу— 微分放大器

在图 1.18 中角度传感器 Д$_1$ ~ Д$_8$ 的工作电容表示为 C_1 ~ C_8。电容器极板之间的距离(间隙 d),也就是电极与谐振子表面之间的距离不超过几百微米。电极角度传感器由缓冲放大器连接,构成获取信号的微分系统:通道 Д$_1$ ~ Д$_5$,Д$_3$ ~ Д$_7$ 等。随着角度传感器的电极与谐振子之间间隙的变化,在通道的输出端会出现正比于谐振器顺着 $O_y(0°)$ 和 $O_{y_1}(45°)$ 轴振动的参数的信号(图 1.16(b)),它们描述的是受激谐振子对于装置壳体振动图的状态。

我们来确定谐振子受激时在谐振子与电极之间的初始间隙 d_0 变化的情况下角度传感器电容的表达式。在谐振子不动的情况下电容单元可以看作平板电容器的电容来计算

$$dC_0 = \frac{\varepsilon_0 \varepsilon \mathrm{d}S}{d_0}$$

式中,ε 为介电常数;dS 为球坐标系(极点在球心,子午角为 θ,圆周角为 φ) 中半径为

R 的球面的面积单元，$\mathrm{d}S=R^2\cos\theta\mathrm{d}\theta\mathrm{d}\varphi$(图 1.19(b))。

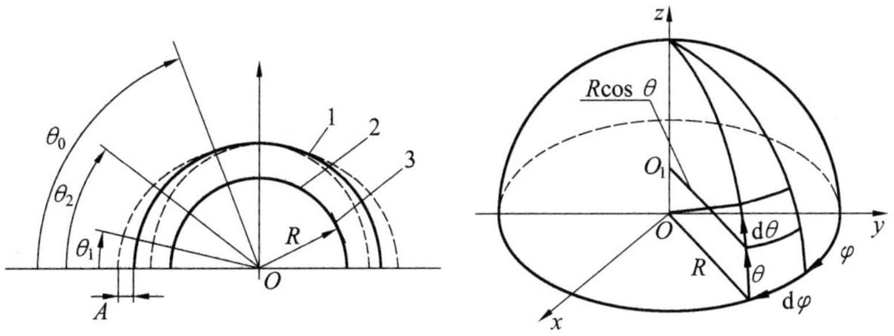

(a)谐振子形状的变化　　(b)谐振子的计算图

图 1.19　测量谐振子位移测量原理

1— 谐振子；2— 壳体；3— 电极

测量通道 $Oy(0°)$ 的额定电容计算式为

$$C_0=\frac{2\pi R^2\varepsilon_0\varepsilon}{d_0}(\sin\theta_2-\sin\theta_1) \tag{1.5.1}$$

式中，θ_1，θ_2 为环形激励电极的角度。

在谐振器受激励时，角度传感器的间隙会发生变化，因为对于 Oy 轴有 $d=d_0+w$，这里，w 为谐振子边缘的径向弯曲。

对于谐振子在子午方向上弯曲的表达式(在 $w\ll d_0$ 情况下间隙在圆周方向上的变化忽略不计）为

$$w=A\left(1-\frac{\theta}{\theta_0}\right)\cos 2\vartheta\sin\omega_0 t \tag{1.5.2}$$

式中，A 为谐振子边缘的振幅(图 1.19(a))；θ 为角度的当前值；ϑ 为决定振动图在圆周方向位置的角(图 1.16(b))；ω_0 为谐振子的固有振动频率。那么，在 $2\vartheta=0$ 情况下（即振动图朝向 O_y 轴）对于 $O_y(0°)$ 通道工作电容(精度达到 2 阶很小）的表达式为

$$C_y=2\varepsilon\varepsilon_0R^2\int_{-\psi/2}^{\psi/2}\mathrm{d}\xi\int_{\theta_1}^{\theta_2}\frac{\cos\theta\mathrm{d}\theta}{d_0+w}\approx C_0[1-Ba\sin\omega_0t+Da^2(1-\cos 2\omega_0t)] \tag{1.5.3}$$

式中

$$B=\left[1-\frac{1}{\theta_0(\sin\theta_2-\sin\theta_1)}\right](\cos\theta_2-\cos\theta_1+\theta_2\sin\theta_2-\theta_1\sin\theta_1)$$

$$D=\frac{1}{2(\sin\theta_2-\sin\theta_1)}\times\left\{\sin\theta_2-\sin\theta_1-\frac{2}{\theta_0}(\cos\theta_2-\cos\theta_1+\theta_2\sin\theta_2-\theta_1\sin\theta_1)-\right.$$
$$\left.\frac{1}{\theta_0^2}[2(\theta_2\cos\theta_2-\theta_1\cos\theta_1)+(\theta_2^2-2)\sin\theta_2-(\theta_1^2-2)\sin\theta_1]\right\}$$

a 为谐振子边缘的相对振幅，$a=\dfrac{A}{d_0}$。

我们对 Ox 测量通道进行类似的变换，相应的间隙变化为 $d=d_0-w$

$$C_x \approx C_0[1 + Ba\sin\omega_0 t + Da^2(1 - \cos 2\omega_0 t)] \tag{1.5.4}$$

在工作间隙 d 在 Oy 轴方向（$0°$）上变化时，角度传感器总电容的变化为

$$\Delta C_0 = C_x - C_y = 2C_0 Ba\sin\omega_0 t \tag{1.5.5}$$

也就是正比于谐振子的振幅。

按微分形式接入的角度传感器输出特性曲线的非线性不超过万分之几。为了防干扰，电容传感器在结构上均配有缓冲放大器，以使角度传感器的高电阻输出端与低电阻载荷相匹配。接入缓冲放大器后，要细心对装置的电路布线进行屏蔽。缓冲放大器的输入电阻约为几百欧姆，而寄生电容不超过零点几皮法，这可以确保谐振子的振幅及相位变换成电信号具有很高的精确度。

第2章　非理想固态波陀螺仪动力学

2.1　非理想固态波陀螺仪的误差源

固态波陀螺仪误差产生的主要原因是谐振子的工艺缺陷。对谐振子中驻波行为产生最严重影响的是密度、杨氏模量、壳体厚度等参数不均匀性傅里叶展开式的 4 次谐波。第 4 次谐波缺陷的存在导致谐振子中出现双本征轴系统，它们成 45°。例如，谐振子沿其中每个轴的固有振动频率可达到极大值和极小值（图 2.1）。极大频率与极小频率的差值称为固有频率分裂

$$\Delta = \omega_2 - \omega_1 \tag{2.1.1}$$

式中，ω_1，ω_2 为固有频率。

固有振动频率较小的本征轴称为"重"本征轴（刚度较小的轴）；固有频率较大的本征轴称为"轻"本征轴（刚度较大的轴）。

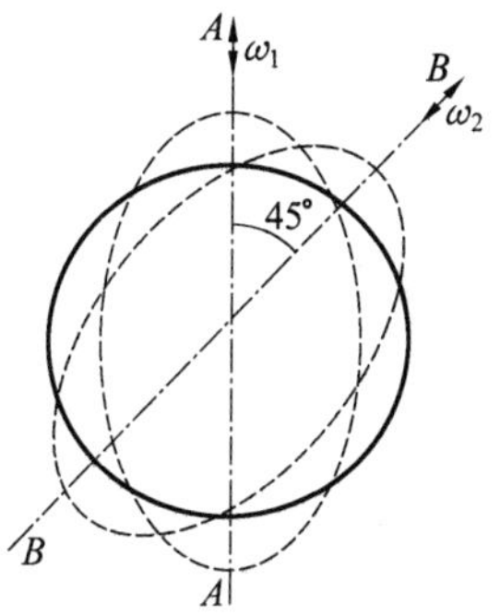

图 2.1　"重"本征轴（AA）和"轻"本征轴（BB）

下面我们来研究固态波陀螺仪谐振子的不同类型误差。

1. 由谐振子质量分布不均匀引起的误差

谐振子边缘质量分布的 4 次谐波可以给出以下频率分裂值

$$\Delta = \frac{1}{2}\varepsilon\omega_0 \tag{2.1.2}$$

式中，ω_0 为固有振动的非扰频率；ε 为缺陷 4 次谐波的相对值。

假设振动的初始分布形式为

$$w(\varphi, t) = A \cdot \cos 2(\varphi - \varphi_0)\cos \omega t \tag{2.1.3}$$

角 φ_0 决定着波对于重本征轴的方位。在这种情况下驻波对于谐振子的进动速度可表示为（对于 $t \ll 1$）

$$\dot{\vartheta} = -\frac{1}{8}t(\Delta_4\omega)^2 \sin 8\varphi_0 \tag{2.1.4}$$

这是固态波陀螺仪的偏移速度，是由于谐振子质量分布不均匀的 4 次谐波使固有频率分裂引起的。

根据式（2.1.4）可以得出结论：为了降低固态波陀螺仪的偏移速度，必须调整 4

次谐波缺陷使谐振子平衡，目的是减少固有频率的分裂值 Δ。

我们来估算密度缺陷的 2 次谐波产生了固有频率分裂

$$\rho=\rho_0(1+\varepsilon_2\cos 2\varphi) \tag{2.1.5}$$

在这种情况下，考虑到密度变化，自由谐振子的运动方程形式为

$$\left[\frac{(\rho\ddot{w})'}{\rho}\right]'-\ddot{w}+\frac{EI}{\rho SR^4}(w^{(6)}+2w^{(4)}+w'')-\frac{EI\rho'}{\rho^2 SR^4}(w^{(5)}+2w'''+w')=0 \tag{2.1.6}$$

已经证明，在这种情况下固有频率的差值近似为

$$\Delta=\frac{8}{5}\varepsilon_2^2\omega_0 \tag{2.1.7}$$

也就是说，数量级为 2 次谐波缺陷值的平方。

类似地，由 1 次及 3 次谐波缺陷引起的频率分裂也正比于相应缺陷值的平方。因此，在谐振子平衡的情况下，主要应该注意四次谐波缺陷，因为它引起频率分裂的级别要比其他谐波都高。

2. 由基座振动引起的误差

在谐振子存在沿圆周角质量分布的 1 次、2 次及 3 次谐波的情况下，在纵向振动或横向振动时波姿态会存在寄生分量，它会使有用信号失真。这是因为，除了主振型以外，在谐振子中还会激发一系列次要振型，使装置产生误差。前三次密度缺陷谐波谐振子的平衡能够在振动作用刚性条件中采用陀螺仪。我们来研究基座纵向振动和横向振动对不旋转谐振子产生的作用。

(1) 纵向振动

假设谐振子沿对称轴的运动规律为(图 2.2(a))

$$z=z_0\cos\lambda t \tag{2.1.8}$$

式中，z_0 和 λ 分别是振幅和振动频率。质量分布的不均匀性我们表示为

$$\rho=\rho_0[1+\varepsilon_1\cos(\varphi-\varphi_1)+\varepsilon_2\cos 2(\varphi-\varphi_2)+\varepsilon_3\cos 3(\varphi-\varphi_3)] \tag{2.1.9}$$

那么在共振情况下($\lambda=\omega_0$)驻波的方位角满足

$$\tan 2\vartheta=\tan 2\varphi_2 \tag{2.1.10}$$

这里驻波“定位”在缺陷的 2 次谐波方位上。纵向振动的作用等效于顺着 2 次谐波缺陷轴的某一位置激励。

(2) 横向振动

这种情况与式(2.1.8)类似，谐振子的运动方程为(图 2.2(b))

$$\left.\begin{aligned}x&=x_0\cos\lambda t\\y&=y_0\cos\lambda t\end{aligned}\right\} \tag{2.1.11}$$

在共振情况中驻波波腹的方位角 θ 由下式计算

$$\tan\theta=\frac{(A+B+C)\varepsilon_1\sin\varphi_1+(A-B+C)\varepsilon_3\sin 3\varphi_3}{(A+B+C)\varepsilon_1\cos\varphi_1+(A-B+C)\varepsilon_3\cos 3\varphi_3} \tag{2.1.12}$$

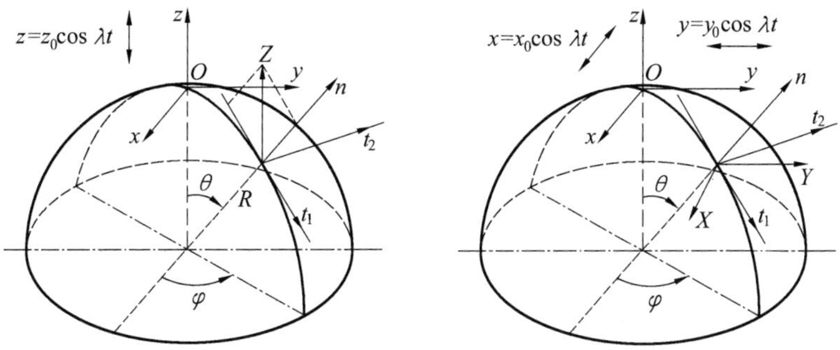

(a)纵向振动　　　　(b)横向振动

图 2.2　谐振子的纵向振动和横向振动

很显然，在存在 1 次和 3 次谐波密度缺陷的情况下，驻波的方位由角 φ_1，φ_3 决定。也就是说，横向振动使驻波定位在质量缺陷的 1 次谐波和 3 次谐波上。

还存在相反的效应：谐振子的二阶振型振动可以引起质心振动。这些振动会传递给支架导致附加的振动能量耗散（与波姿态的方位有关）。

3. 谐振子品质因数不均匀引起的误差

在圆周角耗散性能均匀的情况下，固态波陀螺仪谐振子中存在能量耗散会导致振幅的误减。如果谐振子的品质因数与圆周角有关，就会产生驻波偏移速度。

为了描述弹性物体的减幅衰减振动，运用开尔文－福格特模型（参见第 1.2 节）：

$$\sigma = E(\varepsilon + \xi\dot{\varepsilon}) \tag{2.1.13}$$

式中，σ 为应力张量；ε 为形变张量；ξ 为描述非弹性弛豫衰减时间的量。

如果 ξ 是常数，那么谐振子的振动按指数规律衰减，在这种情况下振动性质不发生改变。ξ 值与圆周角的依赖关系会导致时间常数（品质因数）随波姿态的方位而变化。这种现象称为谐振子沿圆周角品质因数不均匀。

我们用傅里叶级数表示 $\xi(\varphi)$ 值的不均匀性

$$\xi(\varphi) = \xi_0\left[1 + \sum_k \xi_k \cos k(\varphi - \varphi_k)\right] \tag{2.1.14}$$

式中，ξ_0 为额定值；ξ_k，φ_k 分别是相对缺陷值和相对缺陷方位。

对谐振子动力学产生最严重影响的是式（2.1.14）的展开式中缺陷的 4 次谐波。驻波进动（偏移）速度的表达式为

$$\dot{\vartheta} = -K\Omega + \frac{1}{4}\omega_0^2\xi_0\xi_4 \cdot \sin 4(\vartheta - \varphi_4) \tag{2.1.15}$$

式中，K 为固态波陀螺仪的比例系数。

如果角速度 Ω 满足条件

$$|\Omega| < \Omega^* = \frac{1}{4K}\omega_0^2\xi_0\xi_4 \tag{2.1.16}$$

那么不存在陀螺仪的积分效应。如果满足条件

$$|\Omega| > \Omega^* \tag{2.1.17}$$

那么，积分效应保留下来，并带有某一系统误差。从 O 到 Ω^* 的区域称为驻波“俘获”区域(图 2.3)。

耗散缺陷 4 次谐波的存在导致谐振子中出现成 45°的双曲系统(称为黏性本征轴(图 2.4))。顺着这两个轴中每一个轴振动时间常数达到极大值和最小值。由品质因数不均匀引起的波姿态图的偏移通常可以通过算法补偿。

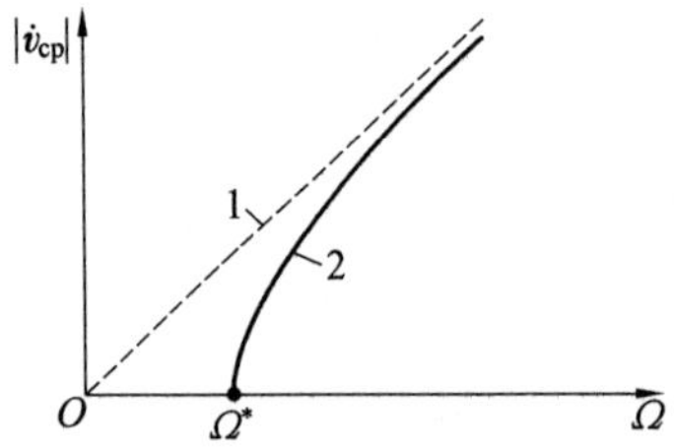

图 2.3 固态波陀螺仪平均偏移速度与输入角速度的依赖关系

1— 直线 $|\dot{v}_{cp}| = K\Omega$；2— 品质因数不均匀的谐振子中固态波陀螺仪平均偏移速度关系曲线(Ω^* 为“俘获”区域)

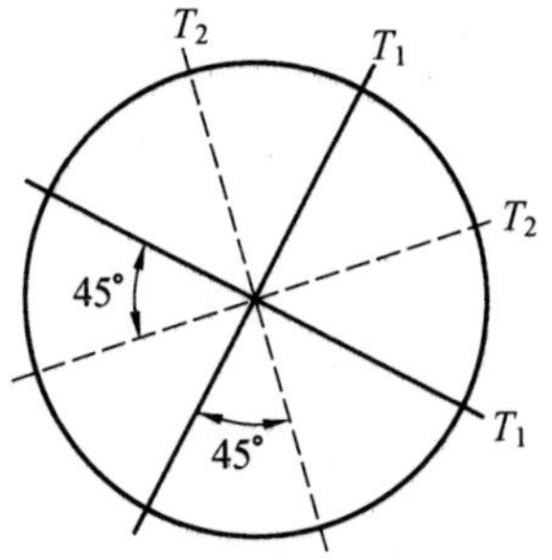

图 2.4 黏度本征轴

对这种偏移进行补偿的复杂性在于品质因数(或时间常数) 与很多参数有关。例如，涂在谐振子上的导电层中内部摩擦的变化就是这样的参数，它的变化是由产生的各种扩散作用和化学作用引起的。品质因数还与装置中残留气体的压力有关，在微粒偶然落入表面等情况下品质因数也可能发生变化。

4. 与谐振子激励系统缺陷相关的误差

如果激励系统不理想(环形电极不圆或供电电压不稳定)，那么，理想的谐振子也有偏移速度。

环形电极供电电压不稳定，假设环形电极供电电压的振幅沿圆周角有 4 次谐波为

$$V = (V_0 + v\cos 4\varphi)\cos \lambda t \tag{2.1.18}$$

并且 $v \ll V_0$。那么，驻波偏移速度表达式为

$$\dot{\vartheta} = -K\Omega - \frac{1}{40}\frac{\varepsilon_0 V_0 vL}{\omega_0 \rho S d_0^3}\sin 4\vartheta \tag{2.1.19}$$

式中，K 为进动系数；ε_0 为介电常数，$\varepsilon_0 = 8.85 \times 10^{-12}$ F/m；L 为电极的高度；d_0 为电极和谐振子之间的间隙。

没有积分效应的俘获区域大小为

$$\Omega^* = \frac{1}{16}\frac{\varepsilon_0 V_0 vL}{\omega_0 \rho S d_0^3} \tag{2.1.20}$$

或通过品质因数 Q 表示

$$\Omega^* = \frac{5}{16}\frac{\omega_0 v}{Q v_0} \tag{2.1.21}$$

由于4次谐波环形电极不圆，假设环形电极与谐振子之间的间隙值沿圆周角有4次谐波

$$d = d_0 + e\cos 4\varphi + w(\varphi, t) \tag{2.1.22}$$

式中，e 为偏心距。

驻波偏移速度的表达式为

$$\dot{\vartheta} = -K\Omega + \frac{3\varepsilon_0 V_0^2 eL}{40\omega_0 \rho d_0^4 S}\sin 4\vartheta \tag{2.1.23}$$

俘获区域为

$$\Omega^* = \frac{15}{16}\frac{\omega_0}{Q}\frac{e}{d_0} \tag{2.1.24}$$

除了上述所研究这些类型的缺陷以外，可能还存在其他的误差源：组合缺陷，安装电极误差，谐振子的轴与固定平面不垂直，非线性形变等。

2.2 数学方面的平衡

使固态波陀螺仪谐振子平衡是调节装置最重要的操作，在很大程度上精度取决于这一操作。对半环形谐振子必须调节平衡是因为其理想轴对称形状工艺偏差，以及产生的质量不平衡，这会导致谐振子固有频率分裂，由于在支架中振动能量耗散而使品质因数降低。

可以分出两种基本类型的平衡：机械平衡和电平衡。机械平衡有静态平衡和动态平衡。静态平衡可以保证谐振子的质心与其对称轴重合。动态平衡是消除固有频率分裂。平衡过程包括测量质量分布不正常引起的效应，然后运用机械、激光、化学、离子－等离子等工艺，有效地去除质量点或质量面，以使该效应最小。

电平衡包括消除残留的频率分裂（机械平衡后），修正刚性本征轴与驻波波腹的当前位置匹配。

我们要指出平衡操作的一些特点：

(1) 谐振子的机械平衡是利用专门的平衡设备在装置装配前完成。在静态平衡情况下，去除不平衡质量的过程应该使谐振子的质心在其对称轴上，并达到所提出的精度。

(2) 动态平衡应该在不破坏静态平衡的条件下进行。由此可以得出谐振子边缘上所去除的质量分布对称的条件。

(3) 所必需的动态平衡精度由频率分裂决定，它可以通过对向校准修正电极系统施加允许的直流电压实现。

(4) 在进行动态平衡后最低的残留频率分裂可以由频率分裂的温度关系计算。动态平衡只在一个温度点进行，在温度范围的边缘动态平衡情况可能大大恶化。

1. 不均匀性的识别

有两种测量二次弯曲振型固有频率分裂的方法，都是以测取谐振子的振幅频率特性(幅频特性)和相位频率特性(相频特性)及其相位角特性(相角特性)为基础的。

我们简要地研究这两种方法，这两种方法中测量所使用的示意图如图 2.5 所示。

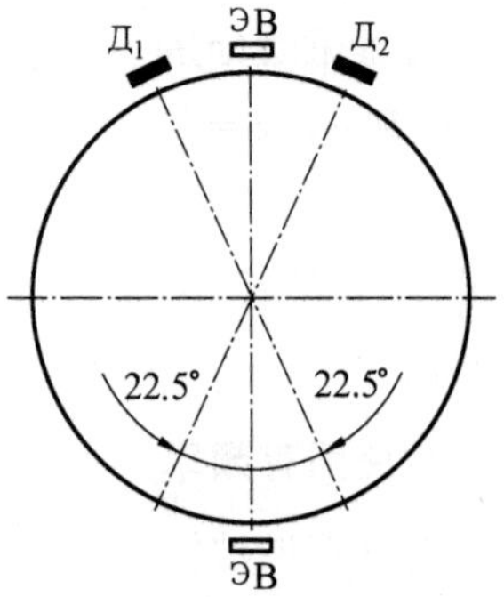

图 2.5　测量频率分裂时电极的位置

激励振动是由外部参考振荡器的电压借助于电磁式时间继电器(ЭВ)的电容式变换器实现的，而记录是通过成 ±22.5° 角的两个电容传感器 $Д_1$ 和 $Д_2$ 实现的。为了获取振幅频率特性曲线和相位频率特性曲线，激励电压的频率离散地变化，步距为 0.001 Hz，并测量传感器 $Д_1$ 和 $Д_2$ 上的电压相移(ψ_1 和 ψ_2)及振幅(A_1 和 A_2)。在顺着半环形谐振子本征轴激励振动的情况下，两个通道上的振幅频率特性曲线与相位频率特性曲线一致(图 2.6(a))。

如果是沿本征轴之间的二等分线激励振动，那么，振幅频率特性曲线的极大值与相位频率特性曲线的零相位之间距离最大，而这两点之间的频移等于固有频率分裂(图 2.6(b))。为了获得本征轴的方位和固有频率分裂，要旋转谐振子，绘制每个位置的振幅频率特性曲线和相位频率特性曲线，直到找到图 2.6 所示的位置。

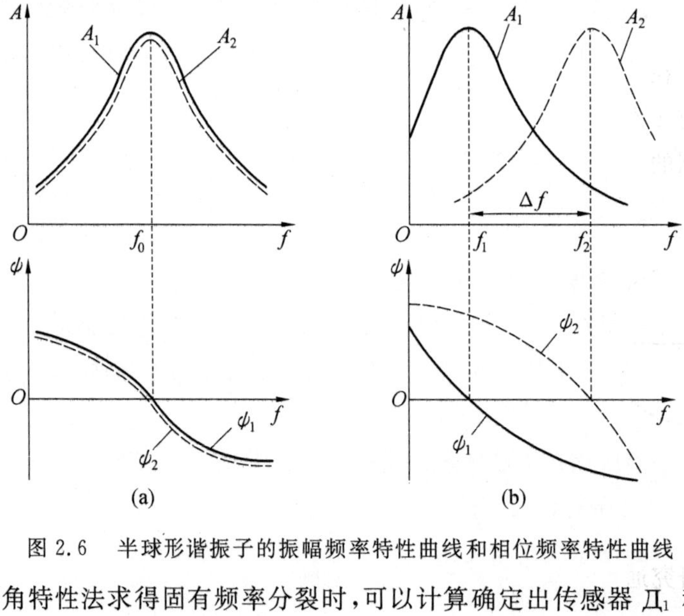

图 2.6　半球形谐振子的振幅频率特性曲线和相位频率特性曲线

在用相角特性法求得固有频率分裂时，可以计算确定出传感器 $Д_1$ 和 $Д_2$ 信号相

位的最大差值，它与固有频率分裂的关系如下

$$|\psi_1-\psi_2|_{\max}=2\arctan\frac{f}{Q\Delta_4 f}$$

另一种测量自由振动频率差值的方法，是建立在差拍法基础上的(参见第 4.2 节)。

计算不平衡质量分布的方法是建立在测量不平衡谐振子中驻波进动基础上的。测量在 6 个点(0°,45°,90°,180°,135°,270°) 谐振子壁的位移，对这些信号进行解调，分出同相振动分量和正交振动分量，然后，借助于数学变换计算出未知的质量缺陷参数 M_k 和 $\varphi_k(k=1,2,3,4)$。

在其他相关文献中还研究了计算不平衡质量参数的其他方法，特别是全息法。还可以在不同波图方位情况下通过测量谐振子支架中的反作用来计算质量缺陷的必需参数。

2. 使固有频率分裂最小

在计算谐波方位后要进行调平，是要(对于 k 阶谐波)从谐振器边缘去除在点 $\varphi=\varphi_k+\frac{2\pi n}{k}(n=0,1,2,\cdots,k-1)$ 的质量，也就是在 k 阶谐波质量浓度最大点的质量。所去除质量的值可以借助于 ε_k 值计算，ε_k 为 k 阶谐波质量的相对缺陷，它等于 k 阶谐波最大值点中多余的质量与某一设定质量(例如，整个谐振器的质量)的比。在沿圆周角质量分布中进行调节平衡后会存在前 2 次谐波，因此，这些谐波所引起的固态波陀螺仪的偏移速度会最小。

在机械平衡过程中一个最复杂的问题是确定在该段上要去除质量部分的位置和数量。这样部分的数量有可能相当大，因为，例如，只在谐振子边缘上一点去掉质量(目的是去除缺陷的一次谐波)会导致出现 2 次、3 次以及 4 次谐波。为了排除这些多次谐波必须要在几个点进行平衡调整。

在修正前 4 次谐波的过程中，所去除的质量应该对称分布，如图 2.7 所示。正像从图中所看到的，在所有密度缺陷的前 4 次谐波都存在的情况下，考虑到它们方位和大小的不同，从边缘必须去除的集中质量不少于 10 处。

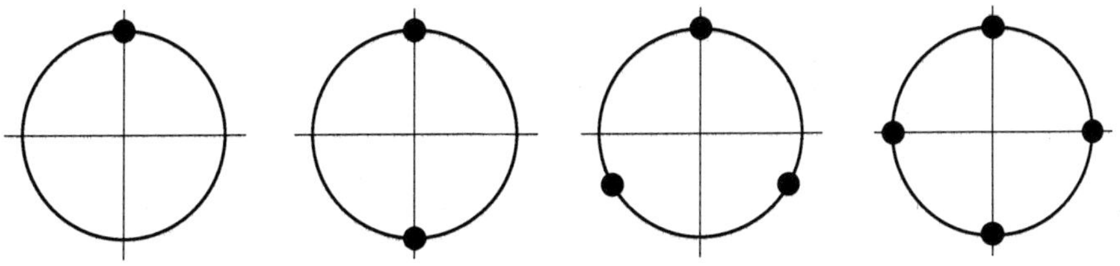

(a)1 次谐波　(b) 2 次谐波　(c)3次谐波　(d)4次谐波

图 2.7　质量沿圆周角的分布与齐次谐波一致

我们来研究通过去除质量点进行的平衡的特点。在去除点中物质情况下我们运

用狄拉克(δ) 函数来描绘谐振子壳体质量的分布。众所周知,δ 函数的傅里叶级数展开式包含所有整数次谐波,振幅相同。也就是说,在从壳体上去除位于 $\varphi=0$ 点中的质量 Δm 情况下,我们可以得到顺着方位角 φ 的如下质量分布(1 个单位角度)

$$M(\varphi)=M_0-2\Delta m\sum_{k=1}^{\infty}\cos k\varphi \tag{2.2.1}$$

由该表达式可以理解与通过去除点中质量进行平衡的有关问题。例如,假设必须去除大小为 M_1 的质量缺陷的 1 次谐波。为了简化,我们取它对于谐振子的方位等于零:$\varphi_1=0$。从谐振子边缘的点 $\varphi_1=0$ 去除质量 $\Delta m=\frac{M_1}{2}$ 可以去掉缺陷的本次谐波,但是同时也会产生同样大小的 2 次、3 次及 4 次谐波。接下来对它们的平衡也会伴有出现质量缺陷的多谐波。例如,通过在两点去除相同质量来使质量缺陷的 2 次谐波平衡,会伴随出现 4 次谐波(振幅相同),对 3 次谐波的平衡会出现 6 次谐波等。也就是去除壳体质量缺陷的 1 个谐波,要求去除几个点中严格确定数量的物质,因为必须依次去除在平衡过程中产生的质量缺陷的多谐波。

作为例子在图 2.8 上列出了壳体质量缺陷 1 次谐波和 2 次谐波平衡示意图。在图上表示了去除的质量大小和去除的质量点。如果所有谐波同时平衡,处理点的总数可以减少到 7,但是由于用激光脉冲加热表面条件的变化,使保持所去除质量严格的比例关系相当复杂。

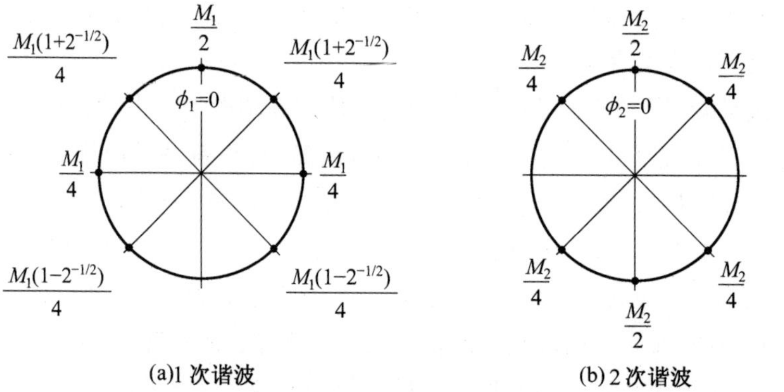

图 2.8 在固态波陀螺仪半球形谐振子质量缺陷的 1 次谐波和 2 次谐波平衡的情况下,去除质量点的示意图

还要指出的是,表达式(2.2.1) 只是在数学意义上对于去除质量点是正确的。事实上,进行激光蒸发的区域大小有限。那么,在从半球中心成 $\Delta\varphi$ 角的点 $\varphi=0$ 附近去除质量 Δm 的情况下,傅里叶级数的谐波振幅不同。

$$M(\varphi)=M_0-2\Delta m\sum_{k=1}^{\infty}\frac{\sin k\Delta\varphi}{k\Delta\varphi}\cos k\varphi \tag{2.2.2}$$

对于小直径的谐振子这一效应很明显,应该在计算去除的质量值时考虑到。

还有一种情况,要调整平衡是因为在实际谐振子中不平衡的质量不是集中在边缘(就像前面所认为的),而是分布于整个壳体上。例如,产生质量缺陷1次谐波的常见原因是内、外半球中心不一致。在图2.9中这种情况表示的是对谐振子方位角和截面不平衡质量的分布。

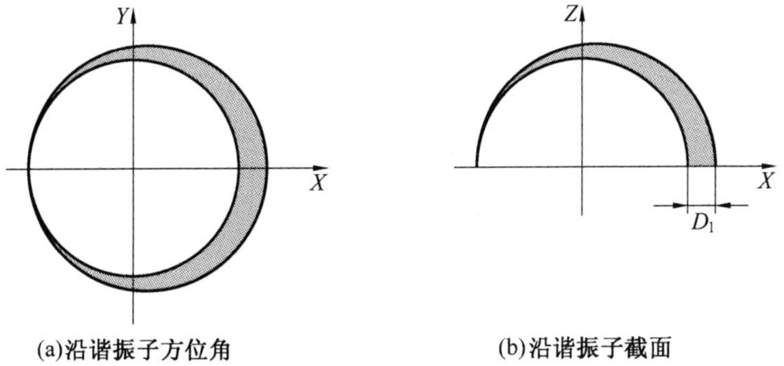

图2.9　在内、外半球中心不重合情况下沿谐振子方位角和截面不平衡质量的分布

表面分布不平衡的质量不能够通过去除只在壳体边缘的点上质量得到调整。为了完全平衡,必须至少从两条平行线去除这些质量,而这会使平衡过程复杂化。

运用离子法去除材料可以确保更简单的平衡算法。离子蚀刻可以去除谐振子圆周任何规律的质量。用这种方法可以很容易去除质量缺陷的任何谐波,以及所有这些谐波一起去除。

各种平衡方法的实际情况在第4章中研究。在附录2中描写了在人工智能方法基础上的平衡方法(遗传算法和模拟退火算法)。

2.3　对驻波的控制

在存在4次谐波效应的固态波陀螺仪谐振子中驻波不可能长时间存在。因此,在实际装置中作用着控制系统,保持谐振子驻波形式的振动。

1. 频率相位自动微调系统的工作原理

频率相位自动微调系统是在积分式固态波陀螺仪状态下工作,它用于保持环形电极供电电压频率的值能够确保参量共振。参量激励基础是出现参量共振,但在非理想谐振子中由于一系列原因共振条件有可能受到破坏:固有频率的分裂,谐振子固有频率的温度变化,电压振荡发生器频率的漂移,供电电路中的噪声等。因此,调整参考振荡器共振具有很大意义。

我们取处在参量激励状态中有4次谐波频率分裂的不旋转谐振子的运动方程为例。由于研究的是线性装置问题,那么,对所得到的解可以补加上受谐振子旋转角速度制约的解。方程的形式为[3]

$$\begin{cases}\ddot{p}+\dfrac{\omega_1}{Q}\dot{p}+\omega_1^2 p=\dfrac{4}{5}MV_0^2 p\cos^2\lambda t\\[2ex]\ddot{q}+\dfrac{\omega_2}{Q}\dot{q}+\omega_2^2 q=\dfrac{4}{5}MV_0^2 q\cos^2\lambda t\end{cases}\tag{2.3.1}$$

式中，$M=\varepsilon_0 L/(\rho_0 S d_0^3)$，我们认为 $\omega_1>\omega_2$。

我们用双尺度法求解方程组(2.3.1)。按照这一方法引入两个时间变量："慢变量"$\tau_1=\varepsilon\omega_0 t$ 和"快变量"$\tau_0=\omega_0 t$。这里小参数作为 $\varepsilon=\dfrac{Q_0}{Q}$ 计算。

接下来方程中的所有变量必须表示为小参数幂级数的形式，精度达 1 阶：

$$\begin{cases}p(\tau_0,\tau_1)=p_0(\tau_0,\tau_1)+\varepsilon p_1(\tau_0,\tau_1)\\ q(\tau_0,\tau_1)=q_0(\tau_0,\tau_1)+\varepsilon q_1(\tau_0,\tau_1)\\ \omega_1=\omega_0(1+\varepsilon\omega_{1p})\\ \omega_2=\omega_0(1+\varepsilon\omega_{1q})\\ \lambda=\omega_0(1+\varepsilon\lambda_1)\end{cases}$$

微分算子表示为

$$\frac{\mathrm{d}}{\mathrm{d}t}=w_0\left(\frac{\partial}{\partial\tau_0}+\varepsilon\frac{\partial}{\partial\tau_1}\right)$$

除此之外，电压的振幅表示为

$$\frac{4}{5}MV_0^2=2\varepsilon V_*^2\omega_0^2$$

式中，V_*为某一无量纲振幅。

把 ε 幂的展开式代入方程组(2.3.1)，在相同的 ε 幂情况下使表达式相等，可以得到零次近似的方程($\varepsilon=0$)。

$$\left.\begin{aligned}&\frac{\partial^2 p_0}{\partial\tau_0^2}+\frac{1}{Q_0}\frac{\partial p_0}{\partial\tau_0}+p_0=0\\ &\frac{\partial^2 q_0}{\partial\tau_0^2}+\frac{1}{Q_0}\frac{\partial q_0}{\partial\tau_0}+q_0=0\end{aligned}\right\}\tag{2.3.2}$$

我们把方程组(2.3.2)的解表示为

$$\left.\begin{aligned}p_0&=a(\tau_1)\cos[\tau_0-\psi_1(\tau_1)]\\ q_0&=b(\tau_1)\cos[\tau_0-\psi_2(\tau_1)]\end{aligned}\right\}\tag{2.3.3}$$

式中，振幅 $a(\tau_1)$，$b(\tau_1)$ 和相位 $\psi_1(\tau_1)$，$\psi_2(\tau_1)$ 是"慢"变量 τ_1 的函数，在零次近似框架内可以认为 $\psi_1=\psi_2$。

一次近似方程为(在 ε 很小情况下)

$$\left.\begin{aligned}&\frac{\partial^2 p_1}{\partial\tau_0^2}+p_1+2\frac{\partial}{\partial\tau_1}\left(\frac{\partial p_0}{\partial\tau_0}\right)+\frac{1}{Q_0}\frac{\partial p_0}{\partial\tau_0}+2\omega_{1p}p_0=V_*^2[1+\cos 2(\tau_0+\lambda_1\tau_1)]\\ &\frac{\partial^2 q_1}{\partial\tau_0^2}+q_1+2\frac{\partial}{\partial\tau_1}\left(\frac{\partial q_0}{\partial\tau_0}\right)+\frac{1}{Q_0}\frac{\partial q_0}{\partial\tau_0}+2\omega_{1q}q_0=V_*^2[1+\cos 2(\tau_0+\lambda_1\tau_1)]\end{aligned}\right\}\tag{2.3.4}$$

把零次近似表达式(2.3.3)代入式(2.3.4),结果可以得到方程组

$$\left.\begin{aligned}&2\frac{\partial}{\partial\tau_1}[-a\sin(\tau_0-\psi_1)]-\frac{1}{Q_0}a\sin(\tau_0-\psi_1)+2\omega_{1p}a\cos(\tau_0-\psi_1)=\\&V_*^2a\cos(\tau_0-\psi_1)[1+\cos 2(\tau_0+\lambda_1\tau_1)]\\&2\frac{\partial}{\partial\tau_1}[-b\sin(\tau_0-\psi_2)]-\frac{1}{Q_0}b\sin(\tau_0-\psi_2)+2\omega_{1q}a\cos(\tau_0-\psi_2)=\\&V_*^2b\cos(\tau_0-\psi_2)[1+\cos 2(\tau_0+\lambda_1\tau_1)]\end{aligned}\right\}$$

由最后一个方程组可得,在共振项($\cos\tau_0$ 和 $\sin\tau_0$)下存在非零系数时,函数 $p(\tau_0,\tau_1)$ 和 $q(\tau_0,\tau_1)$ 对于"快"变量 τ_0 是无限的,这是不可能的。因此,为了获得振幅和相位在"慢"时间变量 τ_1 的变化情况,必须使上述系数等于零。结果我们可以得到以下方程组

$$2\frac{\partial a}{\partial\tau_1}\sin\psi_1+2a\frac{\partial\psi_1}{\partial\tau_1}\cos\psi_1+\frac{a}{Q_0}\sin\psi_1+2\omega_{1p}b\cos\psi_1=$$

$$V_*^2a\left[\cos\psi_1+\frac{1}{2}\cos(\psi_1+2\lambda_1\tau_1)\right]$$

$$-2\frac{\partial a}{\partial\tau_1}\cos\psi_1+2a\frac{\partial\psi_1}{\partial\tau_1}\sin\psi_1-\frac{a}{Q_0}\cos\psi_1+2\omega_{1p}a\sin\psi_1=$$

$$V_*^2a\left[\sin\psi_1-\frac{1}{2}\sin(\psi_1+2\lambda_1\tau_1)\right]$$

$$2\frac{\partial b}{\partial\tau_1}\sin\psi_2+2a\frac{\partial\psi_2}{\partial\tau_1}\cos\psi_2+\frac{b}{Q_0}\sin\psi_2+2\omega_{1q}a\cos\psi_2=$$

$$V_*^2b\left[\cos\psi_2+\frac{1}{2}\cos(\psi_2+2\lambda_1\tau_1)\right]$$

$$-2\frac{\partial b}{\partial\tau_1}\cos\psi_2+2b\frac{\partial\psi_2}{\partial\tau_1}\sin\psi_2-\frac{b}{Q_0}\cos\psi_2+2\omega_{1q}a\sin\psi_2=$$

$$V_*^2b\left[\sin\psi_2-\frac{1}{2}\sin(\psi_2+2\lambda_1\tau_1)\right]$$

在经过初步变换后,有

$$\left.\begin{aligned}&2\frac{\partial a}{\partial\tau_1}+\frac{a}{Q_0}=\frac{1}{2}V_*^2a\sin 2(\psi_1+\lambda_1\tau_1)\\&2a\frac{\partial\psi_1}{\partial\tau_1}+2\omega_{1p}a=V_*^2a\left[1+\frac{1}{2}\cos 2(\psi_1+\lambda_1\tau_1)\right]\\&2\frac{\partial b}{\partial\tau_1}+\frac{b}{Q_0}=V_*^2b\sin 2(\psi_1+\lambda_1\tau_1)\\&2b\frac{\partial\psi_2}{\partial\tau_1}+2\omega_{1q}b=V_*^2b\left[1+\frac{1}{2}\cos 2(\psi_1+\lambda_1\tau_1)\right]\end{aligned}\right\}\tag{2.3.5}$$

替换方程(2.3.5)中的变量

$$\psi_1=\frac{\pi}{4}+\alpha-\lambda_1\tau_1,\quad \psi_2=\frac{\pi}{4}+\beta-\lambda_1\tau_1$$

使用新变量 α,β，方程组(2.3.5)可以写为以下形式

$$\left.\begin{aligned}
&2\frac{\partial a}{\partial \tau_1}=-\frac{a}{Q_0}+\frac{1}{2}V_*^2 a\cos 2\alpha\\
&2a\frac{\partial \alpha}{\partial \tau_1}=2a(\lambda_1-\omega_{1p})+V_*^2 a\left(1-\frac{1}{2}\sin 2\alpha\right)\\
&2\frac{\partial b}{\partial \tau_1}=-\frac{b}{Q_0}+\frac{1}{2}V_*^2 b\cos 2\beta\\
&2b\frac{\partial \beta}{\partial \tau_1}=2b(\lambda_1-\omega_{1q})+V_*^2 b\left(1-\frac{1}{2}\sin 2\beta\right)
\end{aligned}\right\} \tag{2.3.6}$$

新变量时，式(2.3.3)零次近似形式为

$$p_0=a\cos\left(\lambda_1\tau_1-\frac{\pi}{4}-\alpha\right),\quad q_0=b\cos\left(\lambda_1\tau_1-\frac{\pi}{4}-\beta\right)$$

变量 α,β 决定着固有振动相位与其理想值的偏差，由于固有频率分裂很小，以及衰减对相移的影响很小，因此可以认为 α 和 β 值很小(与1相比)。

供电电压 V_* 值是慢变量 a 和 b 的函数，它的形成条件是使振幅 $\sqrt{a^2+b^2}$ 为常量。考虑到这一条件，我们可以得到环形电极供电电压的表达式为

$$V_*^2=\frac{2}{Q_0}\frac{a^2+b^2}{a^2\cos 2\alpha+b^2\cos 2\beta} \tag{2.3.7}$$

把表达式(2.3.7)代入方程组(2.3.6)的第一个方程和第三个方程，并认为 α,β 很小，变换这两个方程，有

$$\left.\begin{aligned}
&\frac{\partial a}{\partial \tau_1}=\frac{a}{Q_0}\frac{b^2(\beta^2-\alpha^2)}{a^2+b^2}\\
&\frac{\partial b}{\partial \tau_1}=-\frac{b}{Q_0}\frac{a^2(\beta^2-\alpha^2)}{a^2+b^2}
\end{aligned}\right\} \tag{2.3.8}$$

接下来我们研究决定相位变化的方程组(2.3.6)中的第二个方程和第四个方程

$$\alpha=1+Q_0(\lambda_1-\omega_{1p})$$

$$\beta=1+Q_0(\lambda_1-\omega_{1q})$$

由此可得

$$\beta-\alpha=Q_0(\omega_{1p}-\omega_{1q})=Q\frac{\omega_1-\omega_2}{\omega_0}=Q\frac{\Delta_4\omega}{\omega_0}$$

考虑到最后一个等式，方程组(2.3.8)可以重新写成

$$\left.\begin{aligned}
&\frac{\partial a}{\partial \tau_1}=\frac{ab^2}{a^2+b^2}(\alpha+\beta)(\omega_{1p}-\omega_{1q})\\
&\frac{\partial b}{\partial \tau_1}=-\frac{ba^2}{a^2+b^2}(\alpha+\beta)(\omega_{1p}-\omega_{1q})
\end{aligned}\right\} \tag{2.3.9}$$

考虑到相位的零次近似重合，由关系式(2.3.3)可以得到波姿态形的方位角 ϑ

$$\tan 2\vartheta=\frac{b}{a}$$

由方程组(2.3.9),我们有

$$\frac{\partial\vartheta}{\partial\tau_1}=\frac{1}{2}\frac{\partial}{\partial\tau_1}\arctan\frac{b}{a}=\frac{1}{2}\frac{a\dfrac{\partial b}{\partial\tau_1}-b\dfrac{\partial a}{\partial\tau_1}}{a^2+b^2}=-\frac{1}{2}\frac{ab}{a^2+b^2}(\omega_{1p}-\omega_{1q})(\alpha+\beta)$$

但是

$$\frac{ab}{a^2+b^2}=\frac{1}{2}\sin 4\vartheta$$

因此

$$\frac{\partial\vartheta}{\partial\tau_1}=-\frac{1}{4}(\omega_{1p}-\omega_{1q})(\alpha+\beta)\sin 4\vartheta$$

实际上我们可得($\Omega=0$)

$$\frac{\partial\vartheta}{\partial t}=-\frac{1}{4}\Delta_4 w(\alpha+\beta)\sin 4\vartheta \tag{2.3.10}$$

我们来研究(2.3.10)产生偏移速度的原因。为此我们要建立 $p(t)$ 和 $q(t)$ 固有振型稳定性的域界(图 2.10)。

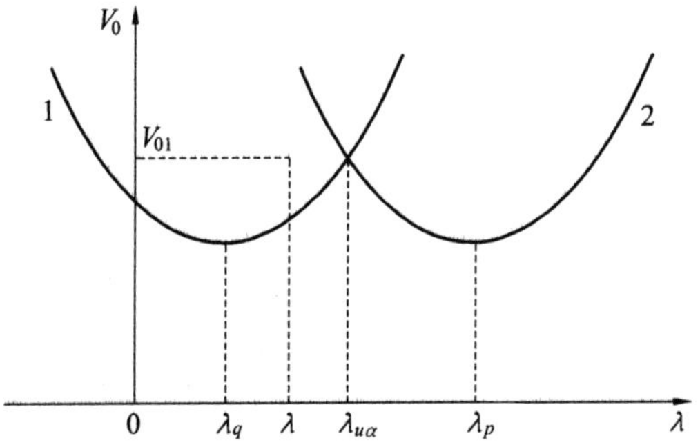

图 2.10 共振谐振子的稳定区域

1—$p(t)$ 型的稳定区域;2—$q(t)$ 型的稳定区域

在图 2.10 中可以看到,在对应于域界交点($\lambda=\lambda_{u\text{Д}}$)环形电极电压频率唯一(理想)值情况下,这两种振型存在有限振动。如果供电电压的频率 $\lambda<\lambda_{u\text{Д}}$,振幅稳定系统会形成电压 V_{01},使振幅 a 和 b 的平方和为常数:$a^2+b^2=\text{const}$,尽管它们本身是变化的。图中 $p(t)$ 为衰减振型,而 $q(t)$ 为递增振型。结果波形会向固有振型 $q(t)$ 轴的一方移动。如果 $\lambda>\lambda_{u\text{Д}}$,波图会向 $R(t)$ 振型轴的一方移动。

存在三种方法可以补偿由式(2.3.10)决定的偏移速度:

(1) 借助于动态平衡法几乎可以消除频率分裂 $\Delta_4\omega$;

(2) 转动谐振子的刚性本征轴,使之与驻波波腹的当前位置重合,即确保 $\vartheta=0$;

(3) 通过动态调解来保证相位和等于零:$\alpha+\beta=0$。

我们详细研究最后一种方法。通过频率相位自动微调回路来调节参考振荡器的频率为 $\lambda_{u\text{Д}}$,可以满足条件 $\alpha+\beta=0$。

作为失调不匹配信号向频率相位自动微调回路施加的形式为

$$z_L = a\sin\alpha\sin(a\cos\alpha) + b\sin\beta\sin(b\cos\beta) \tag{2.3.11}$$

由于 α 和 β 很小

$$z_L = |a|\alpha + |b|\beta \tag{2.3.12}$$

这样，频率相位自动微调回路可以保障式(2.3.12)的值等于零。

我们运用等式

$$\beta - \alpha = Q\frac{\Delta_4\omega}{\omega_0},\quad \tan 2\vartheta = \frac{b}{a}$$

可得

$$\alpha + \beta = Q\frac{\Delta_4\omega}{\omega_0}\frac{|\cos 2\vartheta| - |\sin 2\vartheta|}{|\cos 2\vartheta| + |\sin 2\vartheta|} \tag{2.3.13}$$

我们来估算在本征轴调节系统断开情况下，在使用失调信号时的俘获区域大小。为此，我们求解方程(2.3.10)，并考虑到谐振子以角速度 Ω 旋转。

$$\frac{\mathrm{d}\vartheta}{\mathrm{d}t} = -K\Omega - \frac{1}{4}\Delta_4\omega(\alpha+\beta)\sin 4\vartheta$$

作为 ϑ 角我们选择它的 ϑ^* 值，即表达式的最大值

$$\frac{|\cos 2\vartheta| - |\sin 2\vartheta|}{|\cos 2\vartheta| + |\sin 2\vartheta|}\sin 4\vartheta$$

结果可以得到驻波的最小俘获区为

$$\Omega_{\min} \approx 2\pi Q\frac{(\Delta_4 f)^2}{f_0}$$

为了降低这一数值必须存在本征轴调准系统。

接下来我们研究动态调节精度。假设 $\lambda = \lambda_{\text{НД}} + \eta$，这里 η 为调节误差。显然，在这种情况下

$$\alpha + \beta = \frac{2Q}{\omega_0}\eta$$

那么，方程(2.3.10)的形式为

$$\frac{\partial\vartheta}{\partial t} = \frac{1}{2}Q\frac{\Delta_4\omega}{\omega_0}\eta\sin 4\vartheta$$

我们要求偏移速度值不超过 $\dot{\vartheta}_{\max}$ 值，那么，失调误差应该满足不等式

$$\eta \leqslant \frac{2\dot{\vartheta}_{\max}}{Q\Delta_4\omega/\omega_0} = \frac{2\dot{\vartheta}_{\max}}{Q\Delta_4 f/f_0}$$

甚至在精确动态调节条件下($z_N = \alpha + \beta = 0$)也必须运用谐振子本征轴调准系统。

我们来研究频率相位自动微调回路的构成。作为失调信号在频率相位自动微调的输入端加入 $z_N = \alpha + \beta$，它实际的构建方式是

$$z_N \approx \frac{a\sin\alpha}{a\cos\alpha} + \frac{b\sin\beta}{b\cos\beta} = \tan\alpha + \tan\beta$$

相位频率自动调谐回路的原理图如图 2.11 所示。

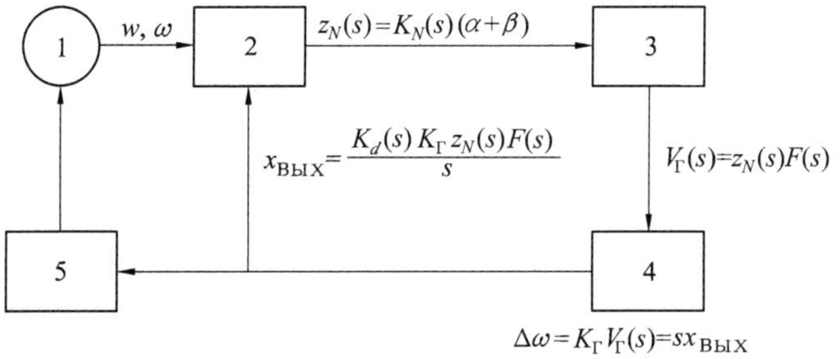

图 2.11　频率相位自动微调回路的原理图

1— 谐振子；2— 失调信号形成组件；3— 低频滤波器；4— 电压控制振荡器；5— 环形电极

正比于输入信号 $x_{\text{BX}}=\alpha+\beta$ 的电压从失调信号形成组件进入低频滤波器的输入端。滤波器工作在失调信号形成组件输出端的高频信号分量及噪声频带中。回路大的俘获区要求滤波器具有较宽的频带。但是，为了使电压控制振荡器在较大的输入噪声情况下能输出纯信号，又要求具有较窄的通频带。因此，通频带应该符合电压控制振荡器频率与输入频率的最大期望差值。

向振荡器的输入端加滤波信号，振荡器输出信号的频率变化正比于所加的电压

$$V_\Gamma(s)=z_N(s)F(s)$$

选择所采用的振荡器决定着两个主要性能指标：相位的稳定性和大的调节范围。

这种方案中相位频率自动调节回路的传递函数的形式为

$$W(s)=\frac{K_\Gamma K_d(s)}{s+K_\Gamma K_d(s)F(s)}$$

它的阶次（分母的最大幂）是由滤波器的阶数决定的。如果回路输入端的频率线性变化，那么，2 阶回路可以给出稳定的相位误差或动态滞后。3 阶回路会导致零动态滞后，这是一个很有利的条件，但这样的回路中很难保证稳定条件。

有源滤波器更好，特别是比例积分放大器[3]。有源滤波器的一个优点是放大器的存在使直流回路传输系数与无源系统相比非常高。

2. 借助于分散电极对固态波谐振子刚性本征轴的校准

正像前面所指出的，如果驻波方向顺着一个刚性轴（固有频率达到极值的轴），那么，振动为驻波形式。否则就会出现附加（正交）的驻波，它会引起固态波陀螺仪产生偏移速度。

为了消除正交分量，可以跟踪刚性本征轴的位置，使其中的一个轴总是与驻波波腹的位置重合。这种方法可以借助于 16 个电极调准系统实现。电极位置示意图如图 2.12 所示。圆周角 φ 我们从“较大刚度”轴算起。

我们来研究非理想谐振子在分散电极系统产生的电场力作用下的振动。为了可

确定性，我们认为谐振子不理想是因为杨氏模量与角 φ 的依赖关系

$$E = E(\varphi) = E_0(1 + \varepsilon\cos 4\varphi)$$

在环形模型框架内我们有方程

$$\ddot{w}'' - \ddot{w} + \frac{E(\varphi)I}{\rho SR^4}(w^{(6)} + 2w^{(4)} + w'') = \frac{\varepsilon_0 L}{\rho Sd_0^3}(V^2(\varphi)w)'' \qquad (2.3.14)$$

式中，$V(\varphi)$ 为沿圆周角电压的分布。

我们引入符号

$$\frac{\varepsilon_0 LV^2(\varphi)}{\rho Sd_0^3} = F(\varphi)$$

我们可以得到对于图 2.12 所示的电极系统产生电场的函数 $F(\varphi)$ 的形式。

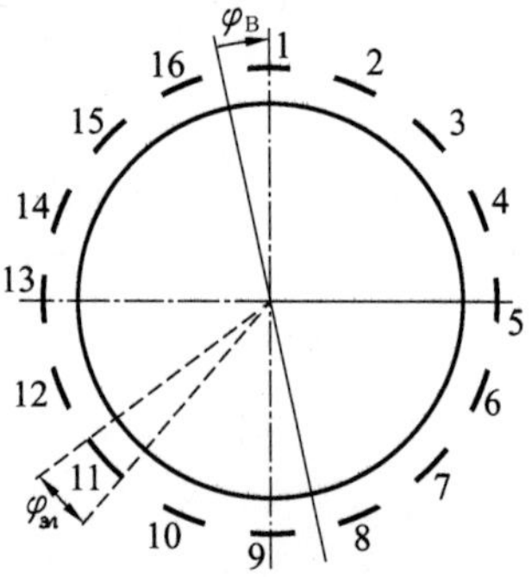

图 2.12　电极位置示意图

每四个电极连接成一组：

第 Ⅰ 组 —— 电极 1,5,9,13；

第 Ⅱ 组 —— 电极 2,6,10,14；

第 Ⅲ 组 —— 电极 3,7,11,15；

第 Ⅳ 组 —— 电极 4,8,12,16。

对每组电极分别加直流电压 $V_{01}, V_{02}, V_{03}, V_{04}$，并且每组都可以与其他组无关，独立工作。

那么，每组电极会产生按角 φ 的以下电压分布(只保持 4 次谐波)

$$V_1(\varphi) = V_{01}\left(\frac{4}{\pi}\varphi_{\text{эл}} + \frac{2}{\pi}\sin 2\varphi_{\text{эл}}\cos 4(\varphi - \varphi_B)\right) + \cdots$$

$$V_2(\varphi) = V_{02}\left(\frac{4}{\pi}\varphi_{\text{эл}} + \frac{2}{\pi}\sin 2\varphi_{\text{эл}}\sin 4(\varphi - \varphi_B)\right) + \cdots$$

$$V_3(\varphi) = V_{03}\left(\frac{4}{\pi}\varphi_{\text{эл}} - \frac{2}{\pi}\cos 2\varphi_{\text{эл}}\cos 4(\varphi - \varphi_B)\right) + \cdots$$

$$V_4(\varphi) = V_{04}\left(\frac{4}{\pi}\varphi_{\text{эл}} - \frac{2}{\pi}\sin 2\varphi_{\text{эл}}\sin 4(\varphi - \varphi_B)\right) + \cdots$$

式中，$\varphi_{\text{эл}}$ 为电极的角度；φ_B 为第一个电极的方位。

如果在力的分布中要实现函数 $\cos 4(\varphi - \varphi_B)$，那么要向第 Ⅰ 组加电压，如果要实现函数 $-\cos 4(\varphi - \varphi_B)$ 分布，那么要向第 Ⅲ 组加电压。为了实现 $\sin 4(\varphi - \varphi_B)$ 和 $-\sin 4(\varphi - \varphi_B)$ 分布规律可以分别运用第 Ⅱ 组和第 Ⅳ 组。

为了使在接入电极时产生的电场直流分量最小，第 Ⅰ 组和第 Ⅲ 组是单独工作的。第 Ⅱ 组和第 Ⅳ 组的工作类似。

这样，借助于第 Ⅰ 组和第 Ⅲ 组产生的电极与谐振子之间的引力为

$$F_{\text{Ⅰ}-\text{Ⅲ}}(\varphi) = U_1\cos 4(\varphi - \varphi_B)$$

而借助于第 Ⅱ 组和第 Ⅳ 组产生的力的形式为

$$F_{\text{Ⅱ}-\text{Ⅳ}}(\varphi) = U_2\sin 4(\varphi - \varphi_B)$$

U_1, U_2 值可能是正的，也可能是负的。

来自分散电极的 4 次谐波对谐振子的合力作用形式为

$$F(\varphi) = U_1 \cos 4(\varphi - \varphi_B) + U_2 \sin 4(\varphi - \varphi_B)$$

一般来说，由于本征轴的位置未知，角度从第 1 个电极的中心算起比较适宜，即 $\theta = \varphi - \varphi_B$。在解决本征轴调整问题时会用到 θ 角。

我们来概括电场力的表达式

$$F(\varphi) = F_1 + F_0 \cos 4(\varphi - \varphi_F) \tag{2.3.15}$$

式中，F_1 为直流分量，$F_1 > 0$；F_0 为振幅，$F_0 > 0$。

把式(2.3.15)代入式(2.3.14)，我们可以把方程(2.3.14)的解表示为

$$w(\varphi, t) = p(t)\cos 2(\varphi - \varphi_0) + q(t)\sin 2(\varphi - \varphi_0)$$

采用布勃诺夫－加廖尔金法，可以得到方程组

$$\left.\begin{aligned}
&\ddot{p}(t) + \left(\omega_0^2 - \frac{4}{5}F_1\right)p(t) + \frac{1}{2}\varepsilon\omega_0^2 p(t)\cos 4\varphi_0 - \frac{1}{2}\varepsilon\omega_0^2 q(t)\sin 4\varphi_0 = \\
&\qquad \frac{2}{5}F_0 p(t)\cos 4(\varphi_0 - \varphi_F) - \frac{2}{5}F_0 q(t)\sin 4(\varphi_0 - \varphi_F) \\
&\ddot{q}(t) + \left(\omega_0^2 - \frac{4}{5}F_1\right)q(t) - \frac{1}{2}\varepsilon\omega_0^2 p(t)\sin 4\varphi_0 - \frac{1}{2}\varepsilon\omega_0^2 q(t)\cos 4\varphi_0 = \\
&\qquad -\frac{2}{5}F_0 p(t)\sin 4(\varphi_0 - \varphi_F) - \frac{2}{5}F_0 q(t)\cos 4(\varphi_0 - \varphi_F)
\end{aligned}\right\} \tag{2.3.16}$$

校准本征轴的任务是：找出 F_0 和 φ_F 值，使得任何提前设定的方向 $\varphi = \varphi_0$ 为本征轴。这就是说，方程组(2.3.16)中的方程应该是独立的，即在第一个方程中没有正比于 $q(t)$ 的被加数部分，而在第二个方程中没有正比于 $p(t)$ 的被加数部分。这可以在下列条件下得到满足

$$\varepsilon\omega_0^2 \sin 4\varphi_0 = 2KF_0 \sin\psi, \quad \psi = \varphi_0 - \varphi_F \tag{2.3.17}$$

由式(2.3.17)可以看到，对于任意一个 ψ 值，都存在一个 F_0 值，使 φ_0 方向为本征轴。在所提出的频率分裂和角 φ_0 情况下为使 F_0 值最小，应该取 $|\psi| = \frac{\pi}{8}$。这样，合力 4 次谐波的轴对于驻波方向转动 $\frac{\pi}{8}$。在 $\sin 4\varphi_0 > 0$ 条件下，必须取 $\psi = \frac{\pi}{8}$，如果 $\sin 4\varphi_0 < 0$，那么取 $\psi = -\frac{\pi}{8}$。由此可以得到选取电场力方向的规则(图 2.13)：电压的谐波轴相对 φ_0 方向(驻波的波腹)，向与该方向最近的刚性较大(较大的固有频率)的"自然"(也就是没有电极作用)本征轴方向移动 $\frac{\pi}{8}$

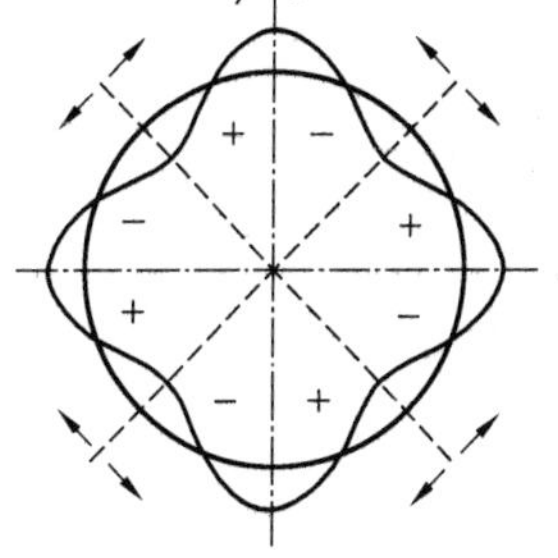

图 2.13　来自电极的作用方向选取规则

角。

图 2.13 中的粗线是杨氏模量的分布，符号"+"和"—"对应于扇形中 $\sin 4\varphi_0$ 的符号，箭头指示的是在这些扇区中存在驻波波腹情况下 $\frac{\pi}{8}$ 角的截取方向。

正像由方程(2.3.16)得出的，我们要注意，选择 F_0 和 φ_F 不能够消除谐振子固有频率的初始分裂，而只能使 $\Delta_4\omega$ 减少到 $\Delta_4\omega\cos 4\varphi_0$ 值。

我们来展示条件(2.3.17)实际中如何实现。在实际装置中使用的是从 E_c 和 E_s 通道来的信息。为了简化讨论，我们假设信息来自角度分别为 $\varphi=\varphi_1$ 和 $\varphi=\varphi_2=\varphi_1+\frac{\pi}{4}$ 的电容传感器 Д$_1$ 和 Д$_2$。设 $w_1(t)$ 和 $w_2(t)$ 为从这两个传感器来的信号。

具有 4 次谐波缺陷谐振子的振动可以表示为

$$w(\varphi,t)=A_0\cos\left(\lambda t-\frac{\pi}{4}-\alpha\right)\cos 2\varphi+B_0\cos\left(\lambda t-\frac{\pi}{4}-\beta\right)\sin 2\varphi \tag{2.3.18}$$

那么，函数 $w_1(t)$ 和 $w_2(t)$ 可以写为以下形式

$$w_1(t)=w_{11}\cos\left(\lambda t-\frac{\pi}{4}\right)+w_{12}\sin\left(\lambda t-\frac{\pi}{4}\right)$$

$$w_2(t)=w_{21}\cos\left(\lambda t-\frac{\pi}{4}\right)+w_{22}\sin\left(\lambda t-\frac{\pi}{4}\right)$$

这里

$$w_{11}=A_0\cos\alpha\cos 2\varphi_1+B_0\cos\beta\sin 2\varphi_1$$

$$w_{12}=A_0\sin\alpha\cos 2\varphi_1+B_0\sin\beta\sin 2\varphi_1$$

$$w_{21}=-A_0\cos\alpha\sin 2\varphi_1+B_0\cos\beta\cos 2\varphi_1$$

$$w_{22}=-A_0\sin\alpha\sin 2\varphi_1+B_0\sin\beta\cos 2\varphi_1$$

我们对式(2.3.18)所示的波过程列方阵行列式

$$z\equiv\det P=\begin{vmatrix} w_{11} & w_{12} \\ w_{21} & w_{22} \end{vmatrix}=A_0B_0\sin(\beta-\alpha)$$

式(2.3.18)所示振动在满足 $z=0$ 条件情况下是驻波。在本征轴顺着驻波轴的情况下满足这一条件。因此，要形成校准本征轴的反馈输入信号，必须把信号 $w_1(t)$ 和 $w_2(t)$ 分成正比于 $\cos\left(\lambda t-\frac{\pi}{4}\right)$ 和 $\sin\left(\lambda t-\frac{\pi}{4}\right)$ 的分量：$w_{11}, w_{12}, w_{21}, w_{22}$。它们是时间的慢函数，由它们可以形成函数 $z=w_{11}w_{22}-w_{12}w_{21}$.

因此，式(2.3.17)中力 F_0 值是通过反馈形成的，是为了去除失调信号，即确保满足等式 $z=0$。

我们要阐明选择角 ψ 符号的问题，前面已经确定，$|\psi|=\frac{\pi}{8}$。该角是向距波图轴最近的较大刚度轴一方截取。在图 2.13 中可以看到，在扇形"+"中 $z>0$，在扇区

“—”中 $z<0$。由此可得，$\psi=\left(\frac{\pi}{8}\right)\operatorname{sign} z$。

下面代替角 φ 我们引入角 θ，它从传感器 $Д_1$ 算起。显然，关系式 $\varphi=\varphi_1+\theta$ 正确。那么，对于从校准系统一方向谐振子施加的力 F 的表达式可以写为

$$F(\theta)=F_1+F_0\cos 4(\theta-\theta_F)$$

式中，$\theta_F=\theta_0-\frac{\pi}{8}\operatorname{sign} z$

由此可以得出结论：要使 θ_0 方向成为本征轴，对谐振子应该加的力为

$$F(\theta)=F_1-F_0\operatorname{sign} z\sin 4(\theta-\theta_0)=$$
$$F_1+F_0\operatorname{sign} z\sin 4\theta_0\cos 4\theta-F_0\operatorname{sign} z\cos 4\theta_0\sin 4\theta$$

并且“自然”刚度轴也未必要与传感器的轴重合。不仅如此，上述校准系统可以独立工作，与频率相位自动微调系统无关。

由分析 16 电极校准系统的工作可以得出，对刚性本征轴位置的调整是借助于按 4 次谐波分布的力对谐振子作用进行的，并且施力轴对于驻波轴，向最近的较大刚度轴一方移动角度为 22.5°。供给电极的电压值通过反馈形成，作为失调信号向其输入端施加的是获取系统输出信号的相位分量及正交分量的组合。这一组合的符号用来确定施力方向。

3. 电气平衡

电气平衡的基础是向 4 个电极连成一组的 4 组独立电极供给一定大小的直流电压情况下产生的负刚度效应(图 2.12)。

电气平衡(16 电极校准) 原理上面已经阐述。在这里我们要估算电气平衡的精度，也就是最大的频率分裂，这可以通过向校准系统的独立电极供给电压而得到。

我们把校准电极上(图 2.12) 电压平方展成傅里叶级数，只保持圆周角的 4 次谐波

$$V_1^2(\varphi)=\frac{2V_{01}^2}{\pi}(2\varphi_{эл}+\sin 2\varphi_{эл}\cos 4\varphi)$$

$$V_2^2(\varphi)=\frac{2V_{02}^2}{\pi}(2\varphi_{эл}+\sin 2\varphi_{эл}\sin 4\varphi)$$

$$V_3^2(\varphi)=\frac{2V_{03}^2}{\pi}(2\varphi_{эл}-\sin 2\varphi_{эл}\cos 4\varphi)$$

$$V_4^2(\varphi)=\frac{2V_{04}^2}{\pi}(2\varphi_{эл}-\sin 2\varphi_{эл}\sin 4\varphi)$$

这里考虑到第一个电极的轴与角的参考轴重合($\varphi_B=0$)。

加在谐振子上电场的法向力的密度，我们写为

$$P_w(\varphi)=-\frac{\varepsilon_0 L}{\pi d_0^2(1+2w/d_0)}[(V_{01}^2+V_{02}^2+V_{03}^2+V_{04}^2)2\varphi_{эл}+$$

$$\sin 2\varphi_{эд}(V_{01}^2 - V_{03}^2)\cos 4\varphi + \sin 2\varphi_{эд}(V_{02}^2 - V_{04}^2)\sin 4\varphi] \tag{2.3.19}$$

我们来研究在静基座上理想环形谐振子的运动方程

$$\ddot{w}'' - \ddot{w} + \kappa^2(w^{(6)} + 2w^{(4)} + w'') = \frac{P''_w(\varphi)}{\rho S} \tag{2.3.20}$$

式中，力 $P''_w(\varphi)$ 可由表达式(2.3.19) 计算。

为了估算平衡效果，在(2.3.19) 中我们假设：$V_{02} = V_{03} = V_{04} = 0$，$V_{01} = V_{max}$ 为最大可能的电压。

我们把式(2.3.20) 的解表示为

$$w(\varphi, t) = p(t)\cos 2\varphi + q(t)\sin 2\varphi$$

采用布勒诺夫－加廖尔金法，可以得

$$\left.\begin{aligned}\ddot{p} + \frac{36\kappa^2}{5}\left[1 - \frac{\varepsilon_0 L}{\pi\rho S d_0^3 \kappa^2}\left(\frac{4V_{01}^2}{9}\varphi_{эл} + V_{01}^2 \sin 2\varphi_{эд}\right)\right]p = 0\\ \ddot{q} + \frac{36\kappa^2}{5}\left[1 - \frac{\varepsilon_0 L}{\pi\rho S d_0^3 \kappa^2}\left(\frac{4V_{01}^2}{9}\varphi_{эл} - V_{01}^2 \sin 2\varphi_{эд}\right)\right]q = 0\end{aligned}\right\} \tag{2.3.21}$$

求方程组(2.3.21) 固有频率的差，可以得到频率分裂 $\Delta f_{эд}$

$$\Delta f_{эд} = \frac{18}{5}\,\frac{\varepsilon_0 v_1^2}{\pi^2 \rho h d_0^3 \omega_0}\sin 2\varphi_{эд} \tag{2.3.22}$$

式中，h 为谐振子的厚度。

第3章　固态波陀螺仪中物理过程的数学模拟

3.1　弹性环动力学模拟

解决弹性环动力学问题不仅仅是作为近似研究固态波陀螺仪谐振子轴对称壳体中动态过程的一种很重要方法。近些年来，环形谐振子作为陀螺仪系统的微型机电敏感部件而得到越来越多的直接运用。特别是在一些文献中研究了固定这种环的两种不同形式：借助于内部的或外部的弹性吊架（图 3.1）。

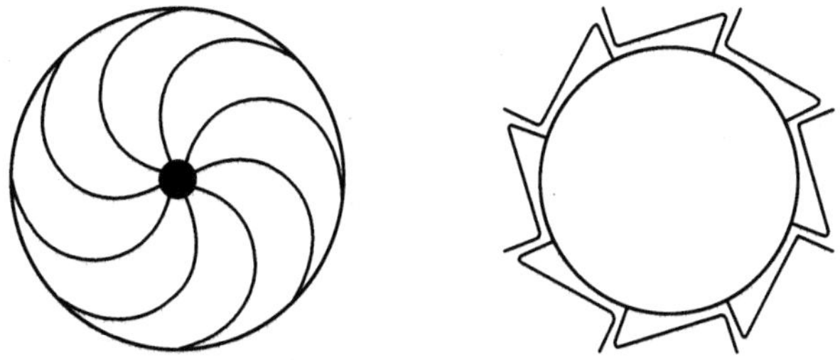

图 3.1　带有内部吊架和外部吊架的环形谐振子

为了研究图 3.1(a) 中所描绘的部件还提出了 8 点机械模型（图 3.2）。系统由 8 个质点 $m_1, m_2, \cdots, m_8$ 构成，它们位于与系统中心铰链连接的导杆上。这些导杆上缠绕着刚度分别为 $k_1, k_2, \cdots, k_8$ 的弹簧。质点可以沿导杆移动，引起弹簧变形，导杆可以绕系统轴转动。质点之间通过刚性不可拉伸铰链连接，铰链中的摩擦可以忽略不计。为了使系统对称，相反位置质点的导杆相互连接。

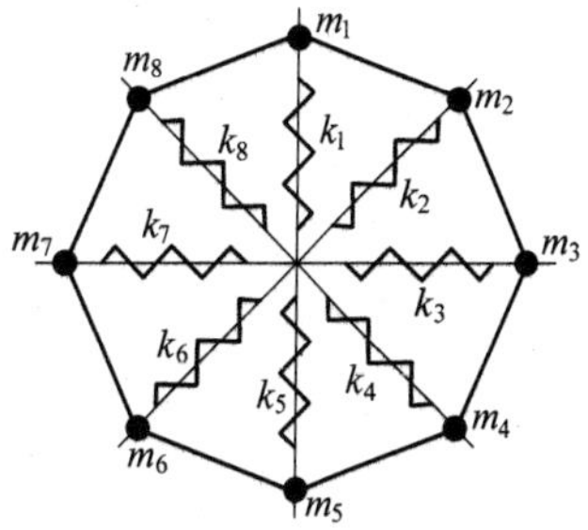

图 3.2　环形谐振子的 8 点机械模型

即使是在这种相对不复杂的系统中，动力学问题的解析法求解也相当繁琐，而在非理想环的情况（密度缺陷，圆周角的弹性性能，不圆，非平面）下根本就不可能。必须考虑弹性吊架的影响也会引起一定的困难。因此，运用数值方法较适宜，下面研究其中部分方法。

1. 用有限差分方法求解弹性环的动力学问题

我们来研究环形谐振子的自由振动方程

$$\ddot{w}''-\ddot{w}+4\Omega\dot{w}'+\kappa^2(w^{(6)}+2w^{(4)}+w'')+\kappa^2\xi(\dot{w}^{(6)}+2\dot{w}^{(4)}+\dot{w}'')=0$$

$$w(\varphi,0)=a(\varphi),\dot{w}(\varphi,0)=b(\varphi),w^{(n)}(0,t)=w^{(n)}(2\pi,t),n=\overline{0,5} \quad (3.1.1)$$

在一般情况下我们认为角速度变量 $\Omega=\Omega(t)$（基座旋转），而 $\xi=\xi(\varphi)$（品质因数不均匀）。

我们运用有限差分方法来对该问题进行数值求解。首先引入均匀的时空网络

$$\varphi_j=jh,j=0,1,\cdots,N-1,\quad h=\frac{2\pi}{N}$$

$$t_i=i\tau,i=0,1,\cdots,M,\quad \tau=\frac{T}{M}$$

接下来我们通过中心有限差在每个节点 φ_j 圆周坐标的偶数导数求近似逼近

$$w^{(n)}(\varphi_j,t_i)\sim\Delta_h^n w_j^i=\frac{1}{h^n}\sum_{k=0}^{n}C_n^k(-1)^k w_{j+k-\frac{n}{2}}^i \quad (3.1.2)$$

式中，C_n^k 为二项式系数；$w_j^i=w(\varphi_j,t_i)$。我们用以下形式表示奇数导数

$$w'(\varphi_j,t_i)\sim\frac{w_{j+1}^i-w_{j-1}^i}{2h}$$

这样对导数近似误差的阶数数量级为 h^2。

类似地，我们以 τ^2 阶误差对时间导数逼近

$$\dot{w}(\varphi_j,t_i)\sim\frac{w_j^{i+1}-w_j^{i-1}}{2\tau},\quad \ddot{w}(\varphi_j,t_i)\sim\frac{w_j^{i+1}-2w_j^i+w_j^{i-1}}{\tau^2}$$

我们用下式表示微分算子

$$L_w\equiv\kappa^2(w^{(6)}+2w^{(4)}+w'')$$

那么，运用式(3.1.2)，它的有限差模型形式为

$$\begin{aligned}Aw_j^i=\frac{k^2}{h^6}[&(w_{j-3}^i+w_{j+3}^i)+(2h^2-6)(w_{j-2}^i+w_{j+2}^i)+\\&(h^4-8h^2+15)(w_{j-1}^i+w_{j+1}^i)+2(-h^4+6h^2-10)w_j^i]\end{aligned}$$

我们引入三层格式的单族参数

$$\begin{aligned}&\frac{\Delta_h^2w_j^{i+1}-2\Delta_h^2w_j^i+\Delta_h^2w_j^{i-1}}{\tau^2}-\frac{w_j^{i+1}-2w_j^i+w_j^{i-1}}{\tau^2}+\\&\xi_j\frac{1}{2\tau}(\Lambda w_j^{i+1}-\Lambda w_j^{i-1})+\Lambda[\sigma w_j^{i+1}+(1-2\sigma)w_j^i+\sigma w_j^{i-1}]+\\&\Omega_i\frac{w_{j+1}^{i+1}-w_{j-1}^{i+1}-w_{j+1}^{i-1}+w_{j-1}^{i-1}}{h\tau}=0\\&j=0,1,\cdots,N-1,\quad i=1,2,\cdots,M\end{aligned} \quad (3.1.3)$$

式中，$\xi_j\equiv\xi(\varphi_j)$，$\Omega_i\equiv\Omega(t_i)$。数值参数 $\sigma\in(0,1)$ 用于确保格式稳定性。在 $\sigma=0$ 情况下我们可以得到显式差分格式，在 $\sigma=1$ 情况下我们可以得到隐式格式，对计算误

差比较稳定。

对方程组(3.1.3)应该补充初始条件

$$w_j^0 = a_j,\quad w_j^1 = w_j^0 + \tau b_j$$
$$a_j \equiv a(\varphi_j),\quad b_j \equiv b(\varphi_j),\quad j = 0,1,\cdots,N-1 \tag{3.1.4}$$

和周期条件

$$w_j^i = \begin{cases} w_j^i, & 0 \leqslant j \leqslant N-1 \\ w_{j+N}^i, & j < 0 \\ w_{j-N}^i, & j > N-1 \end{cases} \tag{3.1.5}$$

由于式(3.1.5),式(3.1.3)会是七对角循环(行列)式矩阵。

在(3.1.4)中的第二个条件(初始条件一阶导数近似)的误差阶数为 h。代替它可以运用阶数为 h^2 初始条件的逼近近似值。

在实现式(3.1.3)～(3.1.5)格式时的主要困难是可能出现计算不稳定性,以及相对较高的逼近误差。为了避免这些缺点,要对这样的格式进行变形,目的是获得一族考虑到系统中能量平衡的保守差分格式。

2. 用样条函数及原子近似方法求解弹性环动力学问题

运用相应阶次的样条函数能够避免很多有限差分格式中存在的困难。最常见的一些基准是建立在 n 阶有限勋伯格 B 样条函数基础上,这些样条函数以如下方式计算

$$B_n(x) = \sum_{j=0}^{n+1} (-1)^j \mathrm{C}_{n+1}^j (x-j)_+^n \tag{3.1.6}$$

式中

$$x_+^r = \begin{cases} x^r, & x > 0 \\ 0, & x \leqslant 0 \end{cases}$$

而

$$\mathrm{C}_n^k = \frac{n!}{k!\ (n-k)!}$$

为二项式的系数。这种函数的平滑性是由样条函数的阶次决定的:$\beta_n(x) \in C^{n-1}$,因此,为了借助于它们的样条函数求解环形谐振子的动力学微分方程(对圆周角 φ6 阶),要求取阶数 $n=7$。

代替 B 样条函数运用的是有限原子函数 $f_u p_n$,它们与阶次 n 无关,可以看作无限阶次的平光滑样条函数(参见附录3)。要指出的是,根据其特点(载波载体的长度,覆盖区间的次数)和逼近性质,样条函数 $f_u p_n$ 在很大程度上与勋伯格 B_{n+1} 样条函数类似。

(1) 理想谐振子

作为普通的例子,我们来研究在求解自由理想旋转不可拉伸环的振动方程时样

条函数及原子逼近的可能性。

$$\ddot{w}''-\ddot{w}+\kappa^2(w^{(6)}+2w^{(4)}+w'')=0 \tag{3.1.7}$$

式中，w 为环的粒子径向移动，与圆周角有关，$w=w(\varphi)$。我们引入均匀划分

$$\varphi_i=ih,\quad i=0,1,\cdots,N,\quad h=\frac{2\pi}{N}$$

由于方程(3.1.7)是6阶的，那么，我们会求得以下形式的近似解

$$w^*(z)=\sum_{j=3}^{N+3}d_j+3\varphi_j(z) \tag{3.1.8}$$

式中，$\psi_j(\varphi)=B_7(\varphi h^{-1}-j)$（$B$ 样条函数）或 $\psi_j(\varphi)=f_u p_6(\varphi h^{-1}-j)$（原子函数）。

不确定系数 $d_j(j=0,1,\cdots,N+6)$ 可以由求解特征值的广义问题获得

$$\boldsymbol{A}d=\frac{1}{k^2}\boldsymbol{B}d \tag{3.1.9}$$

式中，矩阵 $\boldsymbol{A}$ 和 $\boldsymbol{B}$ 的元素可以由在节点 φ_i 中的条件计算

$$A_{i,j}=\kappa^2[\psi_{j-3}^{(6)}(\varphi_i)+2\psi_{j-3}^{(4)}(\varphi_i)+\varphi_{j-3}''(\varphi_i)]$$

$$B_i=\psi_{j-3}(\varphi_i)-\psi_{j-3}''(\varphi_i)$$

$$(i=0,1,\cdots,N;j=0,1,\cdots,N+6) \tag{3.1.10}$$

以及周期性边界条件

$$A_{N+q,j}=\psi_{j-3}^{(q)}(\varphi_N)-\psi_{j-3}^{(q)}(\varphi_0);\quad b_{N+q,j}=0$$

$$(q=0,1,\cdots,5;j=0,1,\cdots,N+6) \tag{3.1.11}$$

在 $N=8$ 时模拟前几种固有振型和运用原子基础函数的结果如图3.3所示。

(2) 非理想谐振子（正向问题）

在由方程(3.1.7)所描绘的系统中有可能存在以下频率的驻波

$$w_k=\frac{\kappa k(k^2-1)}{\sqrt{k^2+1}},\quad k=2,3,\cdots$$

实际上激发二阶振型的情况很重要，这种情况的驻波可以描写为以下形式

$$w(\varphi,t)=A(\cos 2\varphi_0\cos 2\varphi+\sin 2\varphi_0\sin 2\varphi)\cos\omega_0 t \tag{3.1.12}$$

式中，A 为振幅；φ_0 为波的方位角，固有频率为

$$\omega_0=\frac{6}{\sqrt{5}}\kappa \tag{3.1.13}$$

但是现实中重要的是非理想系统，其中一个或几个参数是非齐次的。我们来研究材料的密度与圆周角有关的情况，即 $\rho=\rho(\varphi)$。变密度自由谐振子的运动方程可以写为如下形式

$$\left[\frac{(\rho\ddot{w})'}{\rho}\right]'-\ddot{w}+\frac{EI}{\rho SR^4}(w^{(6)}+2w^{(4)}+w'')-\frac{EI\rho'}{\rho^2SR^4}(w^{(5)}+2w'''+w')=0 \tag{3.1.14}$$

在相关文献中用求平均值法与布勃诺夫－加廖尔金法组合对方程(3.1.14)进

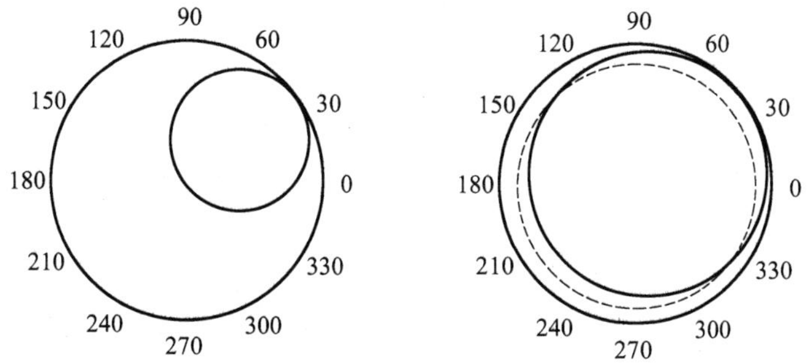

(a)第一种

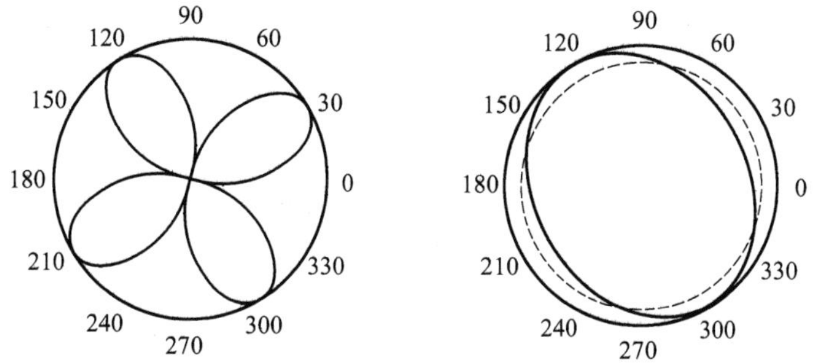

(b)第二种

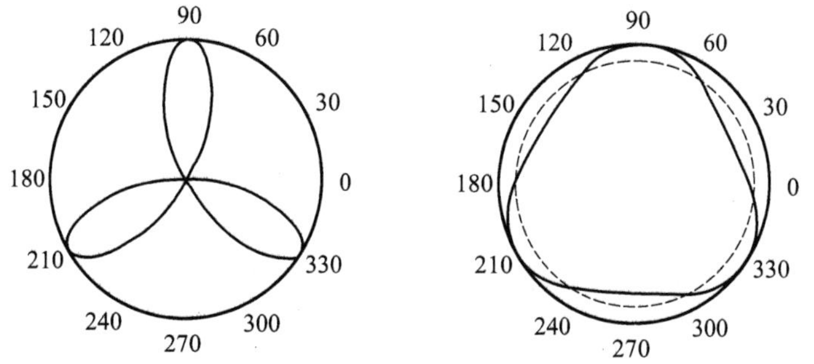

(c)第三种

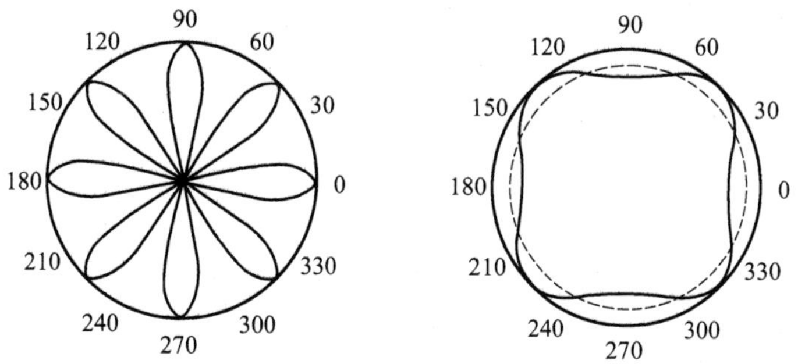

(d)第四种

图 3.3　四种理想谐振子固有振型的相对形变 $\delta w(\varphi)$ 和弯曲 $w(\varphi)$

行了研究。并且所研究情况的密度为

$$\rho = \rho_0[1 + \varepsilon_k \cos k(\varphi - \theta_k)], \quad k = 1,2,3,4 \tag{3.1.15}$$

式中，$\rho_0 = \text{const}$，而ε_k，θ_k决定着k次谐波密度缺陷的大小和方位。一般情况，由于产生振动频率分裂$\Delta_k\omega$，在这种系统中已经不可能存在驻波。已经证实，在二次逼近时由4次谐波缺陷引起的频率分裂正比于缺陷值，而由1次、2次、3次谐波缺陷引起的频率分裂正比于相应缺陷值的平方。

因此，在调整谐振子平衡时主要应该注意的是4次谐波缺陷。在这种情况下最初被激发的驻波(3.1.12)会被破坏，振动过程可以表示为两个不同频率谐波之和的形式

$$w(\varphi,t) = A(\cos 2\varphi_0 \cos 2\varphi \cos \omega_1 t + \sin 2\varphi_0 \sin 2\varphi \cos \omega_2 t) \tag{3.1.16}$$

在谐振子中会形成两个本征轴(“轻”轴和“重”轴)系统(图2.1)，它们相互展开成$\frac{\pi}{4}$角，使得谐振子的固有振动频率顺着其中的每个轴达到极大值和极小值。在式(3.1.16)中角φ_0决定着初始波对于重本征轴的方位，而角φ从该轴按顺时针算起。频率分裂为

$$\Delta_4\omega = \omega_2 - \omega_1 \approx \frac{1}{2}\varepsilon_4\omega_0 \tag{3.1.17}$$

我们把式(3.1.14)重写为

$$\begin{aligned} &\ddot{w}'' - \ddot{w} + \ddot{w}'\eta + \kappa^2(w^{(6)} + 2w^{(4)} + w'') - \\ &\kappa^2\eta(w^{(5)} + 2w''' + w') = 0 \end{aligned} \tag{3.1.18}$$

式中

$$\eta(\varphi) = \frac{\rho'}{\rho}$$

为了单值求解式(3.1.18)，应该确定初始条件和边界条件。作为圆周角w的函数应该满足周期条件

$$w^{(k)}(0,t) = w^{(k)}(2\pi,t), \quad k = \overline{0,5} \tag{3.1.19}$$

我们提出初始条件的形式为

$$w(\varphi,0) = a(\varphi), \quad \dot{w}(\varphi,0) = 0 \tag{3.1.20}$$

我们运用傅里叶方法(变数分离法)把所求的解表示为两个函数积的形式

$$w(\varphi,t) = \phi(\varphi)\psi(t) \tag{3.1.21}$$

把式(3.1.21)代入式(3.1.18)，分离后可得

$$\frac{\ddot{\psi}}{\psi} = k^2 \frac{\eta(\Phi^{(5)} + 2\Phi''' + \Phi') - (\Phi^{(6)} + 2\Phi^{(4)} + \Phi'')}{\Phi'' + \eta\Phi' + (\eta' - 1)\Phi} \tag{3.1.22}$$

式(3.1.22)左边的表达式只与时间有关，右边的表达式与圆周角有关。因此，式(3.1.22)两边等于常数，对于函数Φ有特征值问题

$$\begin{aligned} &\kappa^2[\eta(\Phi^{(5)} + 2\Phi''' + \Phi') - (\Phi^{(6)} + 2\Phi^{(4)} + \Phi'')] = -\lambda[\Phi'' + \eta\Phi' + (\eta' - 1)\Phi], \\ &\Phi^{(k)}(0) = \Phi^{(k)}(2\pi), \quad k = \overline{0,5} \end{aligned} \tag{3.1.23}$$

我们认为，在一定的假设情况下，与斯特姆－刘维问题类似，这一问题具有实无限离散谱λ_m。每个特征数都对应着本征函数φ_m（或者在退化情况中对应着几个相互正交的本征函数）。那么函数ψ满足方程

$$\ddot{\psi}+\lambda_m\psi=0 \tag{3.1.24}$$

其解的形式为

$$\psi_m=A_m\cos\sqrt{\lambda_m t}+B_m\sin\sqrt{\lambda_m t} \tag{3.1.25}$$

它们与未知常数A_m，B_m有关。式(3.1.17)的通解可以表示为级数形式

$$w(\varphi,t)=\sum_{m=1}^{\infty}\Phi_m\Psi_m=\sum_{m=1}^{\infty}\Phi_m(A_m\cos\sqrt{\lambda_m t}+B_m\sin\sqrt{\lambda_m}\,t) \tag{3.1.26}$$

系数A_m，B_m可以由满足初始条件(3.1.20)的条件求得

$$w(\varphi,0)=\sum_{m=1}^{\infty}A_m\Phi_m=a(\varphi) \tag{3.1.27}$$

$$\dot{w}(\varphi,0)=\sum_{m=1}^{\infty}\sqrt{\lambda_m}B_m\Phi_m=0 \tag{3.1.28}$$

考虑到本征函数的正交性，由式(3.1.27)，(3.1.28)有

$$A_m=\frac{(a,\Phi_m^*)}{\|\Phi_m\|^2},\quad B_m=0,\quad m=1,2,\cdots \tag{3.1.29}$$

式中，$*$表示复共轭，而$(\cdot,\cdot)$，$\|\cdot\|$表示在区间$[0,2\pi]$上平方可积、周期为2π的周期函数的标量积和空间范数$L_2(0,2\pi)$。

我们表示$\omega_m\equiv\sqrt{\lambda_m}$。那么

$$w(\varphi,t)=\sum_{m=1}^{\infty}\frac{(a,\Phi_m^*)}{\|\Phi_m\|^2}\Phi_m\cos\omega_m t \tag{3.1.30}$$

或者在正交基情况中

$$w(\varphi,t)=\sum_{m=1}^{\infty}(a,\Phi_m^*)\Phi_m\cos\omega_m t \tag{3.1.31}$$

要指出的是，在某个$\lambda_m<0$情况中，频率分裂太大，并且系统中的周期过程不可能发生，因为在式(3.1.30)，(3.1.31)中没有时间的三角函数，而会出现双曲函数。在密度缺陷ε_k值较大时，这种情形会发生。

可以看到，复杂性主要是在于求特征值λ_m序列及(3.1.23)问题相应的本征函数Φ_m序列。我们来求完全坐标函数系（不一定是正交的）级数形式的Φ_m

$$\Phi_m(\varphi)=\sum_{k=1}^{\infty}C_k^{(m)}\psi_k(\varphi) \tag{3.1.32}$$

作为基础函数可以运用代数多项式或三角函数多项式，样条函数，原子函数等。

把式(3.1.32)代入式(3.1.23)，运用布勃诺夫－加廖尔金法可以得到特征值的广义代数问题

$$\sum_{k=1}^{\infty}\alpha_{kn}C_k^{(m)}=-\lambda\sum_{k=1}^{\infty}\beta_{kn}C_k^{(m)},\quad n=1,2,\cdots \tag{3.1.33}$$

式中

$$\alpha_{kn}=\int_0^{2\pi}[\eta(\psi_k^{(5)}+2\psi'''_k+\psi'_k)-(\psi_k^{(6)}+2\psi_k^{(4)}+\psi''_k)]\psi_n^*\,\mathrm{d}\varphi \qquad (3.1.34)$$

$$\beta_{kn}=\int_0^{2\pi}\kappa^{-2}[\psi''_k+\eta\psi'_k+(\eta'-1)\psi_k]\psi_n^*\,\mathrm{d}\varphi \qquad (3.1.35)$$

在方程组(3.1.33)中应该再补充6个方程

$$\sum_{k=1}^{\infty}\mathrm{C}_k^{(m)}\psi_k^{(l)}(0)=\sum_{k=1}^{\infty}\mathrm{C}_k^{(m)}\psi_k^{(l)}(2\pi),\quad l=\overline{0,5} \qquad (3.1.36)$$

求解式(3.1.33)、方程组(3.1.36)后，我们来计算不确定参数 $\mathrm{C}_k^{(m)}$ 和 λ_m 谱。在实际中代替无限级数(3.1.32)运用的是截尾展开式

$$\Phi_m(\varphi)=\sum_{k=1}^{N}\mathrm{C}_k^{(m)}\psi_k(\varphi) \qquad (3.1.37)$$

式(3.1.33)、方程组(3.1.36)是有限的，它可以通过研究过的一种算法有效求解。

最自然的函数满足下列周期性条件的三角基函数

$$\Phi_m(\varphi)=\sum_{1<|k|\leqslant N}\mathrm{C}_k^{(m)}\mathrm{e}^{\mathrm{i}k\varphi} \qquad (3.1.38)$$

限制指数 k 是因为我们假设环的中线不可拉伸(不存在拉伸－压缩振动，这时 $k=0$)，以及忽略受固态波陀螺仪基座振动制约的摆动振型($k=1$)。在这种情况下式(3.1.34)，(3.1.35)中矩阵元素的形式为

$$\alpha_{kn}=k(k^2-1)^2(\mathrm{i}d_{k-n}+2\pi k\delta_{kn}) \qquad (3.1.39)$$

$$\beta_{kn}=\gamma^2[(kn-k^2-n^2-1)r_{k-n}-q_{k-n}] \qquad (3.1.40)$$

式中

$$d_k=\int_0^{2\pi}\eta\mathrm{e}^{\mathrm{i}k\varphi}\,\mathrm{d}\varphi,\quad r_k=\int_0^{2\pi}\rho\mathrm{e}^{\mathrm{i}k\varphi}\,\mathrm{d}\varphi,\quad q_k=\int_0^{2\pi}\eta\rho'\mathrm{e}^{\mathrm{i}k\varphi}\,\mathrm{d}\varphi$$

式中，$r^2=\dfrac{SR^4}{EI}$；δ_{kn} 为克罗内克符号。显然，在个别情况，在 $\rho=\mathrm{const}$，$\eta=0$ 时，可以得到前面研究过的驻波形式的解(频率为 $\omega_k=\dfrac{\kappa k(k^2-1)}{\sqrt{k^2+1}}$)。

我们现在来研究由原子函数形成的基函数(附录3).我们进行均匀划分

$$\varphi_n=nh,\quad n=0,1,\cdots,N,\quad h=\frac{2\pi}{N}$$

对于6阶方程(3.1.23)，我们来求线性组合形式的近似解

$$\Phi_m(\varphi)=\sum_{k=-3}^{N+3}\mathrm{C}_{k+3}^{(m)}\psi_k(\varphi) \qquad (3.1.41)$$

式中

$$\psi_k(\varphi)=\mathrm{fup}_6\left(\frac{\varphi}{h}-k\right) \qquad (3.1.42)$$

特征值广义问题的矩阵系数α和β要么以式(3.1.34)～(3.1.35)的形式通过布勃诺夫－加廖尔金法求得，要么由节点φ_n条件求得

$$\alpha_{kn}=\eta(\varphi_n)[\psi_{k-3}^{(5)}(\varphi_n)+2\psi'''_{k-3}(\varphi_n)+\psi'_{k-3}(\varphi_n)]-[\psi_{k-3}^{(6)}(\varphi_n)+2\psi_{k-3}^{(4)}(\varphi_n)+\psi''_{k-3}(\varphi_n)] \quad (3.1.43)$$

$$\beta_{kn}=\frac{\kappa}{\varphi_n^2}[\psi''_{k-3}(\varphi_n)+\eta(\varphi_n)\psi'_{k-3}(\varphi_n)+(\eta'(\varphi_n)-1)\psi_{k-3}(\varphi_n)] \quad (3.1.44)$$

这里$k=0,1,\cdots,N$；$n=0,1,\cdots,N+6$，周期性边值条件

$$\alpha_{N+s,k}=\psi_{k-3}^{(s)}(\varphi_N)-\psi_{k-3}^{(s)}(\varphi_0),\quad \beta_{N+s,k}=0$$
$$(s=0,1,\cdots,5;k=0,1,\cdots,N+6) \quad (3.1.45)$$

例 3.1　我们研究石英环谐振子，其物理参数如下：$R=5\times10^{-2}$ m；$S=lh$，$l=h=10^{-3}$ m；$\rho=2.2\times10^3$ kg/m^3；$I=\frac{lh^3}{12}$；$E=7\times10^{10}$ N/m^2。根据式(3.1.13)，二阶主振型理想谐振子的振动频率为$\omega_0=6.56\times10^3$ rad/s。我们来求由密度缺陷的4次谐波引起的频率分裂($\rho=\rho_0[1+\varepsilon_4\cos 4(\varphi-\theta_4)]$)，这时$\varepsilon_4=0.1$，$\theta_4=0$。

在图3.4(a)中表示的是没有形变的谐振子及其初始扰动$a(\varphi)=\cos 2(\varphi-\varphi_0)$，$\varphi_0=\frac{\pi}{6}$，在图3.4(b)中描绘的是沿圆周角的密度分布。我们运用上面阐述的方法展开三角基函数(3.1.38)。通过数值实验结果我们可以找出式(3.1.16)中的以下振动频率：$\omega_1=6.43\times10^3$ rad/s，$\omega_2=6.61\times10^3$ rad/s。4次谐波的频率分裂为$\Delta_4\omega=\omega_2-\omega_1=180$ rad/s，这比按公式(3.1.16)所得到的结果($\Delta_4\omega=327.9$ rad/s)要小得多。

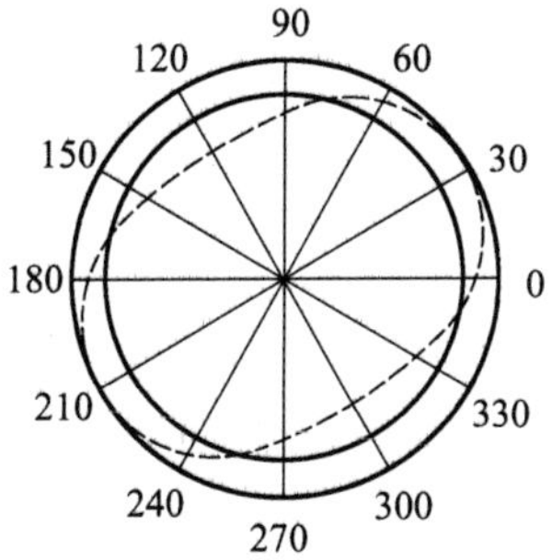

(a)没有形变的谐振子及其初始扰动

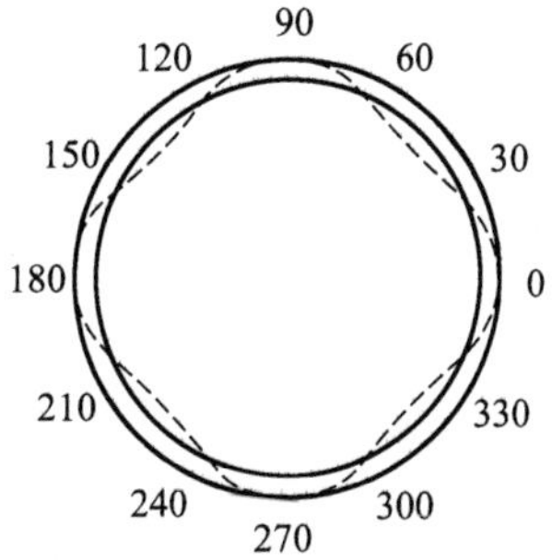

(b)弹性环圆周角的密度分布

图3.4　没有形变的谐振子及其初始扰动和弹性环圆周角的密度分布

在图3.5中表示的是顺着谐振子刚性轴的相互正交的本征函数。在数值实验过程中求得缺陷的阈值近似为$|\varepsilon_4|\approx0.8$，这时其中的一个频率为负，系统中的周期状态受到破坏，解变得不稳定。

现在我们还用这种方法来估算由密度缺陷的二次谐波引起的频率分裂

$$\rho=\rho_0[1+\varepsilon_2\cos 2(\varphi-\theta_2)],\quad \varepsilon_2=0.1,\quad \theta_4=0$$

固有频率$\omega_1=6.54\times10^3$ rad/s，$\omega_2=6.55\times10^3$ rad/s，频率分裂$\Delta_2\omega=\omega_2-\omega_1=$

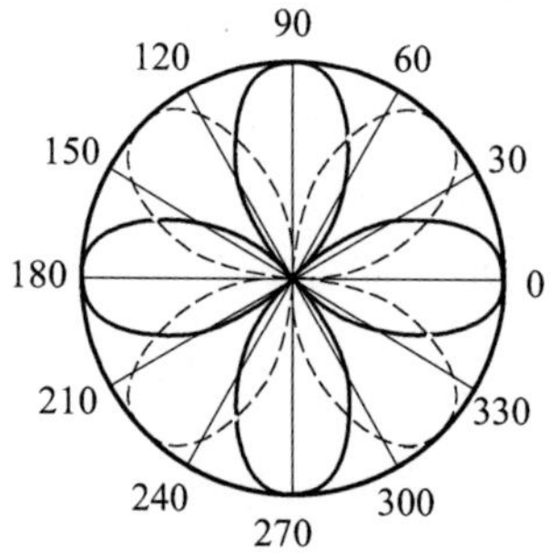

图 3.5　顺着谐振子刚性轴的本征函数

10 rad/s，也就是说，几乎要比 $\Delta_4\omega$ 低 2 个数量级。用均值法可以得到以下参数

$$\omega_1=\kappa_0\sqrt{18\frac{2-\varepsilon_2^2}{5+11\varepsilon_2^2}}\approx 6.47\times 10^3,\quad \omega_2=\kappa_0\sqrt{18\frac{2+\varepsilon_2^2}{5+11\varepsilon_2^2}}\approx 6.5\times 10^3$$

所求的频率分裂 $\Delta_2\omega=\omega_2-\omega_1=32.44$ rad/s，这要比在运用上述方法几乎高出一个数量级，只是比 $\Delta_4\omega$ 值低一个数量级。同时缺陷的阈值(在这种情况下还能够进行周期性振动) 接近于 1($|\varepsilon_2|<1$)。

(3) 非理想谐振子(反向问题)

我们来研究识别刚性轴及计算频率分裂的算法。我们来研究具有自然圆周参考原点的表达式(3.1.16)

$$w(\varphi,t)=A[\cos 2(\theta_0-\varphi_0)\cos 2(\theta_0-\varphi)\cos\omega_1 t+\sin 2(\theta_0-\varphi_0)\sin 2(\theta_0-\varphi)\cos\omega_2 t] \tag{3.1.46}$$

式中，θ_0 为决定一个刚性轴方位的角。显然，在这种情况中，当

$$\frac{\omega_2}{\omega_1}=\frac{m}{n},\quad 0<\omega_1\leqslant\omega_2,\quad m,n\in\mathbf{Z}^+ \tag{3.1.47}$$

时，式(3.1.36) 波图的重复周期为

$$T=\frac{2\pi n}{\omega_1}=\frac{2\pi m}{\omega_2} \tag{3.1.48}$$

如果式(3.1.47) 能够近似满足，那么 T 值几乎可以看作周期(附录 4)。在 $t=0$ 时刻在谐振子中所激励的驻波的初始振幅为

$$a(\varphi)=A[\cos 2(\theta_0-\varphi_0)\cos 2(\theta_0-\varphi)+\sin 2(\theta_0-\varphi_0)\sin 2(\theta_0-\varphi)]$$

在 $0<t<\frac{T}{2}$ 情况下，在刚性轴方向进动；在 $\frac{T}{2}<t<T$ 区间，向相反方向进动。在 $\frac{Tk}{2}(k=0,1,\cdots)$ 时刻会产生振动。总周期可以通过设置初始扰动角为 φ_0 的传感器来确定。对于高品质因数的谐振子，来自传感器来的最大信号会在 Tk 时刻记录下来。也可以使参数激励振动与这些时刻同步。

我们来研究式(3.1.46) 形式振动的特点。我们认为在式(3.1.47) 中的分数 $\frac{m}{n}$

不可约分，也就是说 m 和 n 互为简单的自然数。在这种情况下有三种可能：

(1)$m=2q-1, n=2s, q, s \in \mathbf{Z}^+$；

(2)$m=2q, n=2s-1, q, s \in \mathbf{Z}^+$；

(3)$m=2q-1, n=2s-1, q, s \in \mathbf{Z}^+$。

显然，对于任意的 T 在第一种情况

$$w(\theta_0, \tau) - w\left(\theta_0, \tau + \frac{T}{2}\right) = 0 \tag{3.1.49}$$

在第二种情况

$$w(\theta_0, \tau) + w\left(\theta_0, \tau + \frac{T}{2}\right) = 0 \tag{3.1.50}$$

对于第三种情况的特点是，对任意的角 φ

$$w(\varphi, \tau) + w\left(\varphi, \tau + \frac{T}{2}\right) = 0 \tag{3.1.51}$$

除此之外

$$w\left(\varphi, \tau + \frac{T}{4}\right) = w\left(\varphi, \tau + \frac{3T}{4}\right) = 0 \tag{3.1.52}$$

运用表达式(3.1.49) ~ (3.1.52) 可以识别固态波陀螺仪谐振子的刚性本征轴。接下来，顺着其中的每个轴激励驻波，并测量相应的振动频率，就可以得到频率分裂值。

例 3.2 初始数据与在第一个例子中相同，研究的是 4 次谐波密度缺陷的情况。频率比为

$$\frac{\omega_2}{\omega_1} \approx 1.03 \approx \frac{34}{33}$$

也就是情况二。根据式(3.1.48)，振动周期 $T \approx 0.032\ 2$ s。

在图 3.6(a) 中表示的是在一个周期内在 $\varphi = \frac{\pi}{6}$ 角方向上的形变曲线(沿横坐标轴截取时间，沿纵坐标轴截取相对形变的绝对值)。在除了刚性轴方位角以外的任意其他方向上都可以观察到类似的图形。在 θ_0 方向上的形变曲线如图 3.6(b) 所示。

图 3.7(a) 说明形变 $w(\varphi, \tau)$ 和 $w\left(\varphi, \tau + \frac{T}{2}\right)$ 与圆周角的依赖关系，而图 3.7(b) 说明它们的和 $w(\varphi, \tau) + w\left(\varphi, \tau + \frac{T}{2}\right)$(这里选择 $T = 0.015$ s)。在 $\varphi = \theta_0 = 0$ 时，和等于零。尽管在这个例子中周期是根据已知的，由求解正向问题(例 3.1) 得到的频率计算的，但它也可以通过绘制类似于在图 3.6 上所描绘的曲线关系用实验来确定。

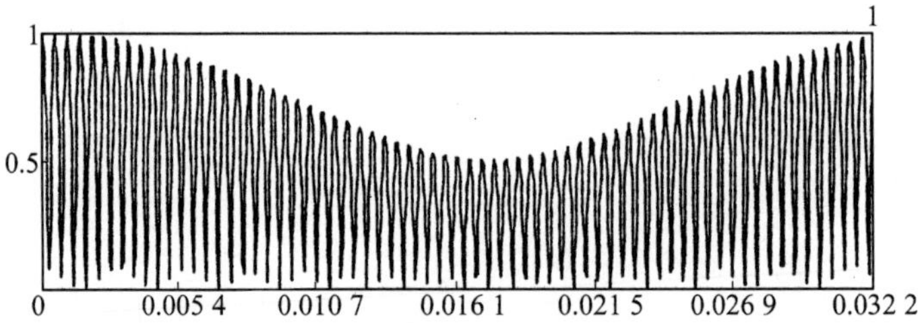

(a)在$\varphi=\frac{\pi}{6}$方向上

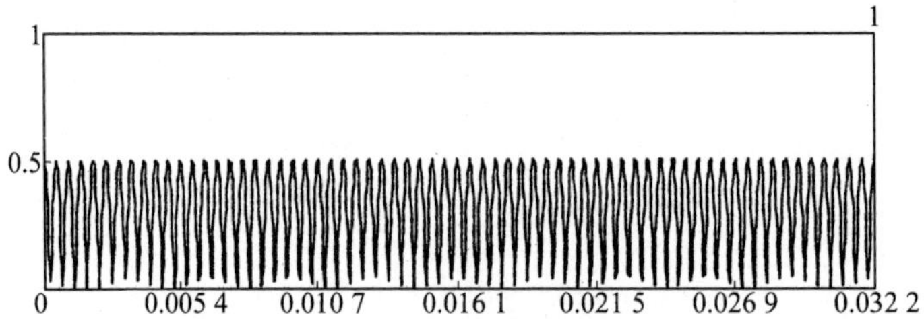

(b)在刚性轴方向上

图 3.6　一个周期的形变

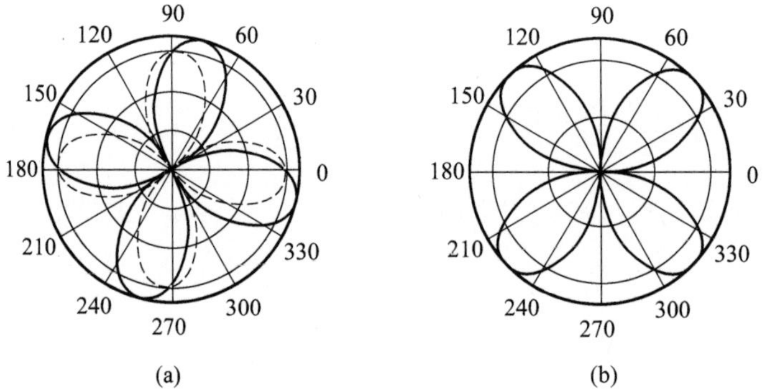

图 3.7　形变 $w(\varphi,\tau)$ 和 $w\left(\varphi,\tau+\frac{T}{2}\right)$ 与圆周角的依赖关系(a) 以及它们的和(b) 动力学

3.2　旋转壳体的动力学模拟

选择谐振子的几何尺寸,借助于支架固定在架体上的轴对称壳体形式,固态波陀螺仪谐振子模型可以用于研究谐振子几何尺寸对其动力学的影响。

在固态波陀螺仪半球形谐振子谱线中存在一系列与谐振子壳体二阶振型频率相当接近的固有频率,这是:

(1) 支架的扭转振动;

(2) 支架的弯曲振动;

(3) 半球对于固定支架的振动。

这些形式的振动只是在它们的频率与弯曲振动工作振型相差甚远的情况下才对固态波陀螺仪的工作不产生影响。实际的谐振子与理想轴对称形状总是存在不大的偏差，结果，壳体质心的位置与对称轴不重合，这会导致在谐振子工作时支架的振动。尽管为了补偿这种不对称性要对谐振子进行调整平衡，但是仍然还会存在残留的不平衡，引起谐振子品质因数不均匀和驻波的漂移。如果支架的某一固有频率相当接近壳体的弯曲振动频率，那么支架的振幅剧烈增加，使这种漂移速度的振幅增加。由于在固定谐振子的位置(焊接或胶接）材料损耗性能的稳定性不高，那么，与此相关的漂移也很不稳定，这会在整体上降低陀螺仪的精度性能指标。应该考虑到，与固定支架相关振动的品质因数通常不高(10^2 数量级)，这会导致这些振动谐振线的宽度增加，这就要求使与支架有关的固有频率至少要与壳体的共振频率相差 1 kHz。

由于所有固有频率值是通过谐振子部件大小给出的，那么，很清楚，在半环形谐振子的设计阶段应该对其低频谱进行计算。

通常，由导航系统的整体结构和技术性能决定对谐振子直径的选择。在对固态波陀螺仪的早期研制中谐振子的直径为 60 ～ 70 cm，在现代小尺寸装置中运用的谐振子直径为 20 ～ 30 cm。除了直径以外，基本主要尺寸还包括谐振子壁的厚度和形状，以及支架的大小。

壁厚是由谐振子的工作频率决定的。在选择工作频率时应该注意以下几点：

(1) 与品质因数不均匀相关的固态波陀螺仪的偏移速度可以由衰减的时间常数计算，它与频率和品质因数的关系是

$$T=\frac{Q}{\pi f} \tag{3.2.1}$$

乍看起来，根据这一公式频率应该选得尽可能低，才能减少系统偏差，但是应该记住，谐振子中总的内部摩擦是由以下几个因素决定的

$$Q^{-1}=Q_{g}^{-1}+Q_{\text{пов}}^{-1}+Q_{\text{покр}}^{-1}+Q_{\text{оп}}^{-1}+\cdots \tag{3.2.2}$$

式中，Q_{g}^{-1}，$Q_{\text{пов}}^{-1}$，$Q_{\text{покр}}^{-1}$，$Q_{\text{оп}}^{-1}$ 分别为在石英玻璃中在表面受损层中、在金属覆盖层中、在固定装置中的内部摩擦。

在减少壁厚的情况下谐振子振动的能量也正比地减少，而在金属覆盖层和表层形变的情况下耗散能量几乎不发生改变。因此，减少壁厚，$Q_{\text{пов}}^{-1}$ 和 $Q_{\text{покр}}^{-1}$ 会同时正比地增加。在这种情况下，如果 $Q_{g}^{-1}\geqslant Q_{\text{пов}}^{-1}+Q_{\text{покр}}^{-1}+Q_{\text{оп}}^{-1}$，那么有可能谐振子的时间常数大大增加；否则 T 值的增加会不大，也会同时伴有制作极薄壁谐振子时所产生的严重工艺问题。薄壳体几何尺寸上不可避免的偏差会引起谐振子严重的质量失衡，这就要求正比地增加平衡精度。除此之外，如果石英玻璃中的损失小于其他类型的损失，可以预料谐振子性能指标的稳定性大大降低，因为表层、覆盖层及固定装置性能的稳定性显然要比玻璃本身性能的稳定性低。这种情况会引起系统偏移性能指标的变化，

必须要定期校准固态波陀螺仪等。这些条件限制了最低限度的壁厚，相应地，也决定了谐振子工作频率的下限。

(2) 从固态波陀螺仪电子控制系统工作的观点来看，工作频率不应该太高。在固态波陀螺仪的现代控制系统中常常把输入信号转变为数字代码，之后对数据进行数字处理。这种构建控制系统的方法可以避免很多与模拟电子设备的辐值特性及相位特性不稳定性相关的问题，但是需要实现高精度模数转换。通常这种转换器的性能指标会随着输入信号频率的增加而大大变差。此外，在提高振动频率的情况下，石英玻璃本身的内部摩擦 Q_g^{-1} 开始增大。

所有上述情况意味着，选择工作频率(相应地选择谐振子的壁厚) 应该考虑到上面所列举的各种能量损耗值，它们可以通过所采用的工艺及材料，并考虑到固态波陀螺仪控制系统的要求来保证。通常频率范围为 4 ～ 8 Hz 可以满足这些要求。

可以运用各种方法来计算谐振子的几何参数。壁厚计算可以运用瑞利函数，使半球形壳体的几何尺寸、材料的弹性性能指标与自由振动频率联系起来[18]

$$f = \frac{l_k h}{2\pi R^2}\sqrt{\frac{E}{3\rho(1+\nu)}} \tag{3.2.3}$$

式中，E 为杨氏模量；h 为壁的厚度；R 为半球的半径；l_k 为系数(对于较低的二阶振型这个系数等于 $l_2 = 2.62$)；ν 为泊松比；ρ 为壳体材料的密度。

要指出的是，式(3.2.3) 要求谐振子的壁厚度均匀，且没有考虑到固定支架对振动频率的影响。这种影响只可以在运用相当复杂的计算方法情况下才能考虑到。例如，有一种算法能够以很高的精度计算出半球形谐振子的固有振动频率。把谐振子表示成薄的变厚度和变曲率半径的半球形壳体，它的一边被刚性固定，另一边自由，不受力和力矩作用。计算壳体固有振动频率问题可以简化成 8 个普通微分方程的方程组特征值的边界值问题。可以采用数值方法来求得固有频率。利用这种算法计算出来的谐振子的固有频率值与以很高的精度与实验法所测得的值相符。

作者曾设计了一种计算固态波陀螺仪敏感部件半环形壳体性能指标的方法。作为初始方程采用的是基尔霍夫 － 李雅夫壳体线性理论方程，其中载荷用考虑到任意形状壳体旋转计算出来的惯性力来替代。所得到的由 16 个线性齐次普通微分方程组成的方程组可以用计算机求解。

用解析法求得半球形谐振子频谱是一个相当复杂的问题。阿·阿·基连科夫提出了一种方法，可以通过瑞利函数近似计算出刚性固定在弹性支架上的半球形壳体的固有振动频率。该方法的基础是把完全函数系问题简化为已经得到解决的关于弹性杆振动及薄壁弹性半球形壳体振动的简单问题。在所研究的问题设置中作为描述壳体的参数只有一个 —— 固定在极端的半球形固有振动频率。用这种方法的结果可以成功获得对于支架上半球固有振动频率与支架刚度及半球在支架上位置依赖关系的明确公式。已经证实，支架与半球振动的相互作用只是对于半球的一阶振型发生，这种振型决定着半球作为刚体的振动。在这种情况下会发生频率分裂，并且较高频率相应于半球和支架要向同一方向振动的情况，而另一种较低频率对应于这两种振动方向不同的情况。阿·阿·基连科夫还列举了固定在一个支架上的谐振子的数值例子。半球 2 阶振型的共振频率为 8 458 Hz。考虑支架会导致出现两个频率，其中较高的等于25 882 Hz，较低的等于 8 294 Hz，这与主振型相当接近。

非常有效的方法是运用有限元方法来计算固态陀螺仪谐振子的参数。在有限元模拟情况下谐振体要划分成细小的单元，其顶点构成空间的节点网格（图 3.8）。谐振子的势能可以表示为节点位移的函数，动能可以表示为其速度的函数。根据这些函数可以构建结构的运动方程。对于所得到的方程组计算出固有频率以及与其相应的固有振型。

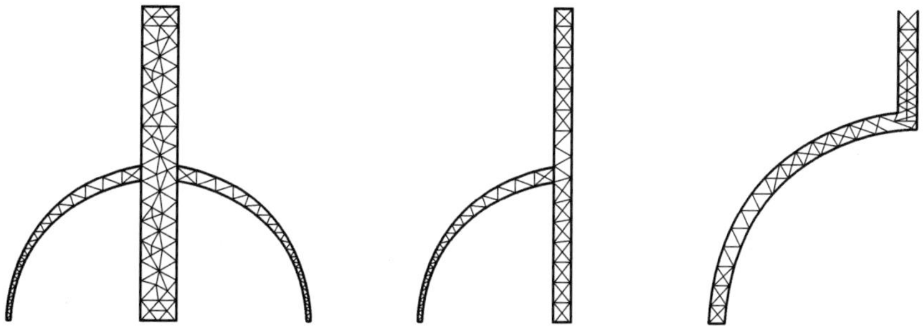

图 3.8　对固态波陀螺仪谐振子进行有限元模拟的方案

数值模拟薄壁旋转壳体中的弹性动态过程依旧广泛运用有限差分方法，以及样条函数方法。

用 R 函数方法描绘固态波陀螺仪谐振子的几何形状。在模拟固态波陀螺仪时所产生问题的多样性要求广泛采用现代逼近理论及数值分析方法。其中近些年来在该领域中最通用且得到很好发展的是以 R 函数理论为基础的方法（附录 5）。R 函数装置（勒瓦切夫函数）能够通过变分法及投影法在复杂形状领域求解边值问题来设计出满足边界条件的基础函数方程组。构建这种方程组（边值问题解法的结构）的基础是求解析几何的反向问题，即求得描述一定领域几何形状的唯一解析表达式。

我们来研究两种基本类型的谐振子：带双面支架的（图 3.9(a)）和带单面支架的（图 3.9(b)）。

描绘如图 3.9(a) 所示谐振子截面区域边界的隐函数形式为

$$\omega(r,z)=((\omega_1(r,z)\wedge_\alpha\omega_2(r,z))\vee_\alpha\omega_3(r))\wedge_\alpha\omega_4(z) \tag{3.2.4}$$

式中

$$\omega_1(r,z)=\left(R_2+\frac{h_0}{2}\right)^2-r^2-z^2,\quad \omega_2(r,z)=-\left(R_2-\frac{h_0}{2}\right)^2+r^2+z^2$$

$$\omega_3(r)=R_1^2-r^2,\quad \omega_4(z)=\left(\frac{l}{2}\right)^2-\left(z-\frac{l}{2}\right)^2$$

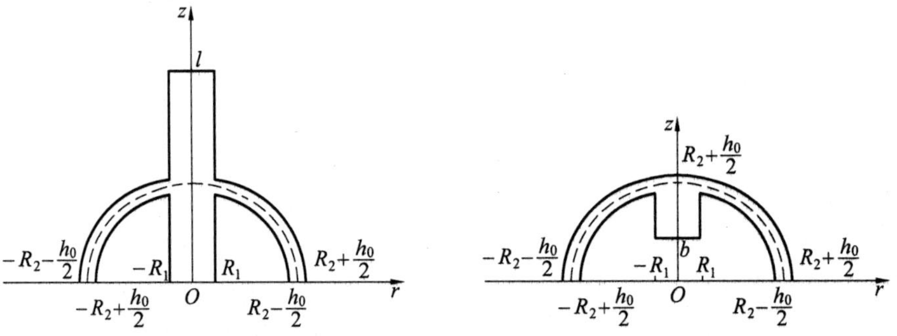

(a)带双面支架　　(b)带单面支架

图 3.9　不同几何形状谐振子的横截面

常常为了确保谐振子材料中应力比较均匀，壁厚 h 选取最大限度地接近半球极端($h=h_0$)，并且在向边缘移动时，它的变化规律为

$$h=\frac{h_0(1+\cos\theta)^2}{4} \tag{3.2.5}$$

式中，θ 为从半球中心向壳体某一点所作矢量与对称轴之间的夹角。在这种情况下应该认为

$$\omega_1(r,z)=\left(R_2+\frac{h(z)}{2}\right)^2-r^2-z^2$$

$$\omega_2(r,z)=-\left(R_2-\frac{h(z)}{2}\right)^2+r^2+z^2$$

式中

$$h(z)=\frac{h_0}{4}\left(1+\cos\frac{z}{R_2}\right)^2$$

在图 3.10 中列出的是等厚度壳体和变厚度壳体函数 $\omega(r,z)$ 的水平线。由于沿纵轴对称，所以表示的只是一半区域。

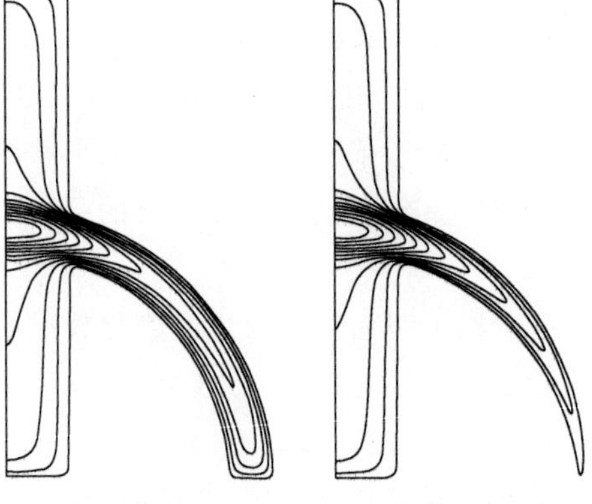

(a)等厚度壳体　　(b)变厚度壳体

图 3.10　等厚度壳体和变厚度壳体(3.2.5) 区域函数的水平线

在图 3.9(b) 中所描绘区域的边界函数形式为

$$\omega(r,z)=(\omega_1(r,z)\wedge_\alpha(\omega_2(r,z)\vee_\alpha\omega_3(r)))\wedge_\alpha\omega_5(r,z) \tag{3.2.6}$$

式中

$$\omega_5(r,z)=z-b\cdot\frac{2}{a}h_a\left(\frac{1}{a-1}r\right)$$

式中,h_a 为“座”式低峰态原子函数,参数 $a>2$(附录 6),它能够调节内部支架的长度。函数(3.2.6) 的水平线如图 3.11 所示。

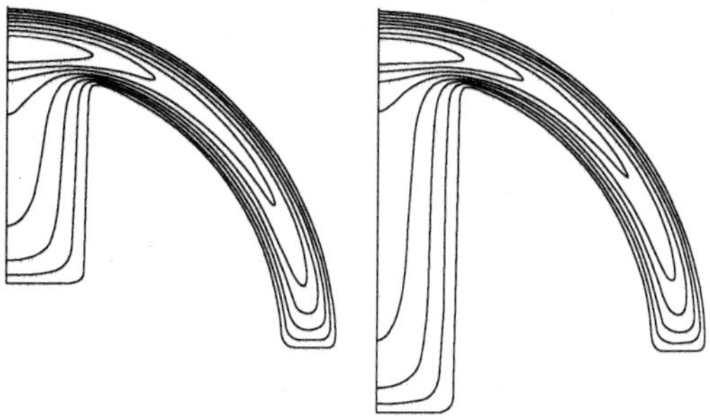

(a) $b>0$　　(b) $b<0$

图 3.11　函数(3.2.6) 的水平线

由于壳体是轴对称的,那么可以把其方程在柱坐标系(r,θ,φ) 中写成以下形式

$$\omega(r,z,\varphi)\equiv\omega(r,z) \tag{3.2.7}$$

常常为了确保平衡作用,在谐振子边缘切出专门的平衡齿(图 3.12)。在振动时锯齿不会发生形变,这就能比较简单地从中去除大量材料而不造成谐振子附加的损失。此外,锯齿能够增加谐振子的折合质量,降低它的共振频率。

在存在边缘锯齿的情况下沿圆周角区域函数的关系形式更加复杂。例如,对于图 3.9(a) 中的区域

$$\omega(r,z,\varphi)=((\omega_1(r,z))\wedge_\alpha\omega_2(r,z))\vee_\alpha\omega_3(r)\wedge_\alpha(\omega_6(z)\wedge_\alpha\omega_7(r,z,\varphi)) \tag{3.2.8}$$

式中

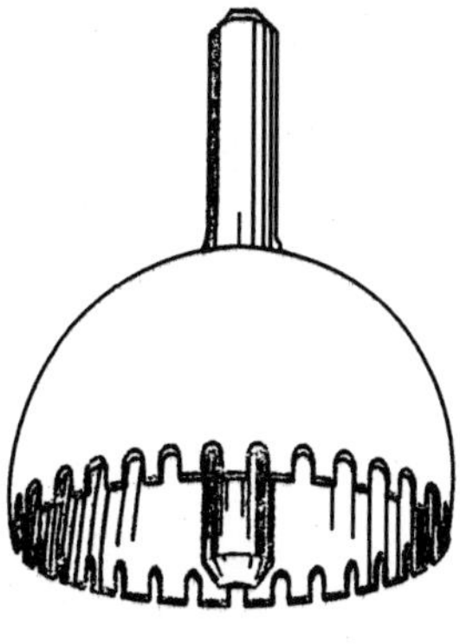

图 3.12　带平衡齿的谐振子

$$\omega_6(z)=l-z,\quad \omega_7(r,z,\varphi)=z+d(\varphi)\left[\frac{2}{a}h_a\left(\frac{1}{a-1}r\right)-1\right]\quad (a>2)$$

式中，$d(\varphi)$ 为描绘锯齿高度随圆周角度变化关系的周期函数。

3.3 固态波陀螺仪中热过程模拟的特点

固态波陀螺仪的精度，它的准备时间在很大程度上决定于内部放出热量时所发生的热过程，以及周围环境温度的变化。这些因素的作用会导致谐振子温度和性能的变化，所以系统漂移的参数也会发生变化。

由于受频率分裂制约的所谓“热漂移”，温度分布可能对固态波陀螺仪产生严重影响。在弗·阿·马特维耶夫等人所提出的固态波陀螺仪漂移模型中考虑到了偏移的热分量 Ω_T。热分量的时间常数 T 在具体实现时采用确定值级数的形式 T_1，T_2，…，T_N。它的最大限度近似可以用集合 $\{T_i\}_{i=1}^{N}$ 作为描述能够最精确再现初始信号 $v=\vartheta(t)$ 的结果来确定。

为了分析固态波陀螺仪的精度性能指标，估算它的准备时间，选择调温系统，必须知道部件的温度分布。在研究固态波陀螺仪中热过程时，必须：

(1) 建立固态波陀螺仪中热过程的数学模型；

(2) 确定谐振子中的温度梯度；

(3) 制定按照实验结果描述热模型参数的方法；

(4) 选择出恒温系统。

导致漂移参数变化的主要原因之一是在有温度梯度存在情况下由于固态波陀螺仪谐振子部件线性尺寸变化不均匀而产生的质心偏移。这种偏移在其主振型振动时会引起在谐振子支架中出现径向的及轴向的反作用分量。在这种情况下谐振子的部分能量会通过固定杆传递给支架，并由阻尼耗散掉。支架用的阻尼会导致谐振子品质因数 Q 降低，使之产生与波方位的依赖关系(品质因数不均匀)。品质因数不均匀会引起正比于($Q_{\min}^{-1}\sim Q_{\max}^{-1}$)值的漂移，这里 $Q_{\min}$ 和 $Q_{\max}$ 是谐振子品质因数的最小值和最大值。

像在动力调谐陀螺仪中一样，可以分出以下主要途径来减少由于存在温度梯度而产生的谐振子质心的偏移：

(1) 减少从装置壳体向敏感部件的热流；

(2) 增加谐振子的热导率；

(3) 减少谐振子的线膨胀系数。

确保质心位置不变的问题取决于是否能稳定地维持装置腔内高真空。

由于系统对称，我们来研究固态波陀螺仪谐振子中热过程的简化模型(图3.13(a))。由于谐振子处于真空中，我们认为不存在对流热交换。我们还忽略来自传感器的辐射热交换。假设在固定敏感部件支架的位置设定确定的温度(恒温条件)。

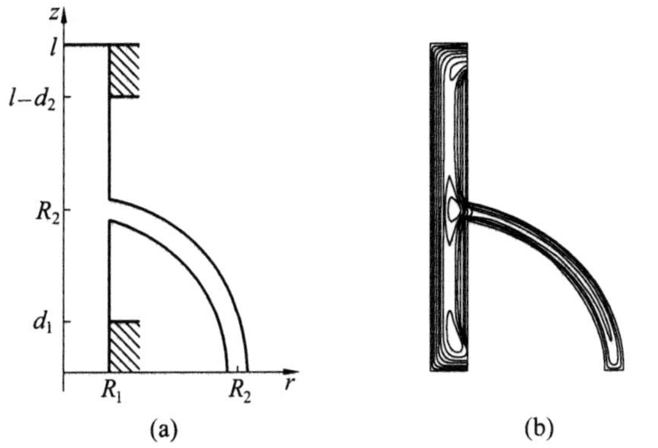

图 3.13 半球谐振子示意图(a) 和区域边界函数水平线(b)

根据上述情况,谐振子中平稳的温度场 $T(r,z)$ 应该满足柱坐标中(r,z) 下列拉普拉斯二维方程

$$\frac{\partial^2 T}{\partial r^2}+\frac{1}{r}\frac{\partial T}{\partial r}+\frac{\partial^2 T}{\partial z^2}=0 \tag{3.3.1}$$

边界条件为

$$T(R_1,z)=T_1 \quad (z\in[0,d_1])$$

$$T(R_1,z)=T_2 \quad (z\in[l-d_2,l]) \tag{3.3.2}$$

$$\frac{\partial T}{\partial n}=0 \quad (\text{在边界的其余部分}) \tag{3.3.3}$$

在式(3.3.3) 中用 n 表示区域边界的外部法线。

热传导的边值问题(3.3.1) ~ (3.3.3) 可以用一种数值方法或数值分析法求解。我们来研究以运用有限差分方法(网格) 和 R 函数方法(差分分析法) 组合为基础的方法。其实质如下。

我们来列某一有限差分方程的方程组

$$A_h^j u=f^j,\quad j=1,2,\cdots,M,\quad M>N$$

它们逼近初始方程 $Au=f$。我们把 R 函数方法的相应结构代入该方程组

$$u\equiv B(\Phi,\omega,\omega_i)+\varphi_0$$

之后可以得到对于 N 个未知数 C_j 的方程组 M

$$A_h^j B(x,C_1,C_2,\cdots,C_N)=f^j,\quad j=1,\cdots,M \tag{3.3.4}$$

该方程可以通过最小二乘法求解。

1. 求解定常问题的直线法

我们来研究热传导的抛物线方程

$$\Delta T=\frac{1}{\kappa}\frac{\partial T}{\partial t}-\frac{f}{\lambda} \tag{3.3.5}$$

式中，t 为时间；κ 为导温系数，$\kappa=\dfrac{\lambda}{c\rho}$；$\lambda$ 为热导率；c 为比热容；ρ 为材料的体密度。

对于方程(3.3.5)，除了边界条件以外还必须提出温度的初始值

$$T\mid_{t=0}=\psi \tag{3.3.6}$$

对于方程(3.3.5)边值问题的变量设置及其求解方法是建立在直线方法(罗恩法 Метода Роте)和对于椭圆型问题的变分原理相结合基础上。在这种情况下要对非定常边值问题进行时间离散化，然后对所得到的定常问题用变分方法求解，也就是实现从抛物线方程问题向椭圆型问题序列的转换。

在 $t\in(0,T]$ 区域我们研究方程(3.3.5)的边值问题。我们引入对时间段 $[0,T]$ 的划分 $\{\Delta_j^p\}$，$j=1,2,\cdots,p$

$$\sum_{j=1}^{p}\Delta t_j^p=T,\quad \Delta t_j^p=t_j^p-t_{j-1}^p$$

并在方程(3.3.5)中用左边的差分比关系近似替代时间导数

$$\frac{\partial T(x,y,t_j^p)}{\partial t}\approx\frac{T(x,y,t_j^p)-T(x,y,t_{j-1}^p)}{\Delta t_j^p} \tag{3.3.7}$$

那么初始问题可以简化为一系列问题

$$\Delta T(x,y,t_j^p)-\frac{1}{\kappa}\frac{T(x,y,t_j^p)}{\Delta t_j^p}=-\frac{1}{\kappa}\frac{T(x,y,t_{j-1}^p)}{\Delta t_j^p}-\frac{f}{\lambda} \tag{3.3.8}$$

对它们应该依次求解。在 $j=1$ 的情况下应该运用初始条件(3.3.6)。

已经证实，在确定条件下存在解序列范围。这个范围称为非定常问题的解，在其存在的情况下它与经典解一致。由于运用近似等式(3.3.7)，方程(3.3.8)与式(3.3.5)逼近，误差的阶次为 $\max\Delta t_j^p$。还存在其他形式的直线方法，时间近似的阶次更高。

2. 集中热容条件

在薄覆盖层问题中物体上的集中热容就是作为物体集中质量研究的覆盖层本身。假设在薄表层中的温度分布均匀，并完成对沿层厚度传热方程两边的积分操作就能够实现由复杂的初始数学模型向集中热容模型的转换。从数学观点看，集中热容模型的特点是在相应边界条件下存在时间导数。

集中热容的思想能够大大简化对具有剧烈反差的几何性能及热物理性能的组合合成物体中传热问题的求解过程。但是，与具有 1～4 种边界条件的热传导边值问题不同，具有集中热容条件问题的适定性取决于在边界条件导数情况下的系数关系。在这种关系为确定值情况下，上述问题会成为吉洪诺夫(Тихонов)不适定问题或适定性问题。

由于谐振子表面覆盖着薄的金属膜，那么在对应于半球壳体的区域边界部分必须提出集中热容的边界条件

$$k\frac{\partial T}{\partial n}=C\frac{\partial T}{\partial t} \tag{3.3.9}$$

式中，$C=c\rho s$ 为集中热容；ρ_s 为覆盖层材料的面密度，$\rho_s=\rho_m h_m$；ρ_m 和 h_m 分别为体密度和覆盖层厚度。

实际上集中热容与力学机械因素一样，是固态波陀螺仪谐振子品质因数急剧下降的原因之一。显然在 $t\to\infty$ 情况下，$\frac{\partial T}{\partial t}\to 0$，在定态情况下，条件(3.3.9)会变成普通的诺伊曼齐次边界条件(3.3.3)。

对固态波陀螺仪谐振子中定态热场和非定态热场的计算。根据 R－函数方法(附录5)我们把定常边值问题(3.3.1)～(3.3.3)解的结构写为

$$u=\omega_{\mathrm{I}}P-\frac{\omega_{\mathrm{I}}\omega_{\mathrm{II}}}{\omega_{\mathrm{I}}+\omega_{\mathrm{II}}}D_1^{(\mathrm{II})}(\omega_{\mathrm{I}}P)+\frac{\omega_{\mathrm{I}}^{(1)}T_2+\omega_{\mathrm{I}}^{(2)}T_1}{\omega_{\mathrm{I}}^{(1)}+\omega_{\mathrm{I}}^{(2)}}-$$

$$\frac{\omega_{\mathrm{I}}\omega_{\mathrm{II}}}{\omega_{\mathrm{I}}+\omega_{\mathrm{II}}}D_1^{(\mathrm{II})}\frac{\omega_{\mathrm{I}}^{(1)}T_2+\omega_{\mathrm{I}}^{(2)}T_1}{\omega_{\mathrm{I}}^{(1)}+\omega_{\mathrm{I}}^{(2)}} \tag{3.3.10}$$

式中，u 为温度的近似分布；P 为不确定分量；w_{I} 为带狄利克雷边界条件的边界部分的方程

$$\omega_{\mathrm{I}}=\omega_{\mathrm{I}}^{(1)}\wedge_0\omega_{\mathrm{I}}^{(2)}$$

$$\omega_{\mathrm{I}}^{(1)}=(R_1-r)\vee_0-\mathrm{circle}\left(\sqrt{R_1^2+d_1^2},r,z\right)$$

ω_{II} 为带诺伊曼边界条件的边界区域部分的方程(图3.12(a))

$$\omega_{\mathrm{II}}=\omega_{\mathrm{II}}^{(1)}\wedge_0(\omega_{\mathrm{II}}^{(2)}\vee_0\omega_{\mathrm{II}}^{(3)})$$

$$\omega_{\mathrm{II}}^{(1)}=r\wedge_0\frac{1}{l}\left[\left(\frac{l}{2}\right)^2-\left(z-\frac{l}{2}\right)^2\right]$$

$$\omega_{\mathrm{II}}^{(2)}=-\mathrm{circle}\left(R_2-\frac{h}{2},r,z\right)\wedge_0\mathrm{circle}\left(R_2+\frac{h}{2},r,z\right)$$

$$\omega_{\mathrm{II}}^{(3)}=[(R_1-r)\vee_0(z-l+d_2)]\vee_0\mathrm{circle}\left(\sqrt{R_1^2+d_1^2},r,z\right)$$

式中采用符号

$$\mathrm{circle}(R,x,y)\equiv\frac{1}{2R}(R^2-x^2-y^2),\quad D_1^{(\mathrm{II})}\equiv\frac{\partial\omega_{\mathrm{II}}}{\partial r}\frac{\partial}{\partial r}+\frac{\partial\omega_{\mathrm{II}}}{\partial z}\frac{\partial}{\partial r}$$

用变分差分方法求解边值问题。在式(3.3.1)左边代替微分算子研究了其均匀网格二阶精度的有限差分逼近

$$\frac{1}{r\Delta r}\left[u(r+\Delta r,z)\left(\frac{r}{\Delta r}+\frac{1}{2}\right)+u(r-\Delta r,z)\left(\frac{r}{\Delta r}-\frac{1}{2}\right)\right]+$$

$$\left[\frac{u(r,z+\Delta z)+u(r,z-\Delta z)}{\Delta z^2}-2\left(\frac{1}{\Delta r^2}+\frac{1}{\Delta z^2}\right)u(r,z)\right]=0 \tag{3.3.11}$$

还借助于中央有限差分关系实现了表达式中对微分算子 $D_1^{(\mathrm{II})}$ 导数的逼近。为了加速收敛性，不确定分量 P 表示为按三角基函数展开的形式，它们在一定边界区域部分上先验地满足边界条件

$$P=\sum_{q+s=0}^{M}C_{q,s}\cos\frac{\pi qr}{R^2+\frac{h}{2}}\cos\frac{\pi sz}{l} \tag{3.3.12}$$

把结构(3.3.10)代入网格方程(3.3.11),可以得到对于展开式(3.3.12)未知系数 $C_{q,s}$ 的代数方程组。

非定常升温过热可以通过 R — 函数法和直线方法相结合来计算。

3. 固态波陀螺仪热时间常数的计算

我们在下面设置情况下对固态波陀螺仪的热时间常数进行计算。假设在初始时间 $t_0=0$,均匀受热到温度 T_0 的整个谐振子放在设定温度为 $T_c(t)$ 的环境中。在边界上会有第 3 种非定常边界条件

$$\lambda\frac{\partial u}{\partial n}+\alpha(u-T_c)=0 \tag{3.3.13}$$

式中,α 为散热率。

近似解可以写为以下结构形式

$$u=-\omega\varphi_0+\Phi-\omega(D_1\Phi+g\Phi) \tag{3.3.14}$$

这里

$$g=\frac{\alpha}{\lambda},\quad \varphi_0=\frac{\alpha T_c}{\lambda}$$

而

$$\omega=\frac{l^2-(2z-l)^2}{4l}\wedge_0\left(\left[-\mathrm{circle}\left(R_2-\frac{h}{2},r,z\right)\wedge_0\mathrm{circle}\left(R_2+\frac{h}{2},r,z\right)\right]\vee_0\frac{R_1^2-r^2}{2R_1}\right) \tag{3.3.15}$$

可以借助于直线方法,按公式(3.3.8)进行计算来求解所提出的问题。集中热容型边界条件(3.3.9)在一次近似中不考虑。

我们来研究另一种计算固态波陀螺仪中非定态热过程的方法,它建立在平均参数基础上。我们通过 V 和 S 来分别表示谐振子的体积和表面积。按照定义,物体的体积平均温度为

$$\bar{u}=\frac{1}{V}\int_V u\,\mathrm{d}V$$

假设谐振子的热物理参数与时间无关,运用格林公式和边界条件(3.3.13),对于 $\bar{u}$ 可以得到方程

$$\frac{\mathrm{d}\bar{u}}{\mathrm{d}t}+m\bar{u}=mT_c(t) \tag{3.3.16}$$

式中,$m=\frac{\alpha s}{c\rho V}$,考虑到初始条件方程(3.3.16)的通解形式为

$$\bar{u}=T_0\mathrm{e}^{-mt}+m\mathrm{e}^{-mt}\int_0^t T_c(T)\mathrm{e}^{m\tau}\,\mathrm{d}\tau \tag{3.3.17}$$

我们来研究以下情况:

(1) $T_c = \mathrm{const}$，这时相对升温

$$\frac{\bar{u} - T_c}{T_0 - T_c} = e^{-mt} \tag{3.3.18}$$

也就是说，物体与环境的温度差按指数规律变化。

(2) $T_c = bt + T_{c0}$，升温的形式为

$$\bar{u} - T_c = \left(T_0 - T_{c0} + \frac{b}{m}\right) e^{-mt} - \frac{b}{m} \tag{3.3.19}$$

随着时间的变化，在式(3.3.19)中第一个分量与第二个分量相比（常规状态）很小，可以忽略，而物体与环境的温度差趋于常数：$\bar{u} - T_c = -\dfrac{b}{m}$。

(3) $T_c = \overline{T}_c + A\cos\omega t$，式中，$\overline{T}_c$ 为环境温度的平均值，振动在该温度附近进行，A 和 ω 分别为振幅和频率。由公式(3.3.17)对于温度差有

$$\bar{u} - T_c = [(T_0 - T_c(0)) + A^* \sin\beta] e^{-mt} + A^* \sin(\omega t - \beta)$$

这里 $\beta = \arctan(\omega/m)$，$A^* = \dfrac{A\omega}{\sqrt{m^2 + \omega^2}} = A\sin\beta$。在较长时间情况下也会出现常规状态，这时

$$\bar{u} - T_c = A^* \sin(\omega t - \beta)$$

或者，不难发现

$$\bar{u} - \overline{T}_c = A\cos\beta\cos(\omega t - \beta)$$

从分析上面所列的公式可以看到在所有这些典型情况中参数 m 起着非常重要的作用。m 称为物体的冷却（受热）速度，可以通过试验方法确定，也可以在数值实验过程中确定。m 的倒数值称为热惯性指标，描述系统与环境接近热平衡的速度。在环境温度恒定的情况下它实际是热时间常数，代表相对温度变化为 e 倍所用的时间。在情况 2 和情况 3 中热惯性分别用更复杂的参数 $b\varepsilon$ 和 $\omega\varepsilon$ 来描述。

还有一个表示物体惯性性质的重要参数是调整时间 t^*，即这段时间过后系统与环境的温度差会小于某一值 $\Delta = \bar{u} - T_c$。在环境温度不变的情况下

$$t^* = \varepsilon \ln\left|\frac{T_0 - T_c}{\Delta}\right|$$

为了计算固态波陀螺仪谐振子的热参数，我们引 $\lambda = 1.5\ \mathrm{W/(m \cdot K)}$，$c = 900\ \mathrm{J/(kg \cdot K)}$，$\rho = 2.2\ \mathrm{kg/cm^3}$。不难看出，谐振子的表面积可以通过以下公式求得

$$S = 2\pi\left[R_1^2 + R_1(l - \delta) + R_2 h + 2\left(R_2^2 + \frac{h^2}{4}\right) - \left(R_2 + \frac{h}{2}\right) g_1 - \left(R_2 - \frac{h}{2}\right) g_2\right]$$

体积可以通过下面公式求得

$$V = \pi R_1^2 (l - \delta) + \frac{\pi}{6}\left\{[(2R_2 + h)^2 + 2R_1^2]\sqrt{\left(R_2 + \frac{h}{2}\right)^2 - R_1^2} - [(2R_2 - h)^2 + 2R_1^2]\sqrt{\left(R_2 - \frac{h}{2}\right)^2 - R_1^2}\right\}$$

式中

$$g_1=R_2+\frac{h}{2}-\sqrt{\left(R_2+\frac{h}{2}\right)^2-R_1^2}$$

$$g_2=R_2-\frac{h}{2}-\sqrt{\left(R_2-\frac{h}{2}\right)^2-R_1^2}$$

$$\delta=\sqrt{\left(R_2+\frac{h}{2}\right)^2-R_1^2}-\sqrt{\left(R_2-\frac{h}{2}\right)^2-R_1^2}$$

假设 $\alpha=1\ \mathrm{W/(m^2\cdot K)}$，$T_c-T_0=1\ \mathrm{K}$，而 $\Delta=0.1\ \mathrm{K}$。那么在上述谐振子的几何参数情况下可得：$m=3.65\times10^{-4}\ \mathrm{s^{-1}}$，$\varepsilon=2.74\times10^{13}\ \mathrm{s}$，$t^*=6.31\times10^3\ \mathrm{s}\approx1\ \mathrm{h}\ 45\ \mathrm{min}$。

现在我们仅限于只在谐振子支架表面区域上进行散热的情况：$z\in[0,d_1]\cup[l-d_2,l]$，$r=R_1$。在其余的表面区域在式(3.3.13)中应该认为 $\alpha=0$（绝热条件）。在上述所研究的表达式中代替 s 必须取 $s_1=2\pi R_1(d_1+d_2)$。

可以得出以下热参数值：$m_1=1.18\times10^{-5}\mathrm{s^{-1}}$，$\varepsilon=8.51\times10^4\ \mathrm{s}$，$t^*=1.96\times10^5\ \mathrm{s}\approx54\ \mathrm{h}\ 24\ \mathrm{min}$，也就是说由于缩减热交换表面，固态波陀螺仪谐振子的热时间常数几乎增加了30倍。

3.4 具有任意母线壳体的进动参数的计算

我们返回到方程组(1.3.24)

$$u''+t(z)u=f(z)$$
$$u(z_0)=0,\quad u(Z)=0 \tag{3.4.1}$$

这里 $t(z)=\dfrac{(n^2-1)r''}{r}$，$f(z)=-t(z)u_0$。对于母线由表达式 $r=r(z)$ 描述的任意壳体，该问题只能通过数值法求解。由式(1.3.22)可得，求解位移分量 u_z 需要知道在任意点问题(3.4.1)解的一阶导数。如果用有限差分法可以得到解，那么还要求对函数 $u(z)$ 在网格节点之间的区间再逼近。为了避免这一操作，显然要立即对(3.4.1)在连续微分函数类求解。

我们用适当的函数作为基函数来使用一种网格投影法。配置法是最简单的数值方法。如果作为基函数选择有限函数，其中包括无限可微的原子函数，那么这种方法可以得到很好的结果。

我们引入均匀化分

$$z_i=z_0+ih;\quad i=0,1,\cdots,N;\quad h=\frac{Z-z_0}{N} \tag{3.4.2}$$

做如下表示

$$t_i=t(z_i),\quad f_i=f(z_i),\quad u_i=u(z_i)$$

问题(3.4.1)的近似解 $u^*(z)$ 将以原子函数 $fup_z(x)$ 的位移－收缩线性组合形式求得,它满足上述要求

$$u^*(z)=\sum_{j=-1}^{N+1} d_{j+1}\psi_j(z) \tag{3.4.3}$$

式中

$$\psi_j(z)=\mathrm{fup}_2\left(\frac{z-z_0}{h}-j\right),\quad \sum_{j=-\infty}^{\infty}\psi_j(z)\equiv 1 \tag{3.4.4}$$

不确定系数 $d_i(i=0,1,\cdots,N+2)$ 可以由求解线性代数方程组得到

$$\boldsymbol{A}\boldsymbol{d}=\boldsymbol{b} \tag{3.4.5}$$

矩阵 $\boldsymbol{A}$ 和矢量 $\boldsymbol{b}$ 的系数由在节点 z_i 中的配置条件确定

$$a_{i+1,j}=\psi''_{j-1}(z_i)+t_i\psi_{j-1}(z_i);\quad b_{i+1}=f_i\quad (i=1,2,\cdots,N;j=1,2,\cdots,N+2)$$

边界条件

$$a_{0,j}=\psi_{j-1}(z_0),\quad a_{N+2,j}=\psi_{j-1}(Z)\quad (j=0,1,\cdots,N+2)$$

$$b_0=b_{N+2}=0$$

还有一个(相当任意)原子插值补充条件,例如

$$a_{1,j}=\psi''_{j-1}(z_0)\quad (j=0,1,\cdots,N+2);\quad b_1=0$$

已经证明,如果 $u(z)\in C^4[z_0;Z]$ 为问题(3.4.1)的精确解,那么对于问题(3.4.3)近似解的误差以下估算正确

$$\| u-u^* \|_{c[z_0;Z]}\leqslant \frac{h^2}{12}\max_{z\in[z_0;Z]}\left|\frac{u^{(4)}(z)}{t(z)}\right| \tag{3.4.6}$$

1.二阶旋转壳体所提出的方法

能够对各种形式的壳体进行进动系数 K 计算,不论是标准形式(回转椭球面,双叶双曲面,回转抛物面),还是比较复杂的几何形状。对于二阶杯形旋转壳体,运用参数 $N=8$ 的网格能够得到通过解析法求解相当一致的结果(绝对误差约为 10^{-4})。但是在这两种情况中都没有考虑向基座上固定($\theta_1=0$)所使用支架的厚度。

对于 $\theta_1>0$ 情况提出运用函次积分法,这使问题相当复杂化,导致大量的计算过程。我们在 $\theta_1>0$ 的情况中,由于边界条件,以下形变分量:u_r,u_φ,V 都等于零。

在图3.14上表示的是在 $\theta_1=30°,\theta_2=80°$ 情况下的瑞利函数形式,在表3.1中表示的是对于某些组 θ_1,θ_2 值进动系数的计算值。为了比较,在表3.2中列出了类比值。

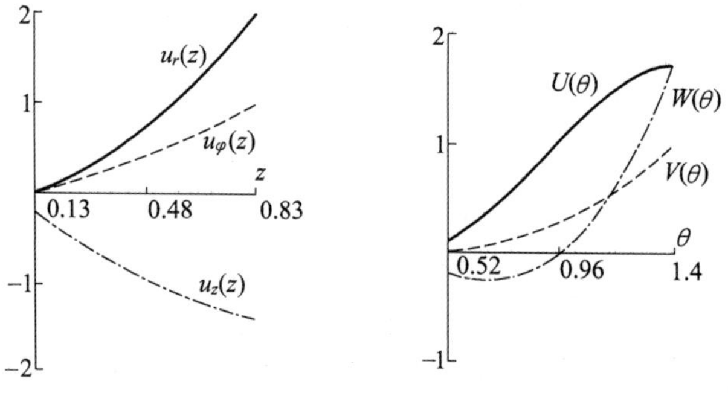

(a) $u_r(z)$, $u_\varphi(z)$, $u_z(z)$　　(b) $u(\theta)$, $v(\theta)$, $w(\theta)$

图 3.14　在 $\theta_1 = 30°$, $\theta_2 = 80°$ 时的瑞利函数曲线

表 3.1　对于某些组 θ_1, θ_2 值进动系数的计算值

θ_2 \ θ_1	0°	15°	30°	45°
80°	0.763 1	0.763 4	0.767 5	0.788 1
90°	0.723 0	0.723 1	0.725 4	0.737 1
100°	0.686 8	0.686 8	0.688 0	0.694 3

表 3.2　类比值

θ_2 \ θ_1	0°	15°	30°	45°
80°	0.763 2	0.763 2	0.763 5	0.768 1
90°	0.723 0	0.723 0	0.723 1	0.725 4
100°	0.686 7	0.686 7	0.686 7	0.687 8

根据所得到的结果可以做出结论：只是在相当大的值 $\theta_1 \approx 30° \sim 45°$ 情况下支架会产生明显影响。这是因为类壳体振动中主要起作用的只是接近于自由边的部分。在这种情况下振动驻波的进动速度会有不大的增加，增加值受它与基座联系的增加制约。θ_2 角的变化对进动的影响要大得多。

2. 复杂形状的壳体

当壳体的母线为分段连续函数的情况特别重要。在这种情况下问题(3.4.1)的解应该在广义函数类中求得。

例 3.3　作为例子我们研究的壳体是在平面 $z=c$ 中顶点在坐标始点的圆锥和半径为 a，长度 $l=z-c$ 的圆柱的结合(图 3.15)。

$$r(z) = \frac{a}{c} z\eta(c-z) + a\eta(z-c) \tag{3.4.7}$$

式中，$\eta(z)$ 为单位阶跃函数(赫维赛德)

$$\eta(z)=\begin{cases}0, & z<0\\ 1, & z\geqslant 0\end{cases} \tag{3.4.8}$$

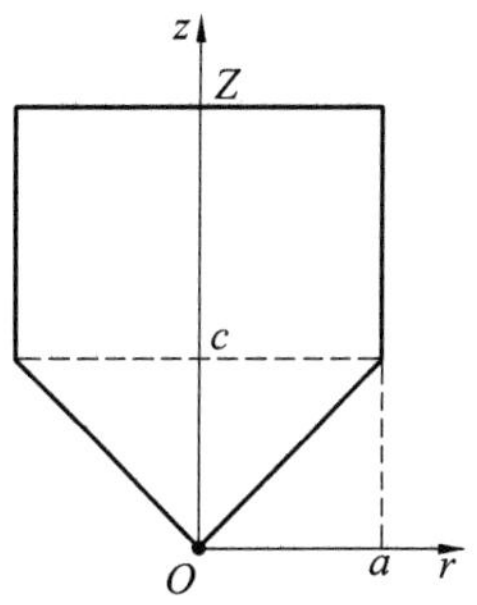

图 3.15 组成壳体的轮廓

众所周知：$\eta'(z)=\delta(z)$，其中 $\delta(z)$ 为狄拉克 δ 函数，它具有以下性质

$$\delta(-z)=\delta(z), \quad \delta'(z)=-\frac{1}{z}\delta(z)$$

$$\delta'(-z)=-\delta'(z), \quad z\delta(z)=0$$

$$\int_{-\infty}^{\infty} f(z)\delta(z-z_0)\mathrm{d}z=f(z_0)$$

$$\int_{-\infty}^{\infty} f(z)\delta'(z-z_0)\mathrm{d}z=-f'(z_0)$$

不难证明

$$\frac{r''}{r}=\frac{-\delta(z-c)}{z+(c-z)\eta(z-c)} \tag{3.4.9}$$

我们通过加廖尔金法求得(3.4.3)展开式的系数，其形式为一维结构的近似解

$$u^*(z)=\omega(z)_j\sum_{j=-1}^{N+1} d_{j+1}\varphi_j(z) \tag{3.4.10}$$

式中，$\omega(z)=z(Z-z)$ 为满足齐次边界条件的函数。根据布勒诺夫—加廖尔金法，并考虑到 δ 函数的性质，右边矢量 $\boldsymbol{b}$ 和矩阵 $\boldsymbol{A}$ 的元素可以通过如下方式求得

$$A_{ij}=\int_0^Z \{[\omega(z)\psi_{i-1}(z)]^{\mathrm{I}}+t(z)\omega(z)\psi_{i-1}(z)\}\,\omega(z)\psi_{j-1}(z)\mathrm{d}z=$$

$$\int_0^Z[\omega(z)\psi_{i-1}(z)]^{\mathrm{I}}\,\omega(z)\psi_{j-1}(z)dz-\frac{n^2-1}{c}\omega^2(c)\psi_{i-1}(c)\psi_{j-1}(c)$$

$$b_j=\int_0^Z f(z)\omega(z)\psi_{j-1}(z)\mathrm{d}z=\frac{n^2-1}{cZ}\omega(c)\psi_{j-1}(c) \quad (i,j=0,1,\cdots,N+2) \tag{3.4.11}$$

在按照式(1.3.21)求系数 K 时应该考虑到

$$r'=\frac{a}{c}\eta(c-z) \tag{3.4.12}$$

从 0 到 Z 变化参数 c 可以证明，相应地 K 从最大值(圆柱)变化到最小值(圆锥)。

上述计算，即使是对于由两部分组成的轮廓情况都相当庞大。此外，在实践中两部分或更多部分壳体的对接有可能是平滑的。借助于 R－函数可以克服这些困难(附录5)。那么针对我们的例子，复杂形状的方程可以写为

$$r(z)=\min\left\{\frac{a}{c}z,a\right\}=\left(\frac{a}{c}z\right)\wedge a=$$

$$\frac{1}{2}\left(\frac{a}{c}z+a-\left|\frac{a}{c}z-a\right|\right)=\frac{a}{2c}(z+c-|z-c|) \tag{3.4.13}$$

从计算的观点来看，表达式(3.4.13)等效于式(3.4.7)，运用它可以得到带有

(3.4.11) 分量的方程组。同时自动得到(3.4.13) 形式的函数更容易，特别是壳体的轮廓形状比较复杂时。后一种方法还有一个有益的特点是能够运用平滑 R 运算来倒圆回路的角点。在所研究的情况中代替(3.4.13) 应该写

$$r(z)=\left(\frac{a}{c}z\right)\wedge_{\varepsilon}a=\frac{1}{2}\left(\frac{a}{c}z+a-\sqrt{\left(\frac{a}{c}z-a\right)^{2}+\varepsilon^{2}}\right) \tag{3.4.14}$$

式中，ε 为平滑参数。

表达式(3.4.14) 为无限微分表达式。一阶导数和二阶导数分别等于

$$r'(z)=\frac{a}{2c}\left[1-\frac{\frac{a}{c}z-a}{\sqrt{\left(\frac{a}{c}z-a\right)^{2}+\varepsilon^{2}}}\right]$$

$$r''(z)=-\frac{a^{2}\varepsilon^{2}}{2c^{2}}\left[\left(\frac{a}{c}z-a\right)^{2}+\varepsilon^{2}\right]^{-\frac{3}{2}} \tag{3.4.15}$$

第4章 固态波陀螺仪的结构及工艺

4.1 固态波陀螺仪的结构特点

在文献中描写了很多各种各样形式的固态波陀螺仪，它们之间的谐振子、振动传感器、信息处理过程等都有差别。

固态波陀螺仪技术上最复杂的、也是最主要的部件是谐振子，正是它最终决定着陀螺仪的性能。理想的固态波陀螺仪谐振子应该具有高的品质因数、弹性物质的各向同性及耗散的各向同性。必须运用专门的处理技术，例如对表面的化学处理，调节质量平衡等才能达到所提出的性能指标。对固态波陀螺仪的特殊要求使得即使运用众所周知的工艺也远不能得到所需要的结果。正是固态波陀螺仪这种结构及工艺上的特点成为这种有前景装置发展和应用比较缓慢的原因。

总结 30 多年固态波陀螺仪的设计经验，可以得出结论，它主要按以下两个方面发展：

(1) 在由石英玻璃制成的高品质因数谐振子基础上制造精密（随机漂移速度为 $0.1 \sim 0.001\ (°)/h$）固态波陀螺仪。这种装置的生产要求运用一系列精密工艺，成本很高，应用领域有限，通常仅限于军事技术和宇航技术。

(2) 制造低精度广泛应用的廉价固态波陀螺仪（随机漂移速度为 $1 \sim 100(°)/h$）。依靠一系列结构和技术简化可以使其降低成本。

这种划分与制造固态波陀螺仪谐振子所运用材料中的内部摩擦特点有关。我们提醒一下，刚体中的内部摩擦是指弹性能转变为热能的各种机理作用过程。内部摩擦（ζ）在数量上等于在刚体某一体积范围中所耗散的能量（ΔW）与该体积范围所存储的形变能（W）乘以 2π 的比值

$$\zeta = \frac{\Delta W}{2\pi W} \tag{4.1.1}$$

作为内部摩擦的量度常常运用其他一些参数：品质因数（Q），衰减时间（T），衰减率（ψ），它们相互之间的关系很简单

$$\zeta = Q^{-1} = \frac{1}{\pi f T} = \frac{\psi}{\pi} \tag{4.1.2}$$

式中，f 为振动频率。

一些晶体以及纯石英玻璃具有较低程度的内部摩擦，由于晶体材料硬度高以及

弹性性质的各向异性，所以生产中不使用，实质上，只能够用石英玻璃制造出具有很高各向同性弹性能、高品质因数的谐振子。正是这种精密石英谐振子用于制作精密的固态波陀螺仪。所有其他材料，包括金属的内部摩擦都要高出 2 ～ 3 个数量级，由这些材料制成的谐振子（以及在它们基础上制作的固态波陀螺仪）精度性能要差很多。这种固态波陀螺仪较低的成本可以抵补它降低的精度，使这种装置在陀螺仪装置市场上占有一席之地。

玻璃与金属处理方法中的巨大差异导致在制造这两种类型固态波陀螺仪中结构及工艺方法上的差异，下面来研究这些技术措施的特点。

4.2 高精度固态波陀螺仪的结构和工艺

4.2.1 高精度固态波陀螺仪的结构

在设计带有石英玻璃制成的谐振子的固态波陀螺仪时必须考虑到以下因素：

(1) 处理石英玻璃的工作量相当大，因此谐振子的形状应该最大限度地简化；

(2) 谐振子的结构应该事先规定，能够通过调整谐振子的平衡来消除弹性物质的不均匀性；

(3) 达到高的品质因数要求运用无接触传感器和控制振动设备系统；

(4) 装置内部的残留气体会对振动额外附加补充减振，因此，固态波陀螺仪内部必须保持真空度达 10^{-6} mmHg。

我们以 Delco Electronics 公司众所周知的固态波陀螺仪为例（图 4.1）来研究解决这些问题。

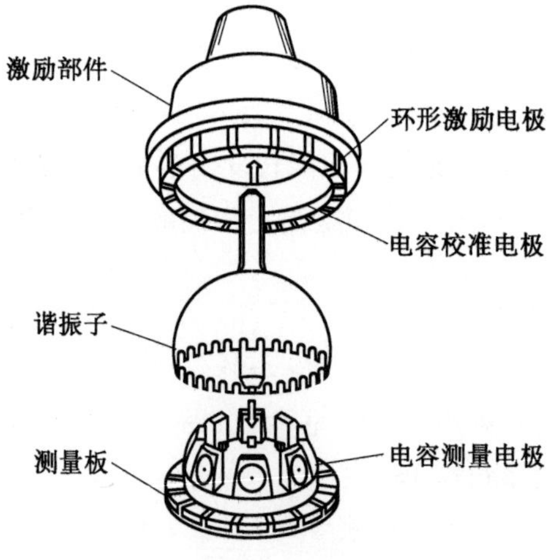

图 4.1　固态波陀螺仪

石英玻璃谐振子制成带有固定支架的薄壁半球形式。在谐振子的边缘有锯齿，用于其平衡。在振动时锯齿不会发生形变，这能够比较容易地(例如，借助于激光)从中去除大量不平衡质量而不改变谐振子的刚度性能和耗散性能。为了测量振幅运用的是位于测量板上的电容传感器。通过环形激励电极产生的交变流电场来使谐振子的边缘振动程度不变，通过电容校准电极来抑制正交振动。为了确保电容电极的高效工作，往半球的内、外表面上涂薄薄的一层金属，作为电容转换器的第二个极板。这三个主要部件相互焊接，在谐振子、测量板和激励部件的表面之间有不大的均匀空隙。组装的敏感部件放在密封壳体内，有电输出端和内置的吸气器。

在试验过程中Delco Electronics公司的固态波陀螺仪表现出很高的精度——随机漂移速度分量不超过 0.005(°)/h。在 1990 年初该公司用这种陀螺仪装配了具有航空精度的捷联惯性导航系统，这种陀螺仪的结构本身是后来所研制的陀螺仪的基础(参见文献[95,99,101])。

尽管这种类型的陀螺仪具有很高的使用性能指标，但却没有得到广泛应用，因为它的生产工艺复杂，且价格昂贵。半球形带锯齿谐振子生产过程繁琐，间隙约为 100 μm 的固态波陀螺仪三个主要部件的精密封配也很复杂。装置另一个易受损坏的地方是用直流电工作的测量系统，它甚至要求补偿很小的寄生电容，且具有相当大的噪声。这些情况导致出现了新一代小型固态波陀螺仪，它们结构比较简单，但却具有几乎相同的精度。在 1995 年 Litton 公司宣布制作出了新型结构的固态波陀螺仪，在陀螺仪中的一个真空壳体中联合了三个新型结构的敏感部件(图 4.2)。

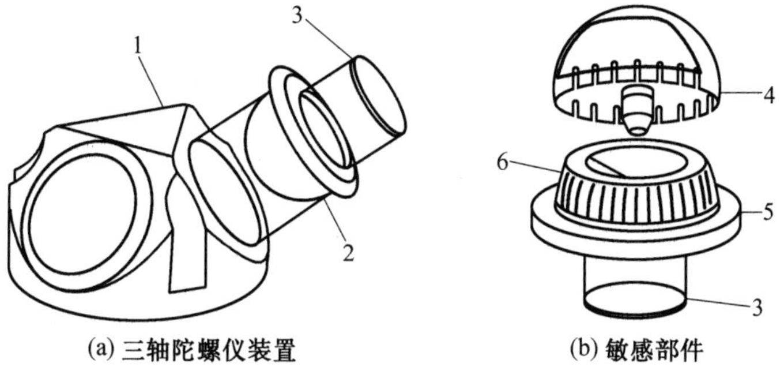

(a) 三轴陀螺仪装置　　(b) 敏感部件

图 4.2　Litton 公司固态波陀螺仪的结构

1— 真空壳体；2— 敏感部件；3— 电子部件；4— 半球谐振子；5— 组合电子部件；6— 测量电极和激励振动电极

其中每个主要部分都是带有一个内部固定支架的 30 mm 谐振子。所有用于测量振动参数电极以及对其控制的电极都放在共同的电极装置上。测量系统用交流电工作，能够使电极总数缩减到 8，在很大程度上摆脱了噪声和寄电容的影响。捷联惯性导航系统固态波陀螺仪这种结构的优点在 Lockheed Martin A2100 系列卫星上以及在飞往土星的 Cassini 航天器 8 年飞行过程中得到鲜明展示。所安装的捷联惯性导航系统固态波陀螺仪始终完美地工作。

由于研究出用离子束平衡谐振子技术才使固态波陀螺仪结构的进一步发展成为

可能。尽管上面所研究的用激光从锯齿表面蒸发不平衡质量能够以相当的精度使谐振子平衡,但这种过程的算法很复杂。

用离子束去除不平衡质量与激光蒸发方法相比生产效率要低一些。离子技术的主要优点是能够平衡无齿的谐振子,因为离子蚀刻几乎不破坏石英玻璃的结构,能够直接从半球表面去除材料。结果可以避免在制作锯齿时所必需的复杂且昂贵的工艺过程。此外,无齿谐振子要比其带齿的类似谐振子的初始质量不平衡度低很多。

离子技术的另一个优点是平衡算法简单,平衡精度高。运用离子技术能够使固态波陀螺仪谐振子的制作工艺大大简化,降低价格,使其价格对于民用导航仪的广泛运用能够接受。"麦迪国"(Медикон)科学生产企业成功运用了这种无齿谐振子制作倾斜仪的固态波陀螺仪,来检测石油天然井的轨迹。

最后,还有一种完善固态波陀螺仪结构的方法与简化配置电极装置有关。众所周知,半球谐振子的边缘在振动时不仅垂直于谐振子轴移动,还平行于谐振子轴移动。这种情况下就可以把所有电极放在平板电极装置上,使它们平行于谐振子半球壳体的端边(图 4.3)。在新型结构中只往该端边上涂金属层,这会大大减少谐振子中的内部摩擦,简化制作工艺。这种情况确保谐振子表面与平板电极装置之间浅间隙的均匀度也大大简化。还可以降低气体摩擦强度,因为间隙的大小(相应的形成气体浓度平衡的特征时间)在这种结构中要小得多。

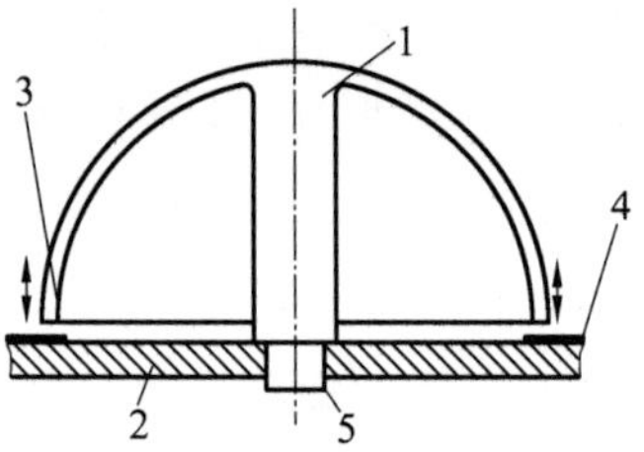

图 4.3　带平板电极部件的固态波陀螺仪

1— 谐振子;2— 电极部件;3— 涂金属层的谐振子表面;4— 电极;5— 谐振子与电极部件的连接处

运用这种结构形式,SAGEM 公司研制了捷联惯性导航系统的固态波陀螺仪 Regys 20,它的基础是带有直径为20 mm谐振子的敏感部件。随机漂移速度为0.1(°)/h,15年连续工作。捷联惯性导航系统的质量为3.1 kg,体积为 1 L,消耗功率为 10 W。

现在我们来研究设计和生产高精度固态波陀螺仪谐振子的一些问题。

正如前面所说的,对谐振子要提出非常高的技术要求,其中主要的有:

(1) 品质因数为$(5 \sim 20) \times 10^6$;

(2) 频率分裂为 $0.003 \sim 0.01$ Hz;

(3) 品质因数不均匀度为 $1\% \sim 5\%$。

谐振子的性能指标由一系列因素决定,其中包括其结构形式、材料的性质、所涂导电层的品质质量以及平衡程度。

4.2.2　测量固态波陀螺仪谐振子的性能指标

在制作谐振子过程中必须要测定它的性能指标,其中包括:谐振子的低频频谱(目的是检测构件固有频率的充分分裂),品质因数,固有频率分裂及质量不平衡程度。我们来研究测定这些性能指标的方法。

1. 测定谐振子的低频频谱

测定这种频谱最简单的方法是冲击法，所运用的简单装置如图 4.4 所示。

半球形谐振子 1 固定在大块基座 2 上。通过打击壳体或支架来激发振动，使用扩音器 3 或压电传感器 4 来记录振动，它们接在放大器 5 上。信号的幅频谱用频谱分析仪 6 来测量。实验可以在空气中进行 —— 在空气中测定的构件固有频率值与在真空中所测定的值偏差不大。主要测量误差是由于频谱分析仪的分辨率有限而产生，约为几赫兹至几十赫兹。尽管这种方法很简单，却能够得到可靠数据。在图 4.5 上作为例子列出的是“麦迪国”(Медикон) 科学生产企业生产的 30 mm 半球谐振子在 4 ～ 12 Hz 范围中测出的低频频谱。

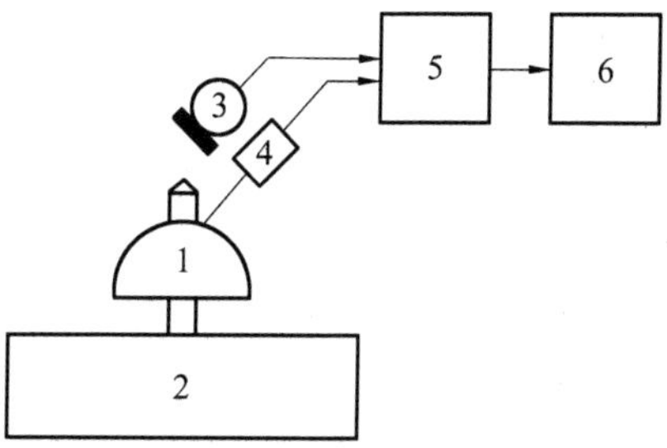

图 4.4　对谐振子构件固有频率的测量

1— 半球形谐振子；2— 大块基座；3— 扩音器；4— 压电传感器；5— 放大器；6— 频谱分析仪

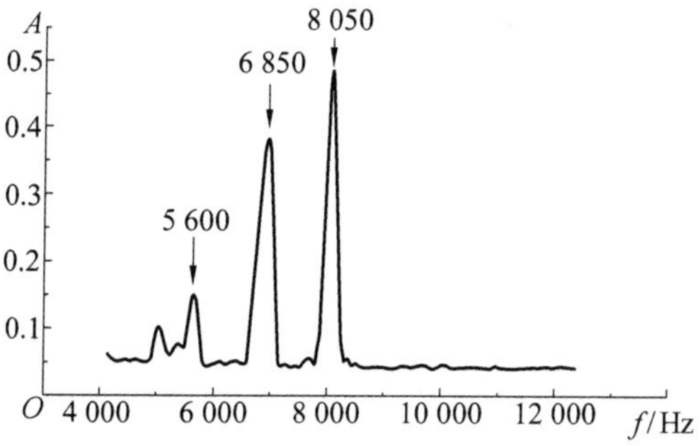

图 4.5　30 mm 半球谐振子的低频频谱

计算机模拟可以把 5 600 Hz 频谱部分归为谐振子支架的扭转，6 850 Hz 部分归为支架的弯曲，8 050 Hz 部分归为壳体的二阶振型。计算结果与实验结果之间的差值不超过 5%。

2. 测定谐振子的品质因数

测定石英谐振子的品质因数通常运用减幅振动法，其中实验测定的是自由振动的阻尼时间，品质因数值由关系式(4.1.2) 计算。对于完成这些测定可以运用在固态波陀螺仪中激励和测定谐振子振动所采用的技术解决方案。但是在很多情况中对于测定振动参数更方便的方法是采用敏感得多的高频转换装置。这种装置的功能电路如图 4.6 所示。

谐振子放在真空中。激发振动及测定振动使用的一对电极距离其表面 0.3 ～ 0.5 mm。把测量电极接入电感线圈 L，形成振荡回路，品质因数为 Q_c。用频率为 20 ～30 Hz 的振荡器电压来独立激励该回路。用伏特计调整振荡器工作点 w_h，在共

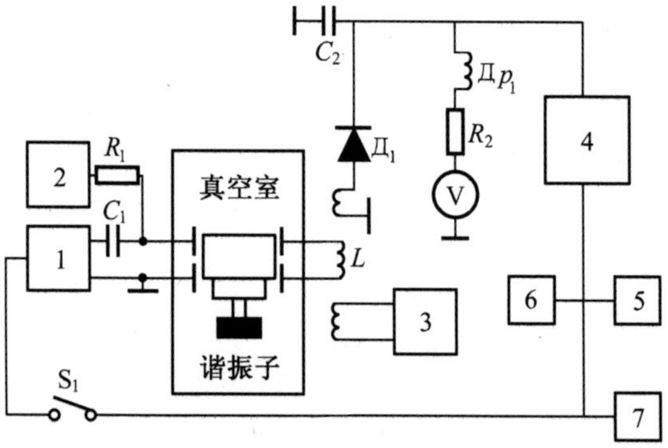

图 4.6　测定固态波陀螺仪谐振子品质因数装置的功能电路图

1— 放大器;2— 高压电源;3— 高频振荡器;4— 带通放大器;5— 检测示波器;6— 频率计;7— 计算机

振曲线的准线性部分选择其位置。谐振子的振动使回路的共振频率发生变化,工作点移动,电压发生变化(图 4.7)。也就是回路上的高频电压调制为谐振子壁的振幅。

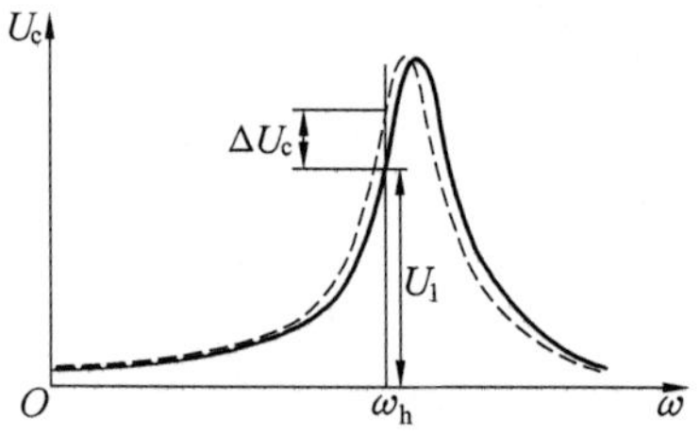

图 4.7　高频转换器的工作原理

输出信号值为

$$\Delta U_c = \frac{AQ_c U_1}{2d_0} \tag{4.2.1}$$

式中,A 为谐振子的振幅;d_0 为间隙。

这样,由于向测量电路引入高频回路,电容传感器的灵敏度大约增长 Q_c 倍。输出信号得以检测、放大和测量。

开关 S_1 的闭合导致出现正反馈,并产生谐振子中自动振动。在达到设定振幅以后激励电路断开,测量自由振动的阻尼时间。

像任何传感器一样,由于谐振子的振动能量消耗在调制高频振动上,高频转换器会带来附加的减幅。可以按以下公式来估算所带入的内部摩擦

$$\zeta = \frac{CU_0^2 Q_c^4}{4\pi k^2 d_0^2 f \omega_h M} \tag{4.2.2}$$

式中,C 为传感器的电容;U_0 为回路的激励电压;ω_h 为高频振荡频率;M 为谐振子的质量;k 为考虑到回路寄生电容的系数。

我们来估算在半球形谐振子振动情况下由高频转换器带入的内部摩擦。假设 $C=1\ \text{pF}$,$U_0=1\ \text{V}$,$Q_c=100$,$d_0=1\ \text{mm}$,$\omega_h=2\pi\times20\times10^6\ \text{s}^{-1}$,$M=1\ \text{kg}$,$k=2$,$f=5\ \text{kHz}$。那么,$\zeta=3.2\times10^{-9}$,也就是在大多数情况这种影响可以忽略。

除了与测量电路相关的误差外,对品质因数测量精度有影响的还有真空度。在以热速度 V 运动的残留气体分子与谐振子壁碰撞时,其正常脉冲会发生变化。如果认为谐振子壁理想光滑,脉冲的适应系数等于 1,不难证明,在这种情况下往谐振子中带入的内部摩擦 ζ 为

$$\zeta_{\text{газ}} = \frac{P}{2\pi V f h \rho} \tag{4.2.3}$$

式中，P 为残留气体的压力。

估算表明，在无限环境气体摩擦对品质因数的影响即使在中度真空情况下也相当弱。例如，对于由石英玻璃制成的半球形谐振子 $\rho = 2.2\ \text{g/cm}^3$，$h = 1\ \text{mm}$，$f = 5\ \text{kHz}$，$V \approx 500\ \text{m/s}$（氮分子在 $T = 300\ \text{K}$ 时的速度），$p = 10^{-5}\ \text{mmHg}$，所带来的内部摩擦为 $\zeta_{\text{газ}} = 3.4 \times 10^{-11}$。但如果谐振子安装在固态波陀螺仪中，其壁的振动在很窄的间隙中进行，那么气体摩擦的影响会很明显。在这种情况下间隙中气体的浓度发生变化，它会由于气体通过间隙流出（有一定延迟）而平衡，这伴有振动能向热能不可逆性转化。对气体摩擦的模拟表明，在这种情况中其强度增长几十倍。在图4.8上表示的是在装配好的固态波陀螺仪中气体摩擦与残留气体压力的依赖关系。

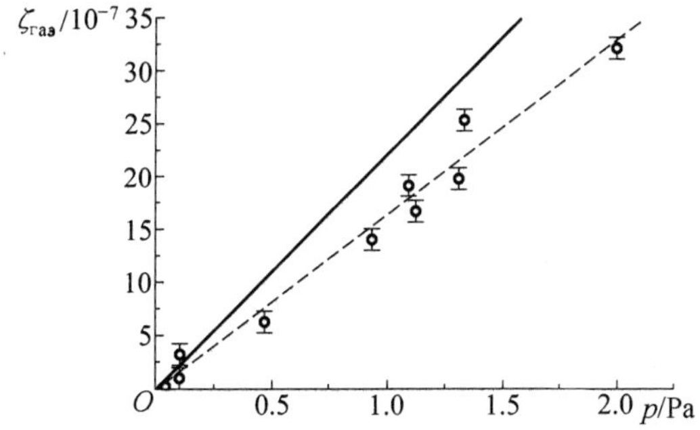

图 4.8　在装配好的固态波陀螺仪谐振子中残留气体对内部摩擦的影响

对于结构上与 Delco Electronics 公司固态波陀螺仪类似的，带 60 mm 谐振子的固态波陀螺仪得到了实验数据。谐振子的壁厚为 2 mm，振动频率为 3 600 Hz，谐振子与外部部件之间的间隙为 100 μm。实践表示的是计算结果。这些结果表明，把谐振子安装到敏感部件中时气体摩擦强度大约增长 20 倍。

这些数据能够估算出装置中所需的真空度。例如，假设在真空中谐振子的品质因数为 $Q_0 = 1.5 \times 10^7$，我们还认为气体摩擦不应小于1%。在图 4.8 上实验点的线性逼近可以得到关系式 $\zeta_{\text{газ}} = 1.7 \times 10^{-6} p$。由此可得，残留气体的最大压力不应超过 $3.9 \times 10^{-4}\ \text{Pa}$（约为 $3 \times 10^{-6}\ \text{mmHg}$）。

最后，还有一个降低谐振子品质因数的因素是振动能量在固定部位的耗散。我们对这种影响做简单的估算。

假设壳体的平均半径为 R，其壁厚 h 与方位角 φ 的依赖关系由傅里叶级数表示

$$h(\varphi) = h_0 + \sum_{k=1}^{\infty} h_k \cos k(\varphi - \varphi_k) \tag{4.2.4}$$

壁厚的不均质导致质量对方位角以下列规律不均匀分布

$$M(\varphi) = M_0 + \sum_{k=1}^{\infty} M_k \cos k(\varphi - \varphi_k) \tag{4.2.5}$$

考虑到级数(4.2.4)和(4.2.5)的1次谐波有最大值，为了简便，我们假设式(4.2.4)，(4.2.5)中所有高于1次谐波的谐波都等于零，此外，$\varphi_1=0$。由于谐振子的主要振动能量集中在贴近谐振子边缘，角度约为$\frac{\pi}{15}$的半球部分，那么参数M_1和h_1可以有以下近似公式关系

$$M_1 \approx R^2 \rho h_1 \sin\frac{\pi}{15} \tag{4.2.6}$$

式中，ρ为壳体材料的密度。

这种壳体在振幅为a，频率为ω的二阶振型情况下会产生施加于支架的变化，其值为

$$F=\frac{3M_1 a\omega^2}{4}\sin \omega t \tag{4.2.7}$$

半个振动周期中传给支架的脉冲为

$$P=\frac{3M_1 a\omega \pi}{8} \tag{4.2.8}$$

传给支架的能量为

$$W_1=\frac{9M_1^2 a^2 \omega^2 \pi^2}{128M} \tag{4.2.9}$$

这些能量转变成支架的形变，并且部分耗散掉。如果知道固定支架的品质因数(Q_m)，那么在一个周期内支架中所消耗的能量可以计算出来

$$\Delta w=2\pi W_1 Q_{on}^{-1}=\frac{9Q_{on}^{-1}M_1^2 a^2 \omega^2 \pi^3}{32M} \tag{4.2.10}$$

那么M_1质量缺陷1次谐波带给谐振子的内部摩擦为

$$\zeta_{on}=\frac{9Q_{on}^{-1}M_1^2 a^2 \omega^2 \pi^2}{64WM} \tag{4.2.11}$$

式中，W为谐振子的振动能量，其值为

$$W=\frac{\pi\rho h R^2 a^2 \omega^2 (60\ln 2-37)}{24} \tag{4.2.12}$$

最后

$$\zeta_{on}=\frac{27M_1^2 \pi}{8M\rho h R^2 Q_{on}(60\ln 2-37)} \tag{4.2.13}$$

在表4.1中列出的是表示质量缺陷1次谐波对固定的半球谐振子品质因数影响的估算值。计算对象是对于直径分别为D=20 mm，30 mm，60 mm，壁厚分别为h=0.7 mm，1.2 mm，由石英玻璃制成的谐振子。振动频率按以下公式计算

$$f=\frac{l_k h}{2\pi R^2}\sqrt{\frac{Y}{3\rho(1+\nu)}}$$

式中，Y为杨氏模量；h为壁厚；R为半球的半径；l_k为系数(对于较低的二阶振型该系数$l_2=2.62$)；ν为泊松比；ρ为壳体材料的密度。

取固定支架的品质因数为 10^2。在表 4.1 中列出的是按式(4.2.6)计算的对于壁厚偏差分别为 $h_1=5\ \mu m$ 和 $10\ \mu m$ 的 M_1 值，这些缺陷带来的内摩擦值，以及固定在支架的谐振子的品质因数(假设固定前其品质因数为 1.5×10^7)。

这些结果表明，随着壳体直径的减小，质量缺陷的影响增大。的确，在直径为 60 mm、谐振子壁厚偏差为 $10\ \mu m$ 时，在固定情况下其品质因数仅为百分之几。在以相同精度制作的直径为 20 mm 的谐振子固定情况下品质因数减少到原来的 $\frac{2}{3}$(减少 $\frac{1}{3}$)。

表 4.1　质量缺陷 1 次谐波对固定的半球谐振子品质因数影响的估算值

D /mm	h /mm	f /Hz	M	$h_1=5$ mm			$h_1=10$ mm		
				M_1 10^{-4}	$\zeta_{оп}$ 10^{-8}	Q 10^6	M_1 10^{-4}	$\zeta_{оп}$ 10^{-8}	Q 10^6
20	0.7	8 860	1	2.3	0.8	13.4	4.6	3.2	10.2
30	1	5 620	3	5.1	0.4	14.1	10.3	1.7	12.0
60	2	2 810	25	20.6	0.1	14.8	41.2	0.4	14.1

为了消除这种谐振子的质量缺陷必须调节平衡，使其残留的质量不平衡不超过 $30\ \mu g$。在这种残留的质量不平衡情况下由支架中能量耗散而带来的内摩擦不超过 10^{-10}，可以忽略不计。如果必须测定不平衡谐振子的性能指标，就应该采取措施减少振动能量向支架的传递，例如，运用金属丝吊架等。

在研究品质因数高于 10^7 的谐振子时，必须考虑其表面吸附的大气水分子的影响。在石英玻璃上水的吸附机理相当复杂。在通常条件中石英玻璃表面完全羟基化。根据通用机理，借助于氢键水分子在形成双活性中心的相邻表面羟基上发生水分子吸附(图 4.9(a))。

吸附情况下，在完全羟基化的表面，水分子开始覆盖所有表面的活性中心，形成在某种程度上丧失活动性的单层。在已经吸附的水分子单层中通过形成水分子团簇进一步吸附。一系列这种水分子团簇会在表面形成多层。

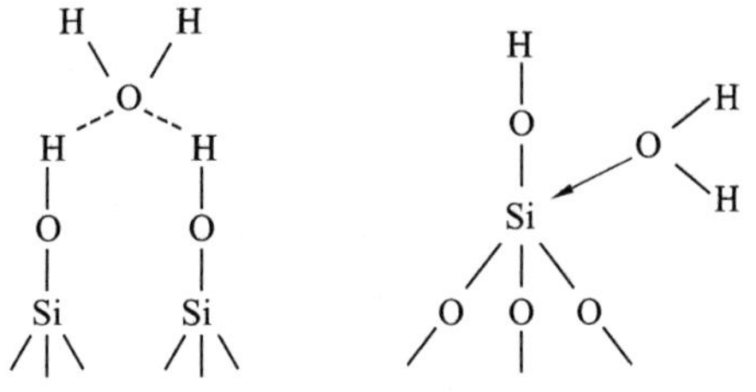

(a)　(b)

图 4.9　石英玻璃上水的吸附机理

另一种机理是由于形成了与硅原子配价键有关的络合物(图 4.9(b))。在振动时氢键和配价键有可能断裂,这种机械引发的键断裂可能会引起分子的解吸作用,或是经过某一时间间隔形成新的键。这在任何情况都会导致弹性振动能量减少,可以理解为谐振子中内摩擦的增加。在图 4.10 中列出的是半球形谐振子中内摩擦随残留气体压力变化的关系,是在室温情况下对于储存在空气中(1) 和处在真空中 10 d 后(2) 的同一个谐振子测定的。在残留气体压力高于 3.5×10^{-3} Pa 情况下,水分子在石英玻璃表面活性中心上的吸附速度要比解吸速度高得多。

单层完全形成,水合物层所带来的内摩擦不变,与压力无关。在这一区域中所观察到的内摩擦随压力升高而增加只与气体摩擦有关。在压力小于 3.5×10^{-3} Pa 情况下只是部分充满单层,内摩擦与填充程度有关,因此,$\zeta(p)$ 关系曲线的曲率剧烈增加。整体上 $\zeta(p)$ 曲线的形式与微孔刚体吸附等温线相符,这与关于石英玻璃表面结构的现代概念一致。在图 4.10 上可以看到,内摩擦也与谐振子在真空中停留的时间有关。

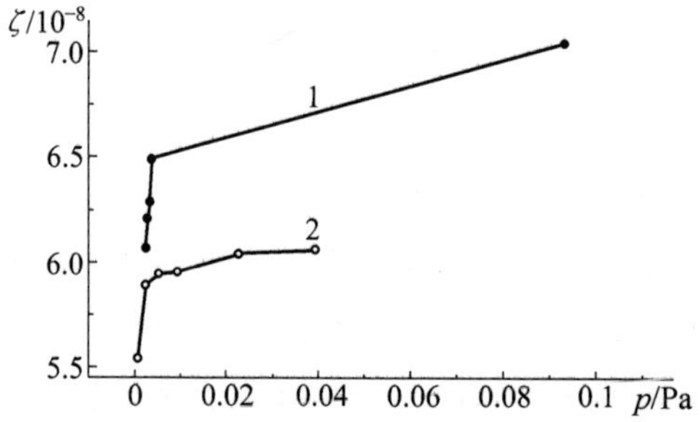

图 4.10　谐振子中内摩擦随残留气体压力变化的关系曲线

1— 初始状态;2— 在真空中 10 d 后

这种效应与在石英玻璃表面存在带配价键的稳定吸附络合物有关。为了消除吸附效应,必须在温度约为 200 ℃ 情况下在真空中加热高品质因数谐振子。

3. 测定固有频率分裂

固有频率分裂是固态波陀螺仪谐振子应该测定的重要性能指标之一。在《Проектцрование волного твердорелвного гцроскопа》一书中所描述的测定谐振子固有频率分裂方法的基础是绘制它的幅频性能、相频性能和相角性能(参见第 2.2 节),这在谐振子品质因数大的情况下很难实现。用脉动法测定该参数可以大大简化。阐释该方法的功能电路如图 4.11 所示。测定振动使用的是位于谐振子边缘的两个电容传感器 $Д_1$ 和 $Д_2$,激励使用的是电极 $ЭB_1$ 和 $ЭB_2$。在接通开关 S_1 时会形成自激振荡系统,它包括带通放大器 1、相移器 2 和直流电压源 E。自激振动器的频率由接入正反馈电路的半球形谐振子设定。绕轴旋转谐振子,使谐振子的本征轴方向与传感器 $Д_1$ 和 $Д_2$ 吻合。在这种情况下在激发振动时,例如在 $ЭB_1-Д_1$ 方向,就没有沿另一个轴($ЭB_2-Д_2$) 的振动,也就是说这种结构可以顺着谐振子的本征轴独立地激发振动。

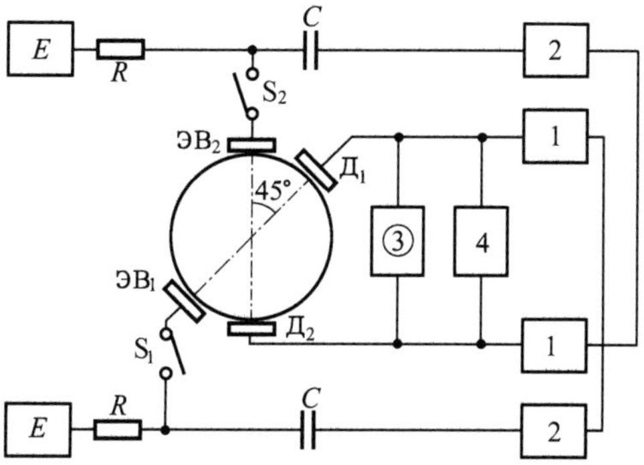

图 4.11　测定半球形谐振子固有频率分裂的电路图

可以把从传感器 $Д_1$ 和 $Д_2$ 的电压加到电子射线示波器 3 的输入端 X 和 Y，运用电子射线示波器来测定频率差。在显示屏上会形成李萨如图形 —— 椭圆，通过它的变化能够很容易确定 Δf。在确定固有频率分裂时开关 S_1，S_2 应该是断开的 —— 在这种情况下激励振动的系统不会改变壳体的刚度。在使用这种测量方法时，如果椭圆的变化周期超过振荡的衰减时间计算椭圆的变化周期可能会产生困难。在这种情况可以借助于相位计 4，运用从一个传感器来的信号作为基信号精确测定 Δf。通过测定另一个传感器信号的相位变化速度，还可以可靠确定在其他情况（$\Delta f^{-1} > \tau_{1,2}$）的 Δf。

4.2.3　高精度固态波陀螺仪的专门工艺

在车削半球形谐振子时可能会运用光学工业中有用的石英玻璃处理工艺。在这里我们研究几种能够使固态波陀螺仪谐振子达到高品质因数和各向同性的专门技术。

1. 对石英玻璃的化学处理

在机械加工后石英玻璃的表面从来都不是理想光滑的，上面总有裂纹和断口，其中很多可能深入相当大深度。因此可以说表层的性能（可塑性、韧性、反作用等）与玻璃性能不同。表层的内摩擦也要比玻璃体内高，且受到其他作用的制约。内摩擦与在振动时表面微粒温度的变化有关，与微粒之间产生局部热流有关。

在图 4.12 中表示的是机械加工后石英玻璃的表层结构。

上层区 1 为吸附层，是在从周围环境吸附粒子并与表面原子相互作用时产生。黏性区 2 是在对玻璃抛光时由于抛光介质与玻璃表面相互作用，形成硅酸水合物时产生的，其厚度为几十埃。区域 3 是抛光表面，是由于凸起翘曲及凸起材料填充凹陷而形成；其厚度可能达到百分之几微米。凹陷的深度由处理时所用磨料的粒度大小决定，但裂纹的深度要大得多（区域 4）。

机械加工还会导致产生塑性形变，其深度离表面相当远（区域 5），这以后材料的

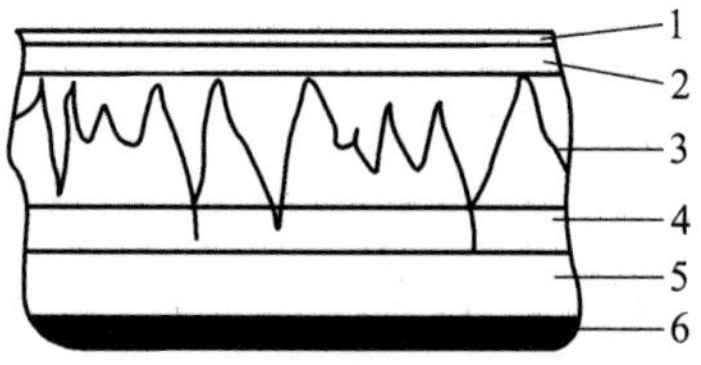

图 4.12　石英玻璃的表层结构

1— 吸附层；2— 黏性区域；3— 微观起伏；4— 裂纹；5— 形变区域；6— 未受损材料

结构开始与玻璃体内结构相同。所有这些区域的厚度都由对玻璃机械加工的过程决定。为了减少受损层的厚度，常常通过依次使用不同磨料来处理表面，使得在一个阶段对表面的损坏能够在一个阶段清除(渐近处理)。这就能够减少表层缺陷的范围，增大谐振子的品质因数。但正像用光学方法研究石英玻璃表面的结果所表明的，即使是精心抛光的表面也会有厚度为零点几微米的受损层，这与形成氢氧化物 $SiO_x[OH]_y$ 有关，它无法通过机械加工来清除。

有效去除受损层的方法是化学蚀刻。作为酸洗剂常常使用的是氢氟酸水溶液。

一般地，玻璃状 SiO_2 与氢氟酸的化学作用可以表示为

$$SiO_2 + 6HF = H_2SiF_6 + 2H_2O \tag{4.2.14}$$

$$n \cdot H_2SiF_6 + 2n \cdot H_2O = (SiO_2)_n + 6n \cdot HF \tag{4.2.15}$$

式中，n 为聚硅酸的聚合度。

但是纯净的氢氟酸不太适合去除表面缺陷。因为在机械加工后，表层的结构和组成不均匀，对其不同部分的蚀刻速度会不一样。酸洗产物(不同聚合度的多硅酸)会不同程度地吸附在不均匀的表面上，阻碍酸洗液与表面的相互作用。溶液透过这种凝胶状表层扩散会对整个过程有限制作用，结果蚀刻过程非常不均匀，增加了表面的粗糙度。

为了去除未溶解于水的氟化物和氟硅酸盐，向酸洗槽中补充强无机酸，通常是硫酸。硫酸还会联系所形成的反应水，促使酸洗液中保持高浓度的氢氟酸。

为了提高清洁表面的效率常常采用循环化学处理方法。一个循环包括对制件在酸洗液中的处理，以及在水溶液或在硫酸中的冲洗。这种循环数有可能达到几十次。向酸洗液中添加表面活性物质有可能提高化学处理的效率。在图 4.13 上表示的是展示化学处理效果的实验结果。曲线表示的是由石英玻璃制成的谐振子的品质因数和材料溶解速度与去除层深度的依赖关系。正像从图中所看到的，缺陷层的溶解速度随着对它的去除而降低。同时，在这种情况下谐振子的品质因数增加。溶解速度不变表明缺陷层完全消除，玻璃单层溶解。

化学处理的成效性取决于之前的机械加工，级别越高，化学蚀刻的效果越差。另一方面，用化学方法处理表层即使是对于没有经过机械抛光的谐振子也能完全消除受损层。因此，重要问题是表面粗糙度对谐振子品质因数的影响。

在图 4.14 上表示的是 KY－1 石英玻璃制成的谐振子在分阶段对厚度达 35 μm 缺陷层进行化学清除时品质因数的变化。每一阶段化学处理后在室温下测得品质因数以及表面粗糙度。在从谐振子表面去除前 5 μm 材料后可以观察到品质因数的跳

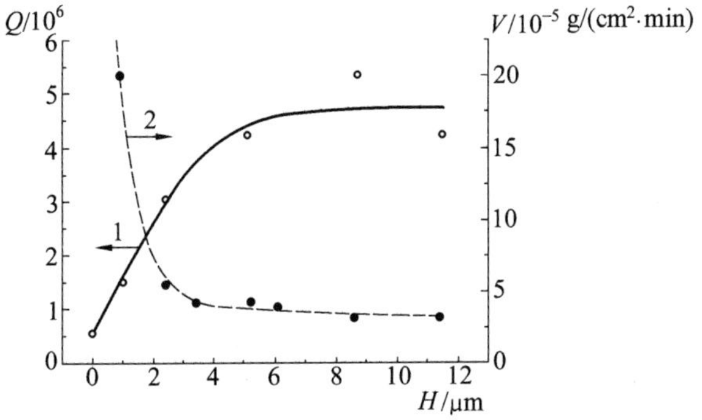

图 4.13　由石英玻璃制成谐振子的品质因数(曲线 1)和材料溶解速度(曲线 2)随去除层深度变化的依赖关系

跃,但是接下来,尽管粗糙度增加,品质因数继续单调增长。这说明:第一,在机械加工石英玻璃表面结构的受损程度达到相当大深度(几十微米);第二,在去除受损层后表面粗糙度(在 20 ~ 30 μm 范围)本身不能降低谐振子的品质因数。

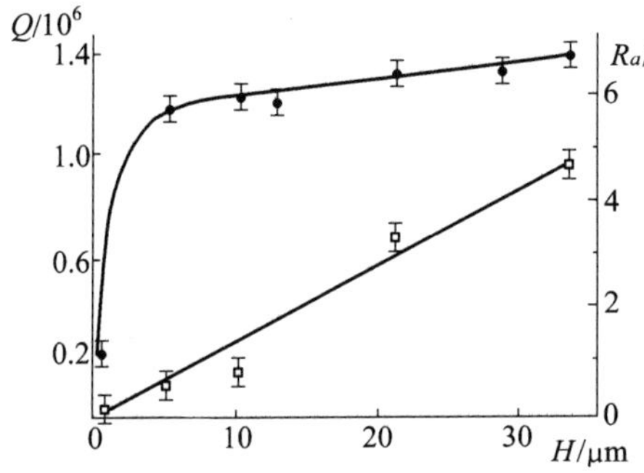

图 4.14　谐振子表面粗糙度及品质因数随去除层深度变化的关系曲线

1—$Q(H)$;2—$R_a(H)$

这种情况能够在制作谐振子时靠取消抛光操作来简化机械加工的过程。作为展示这种工艺方法的例子可以列出由 KY－1 石英玻璃制成的 30 mm 谐振子的性能指标(图 4.15)。在最后阶段对这种谐振子的表面用$\frac{5}{3}$金刚石粉末处理,然后对受损表层进行化学清除,最大品质因数为 5.6×10^7。

这样,所得到的结果展示了化学法去除受损表层的效果,它可以使机械加工过程简化,降低成本。在这种情况下,表面粗糙度的值仅仅受到表面所涂金属层特点及性质的限制。

2. 对石英玻璃的热处理

对玻璃进行热处理(退火)是众所周知的去除材料中内应力的方法。同时,退火对石英玻璃中的内摩擦会产生严重影响,因此,也会严重影响谐振子的性能指标。我们来详细研究这一问题。

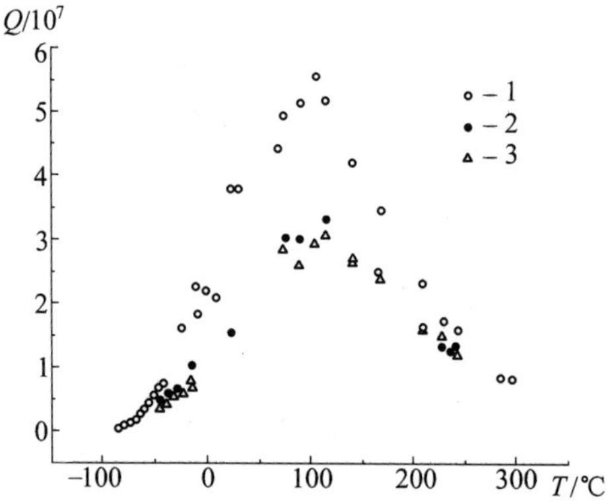

图 4.15　半球形谐振子对于3个低阶振型品质因数的温度关系

1—8.4 kHz;2—17 kHz;3—30 kHz

我们要注意的是,石英玻璃是一种无定形二氧化硅,通过过度冷却相应的熔融体而得到。生产石英玻璃使用的是天然的及合成的结晶石英、方英石、无定形二氧化硅及其挥发性化合物[$SiCl_4$,$Si(OC_2H_5)_4$ 等]和各种工艺铸瘤。根据生产方法不同,石英玻璃的质量和性能有差别。对于生产固态波陀螺仪运用的是各种型号的高纯度石英玻璃:Suprasil 300,311,312(德国),Corning 7940,7980(美国),КУ－1,КУВИ,КС4В(俄罗斯)等。

关于石英玻璃结构的现代概念在很大程度上建立在衍射研究方法的数据基础上,人们把它看作顶点连接 SiO_4－四面体构成的无序连续空间网格形式。并且每个氧原子与两个硅原子相连,Si—O—Si 键角的平均值约为 140°,形成各种平面的及空间的环(图 4.16)。

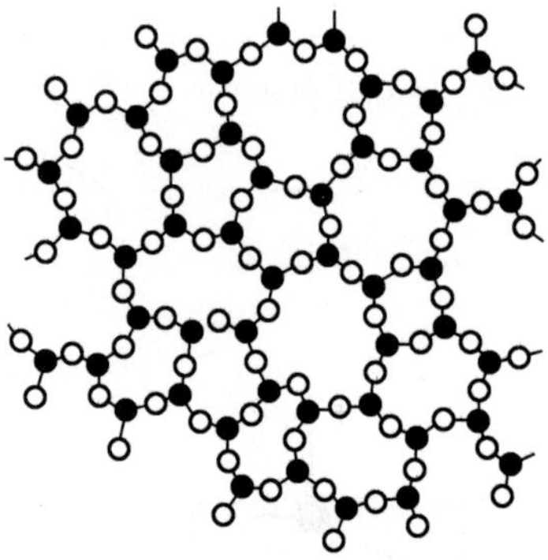

图 4.16　石英玻璃的结构

(● —Si, ○ —O)

如果玻璃处于熔融的平衡状态,那么每种形式环的浓度由平衡常数决定,它与温度有关。在慢慢冷却的情况下各种环浓度的比会发生变化,但是由于熔融体的黏度增加从某一时刻开始结构变化减慢,过程不再平衡。玻璃凝固,它的最终结构在某一温度下(称为“结构”温度或“虚拟”温度)相应于平衡熔融体的结构。这一温度是玻璃结构的性能指标。由于冷却条件不仅对于不同部件不同,甚至在一个部件范围内也不同,那么,同一牌号的不同块石英玻璃的性能也会有差异。

在温度不变的情况下在使玻璃结构转变为平衡状态所需的时间内使玻璃退火可以改变玻璃的结构温度(相应地会改变玻璃的结构和性质)。在这种情况下退火温度相应于结构温度。在图 4.17 上给出的是 KY－1 石英玻璃的退火时间常数随退火温度倒数变化的关系曲线。在恒温情况下在退火持续时间为 3～4 时间常数 T_{0t} 时达到平衡状态。

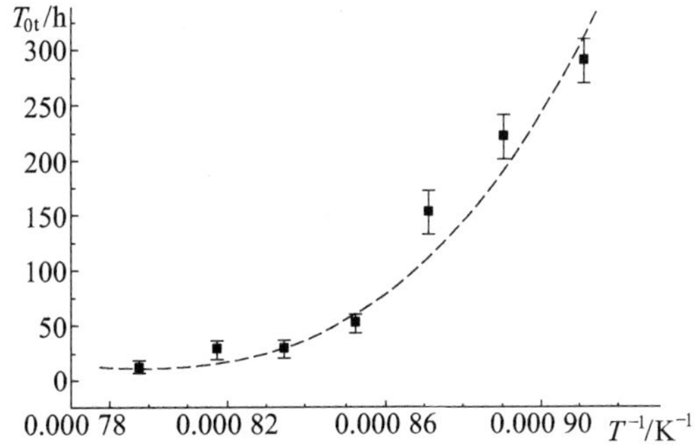

图 4.17　KY－1 石英玻璃退火时间常数与退火温度的倒数的依赖关系

石英玻璃的结构对它的内摩擦有很大影响。在低于 100 ℃ 情况下石英玻璃中的内摩擦主要决定于 Si—O—Si 键周围氧原子的运动。与结晶石英(对于 O 原子只有一个势能最小值)不同,在石英玻璃中有几个平衡位置氧原子都可能以某一相同概率出现,这种情形如图 4.18 所示。在振动时介质的形变会改变势阱的不对称性,引起附近位置之间 O 原子的转移,导致内部摩擦。这种耗散过程称为"结构松弛"。尽管它的最大强度是在温度为 50 K 时,但它几乎完全决定着石英玻璃在温度低于 100 ℃ 的耗散性能。图 4.19 表示的是纯石英玻璃 KY－1 的品质因数随温度变化的关系曲线。可以很清楚地看到,在 200 ℃ 范围内品质因数几乎下降 2 个数量级,这是因为在温度降低时结构松弛的影响增加。

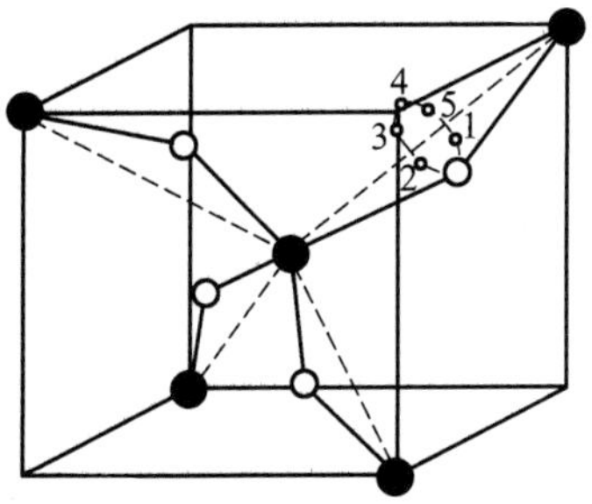

图 4.18　石英玻璃的短程有序

(● —Si,　○ —O)

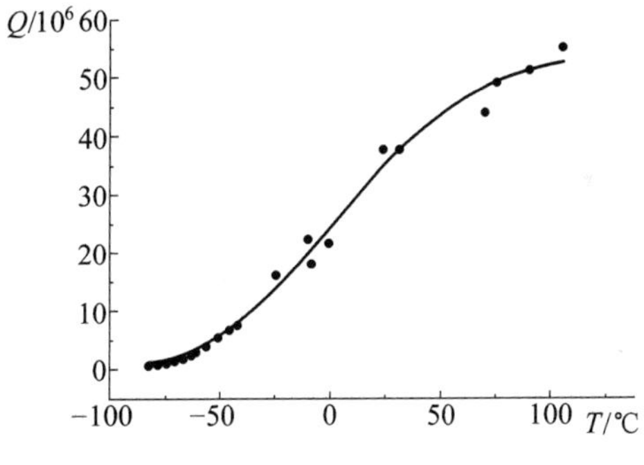

图 4.19　KY－1 石英玻璃品质因数与温度的关系曲线

在室温情况下石英玻璃的品质因数决定于低温内部摩擦区域的宽度,它同样取决于分割 O 原子平衡位置势垒高度分布的宽度。Si—O—Si 键越强,这种分布越宽。这些键中最强的出现在少量组成成分小的环中(2 ～ 4),而最弱的出现在 6 成分环中。通过退火改变玻璃结构时,有可能对具有不同成分数的环的浓度比产生影响,从而影响势垒高度的分布。

图 4.20 表示的是由不同结构温度石英玻璃制成谐振子中内摩擦的温度关系曲线。可以很清楚地看到,结构温度低的玻璃具有较小的内部摩擦。看来,结构温度低

的石英玻璃的结构特点是张紧环的浓度低，分割 O 原子平衡位置的势垒的活化能分布显然最窄。

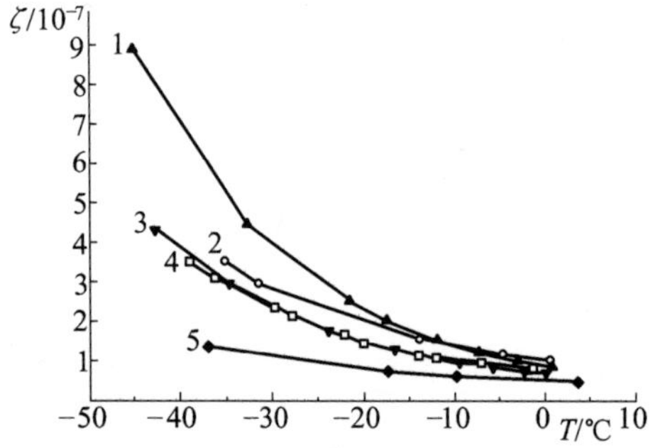

图 4.20　在温度为负情况下的内摩擦，石英玻璃的结构温度

1—1 210 K；2—1 190 K；3—1 150 K；4—1 130 K；

5—1 110 K

相应地对于这种玻璃，结构松弛区域的高温边缘下降更剧烈，确保它们在低于 0 ℃ 温度情况下有较高的品质因数。在温度为正情况下这种效应消失。

从实际观点看这非常重要，因为运用具有低结构温度的石英玻璃能够对谐振子在低温区(对固态波陀螺仪是工作温度) 中的品质因数有很大提高(几倍)。显然，从此观点看最好的是含水的 KY－1 型石英玻璃，它们与无水类型相比具有较低的软化点。玻璃的结构温度通过退火也可以再附加地降低。

我们再来研究一些与退火有关的重要问题。退火后玻璃的冷却速度很重要，这一过程可能伴有产生热应力，它们与玻璃中的温度梯度有关。对于厚度为 h，以不变速度 V 冷却的玻璃样件，中心与表面的温度差可以表示为

$$\Delta T=\frac{h^2V}{8\kappa} \tag{4.2.16}$$

式中，κ 为导温系数。

在这种情况下玻璃中残余应力的值为

$$\sigma=\frac{2E\alpha\Delta T}{3(1-\nu)} \tag{4.2.17}$$

式中，α 为热膨胀系数；E 为杨氏模量；ν 为泊松比。

提出残余应力的最大允许值，就可以按式(4.2.17) 计算玻璃中允许的温度差，然后按式(4.2.16) 计算最大不变的冷却速度。例如，由厚度为 1 cm 石英玻璃制成的部件在 $\Delta T=0.3$ K 情况下残余应力值为 10^4 Pa(在计算中取 $E=7.36\times10^{10}$ Pa，$\alpha=6\times10^{-7}$ K^{-1}，$\nu=0.18$，$\kappa=7\times10^{-7}$ m^2/s)。在这种情况下最大允许冷却速度为 0.017 K/s($\approx$1 K/min)。

对硅酸盐玻璃进行热处理，除了能使其结构松弛外还可能由于化学键在过应力位置(在发纹尖端，在结构弱的地方) 的热起伏断裂而使其损坏。在固体中的拉伸应

力(σ)会降低 Si—O 键断裂的活化能(U_0)

$$\widetilde{U}_0 = U_0 - \gamma\sigma \tag{4.2.18}$$

式中,γ 为该材料的特征系数。

因此 Si—O 应力键断裂速度常数会剧烈增加,甚至在不太高的温度情况下使这一过程变得很显著。如果玻璃中的初始应力不太大,那么这些应力松弛速度就会大大高于 Si—O 应力键断裂速度,不会损坏玻璃。如果玻璃中的初始应力很大,那么这两种过程的关系就会发生变化,有可能形成 Si—O 键断裂形式的大浓度结构缺陷。

计算机模拟退火过程表明,形成结构缺陷的浓度与初始的内应力值有很大的依赖关系,也与退火温度有关。

表 4.2 含有对于不同退火温度在石英玻璃中 Si—O 键断裂对浓度方面的计算数据(在无应力石英玻璃退火时形成的 Si—O 键断裂浓度取为 1 个单位)。在每个温度下计算退火时间的选择是使初始应力的水平减少为原来的 1/10。

表 4.2 计算数据

退火温度/℃	相对单位		
	$\gamma\sigma_0 = 0$	$\gamma\sigma_0 = 25$ kcal/mol	$\gamma\sigma_0 = 75$ kcal/mol
800	1	300	2.6×10^{10} kcal/mol
850	1	200	7.3×10^{9} kcal/mol
900	1	150	2.4×10^{9} kcal/mol
950	1	120	9.3×10^{8} kcal/mol
980	1	100	5.8×10^{8} kcal/mol

对强应力($\gamma\sigma_0 = 75$ kcal/mol)玻璃和中等应力($\gamma\sigma_0 = 25$ kcal/mol)玻璃 Si—O 键断裂浓度比较表明,它们几乎差 6 个数量级。还可以看到,随着退火温度的增加,这些缺陷的浓度降低为原来的几分之一,从这一观点来看在过高温度下退火更好。并且应该考虑到,要退火玻璃加热速度有限,Si—O 键热起伏断裂速度很高,因此,在加热速度有限的情况下对强应力石英玻璃退火不形成高浓度结构缺陷几乎是不可能的。

应该预料到在表面附近会形成最大应力区,这是因为对玻璃的机械加工进一步加大了原有的内部应力。在图 4.21 上列出的是由初始内应力低的和初始内应力高的 KY－1 石英玻璃(在 920 ℃ 温度下 2 次 5 s/h 退火后)制成的半球形谐振子抛光表面的一段照片。表面状态差异很明显。无应变石英玻璃抛光表面的结构形式是对于硅酸盐玻璃蚀刻表面有代表性的,对这种谐振子退火不会形成明显的表面缺陷。相反,有应变石英玻璃表面在退火后会具有明显的裂纹性质。

正是在应变玻璃退火时产生的这种表面缺陷的增加可以解释在图 4.22 上所列出的数据。图上表示的是几个谐振子在依次退火情况下品质因数的变化。第一次退

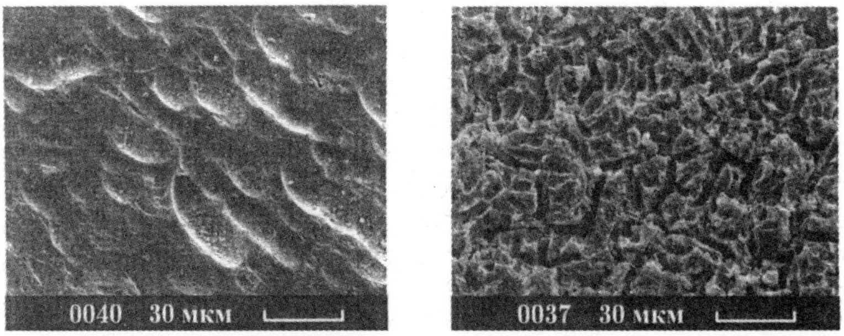

图 4.21 由初始内应力低(左)的和初始内应力高(右)的 KY－1 石英玻璃制成的退火后谐振子的抛光表面片断

火后所有谐振子的品质因数快速增加，但是对一些谐振(1,2)继续退火会使其品质因数单调增加，对另一些谐振子(3～6)继续退火会使其品质因数下降。退火结果中的差异是因为玻璃中的初始内应力程度不同。在对表面机械加工过程中出现的发纹尖在应力玻璃退火时会形成发达的裂纹层，在其中发生振动能量耗散。

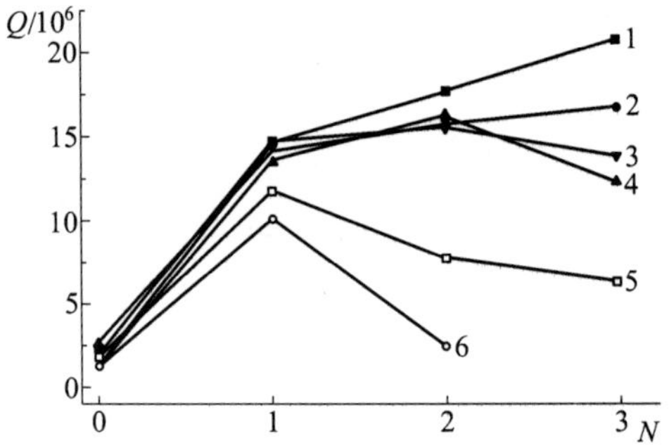

图 4.22 半球形谐振子的品质因数与退火数的关系曲线

退火温度为－900 ℃，每次退火时间为 8 h

根据这些结果可以得出结论，最合理的是用预先退火的石英玻璃的毛坯剪切出谐振子，并对半成品进行中间退火，而不是对成品谐振子进行退火。

4.2.4 对半球形谐振子调节平衡

我们来研究在实践中对由石英玻璃制成的半球形谐振子调节平衡所采用的主要方法。

用激光从半球形谐振子表面蒸发玻璃具有很多优点：

(1) 高生产效率，它可以通过激光脉冲强度在很宽范围调节；

(2) 高几何精度处理；

(3) 没有使整个谐振子剧烈升温，这可以立即检查处理结果；

(4) 方便把激光光束输送到谐振子表面待处理部分；

(5) 存在很宽的工业激光光谱。

但是这种方法存在一些严重缺点。前面已经讨论了与去除点中质量使谐振子平衡相关的问题。此外，在用聚焦激光射线蒸发石英玻璃时激光光斑区域的表面温度会跳跃式增长到几千摄氏度。熔融的蒸发区深度主要取决于激光脉冲的参数，在 0.1～0.001 mm范围。脉冲结束，熔融体会快速冷却。由于在处理部位周围在玻璃中温度急剧下降会形成很强的内应力，产生微小裂纹，它们会使内摩擦急剧增加。在强激光脉冲作用下在玻璃中形成的冲击波也会促进微小裂纹的发展。为了避免由于表面损坏而降低谐振子的品质因数，必须不从半球形壳体本身，而是从其边缘的专门锯齿中去除质量。

还要指出的是，随着处理，表面状态会发生变化，由于深入处理区域而出现光学系统焦点失调，反射系数发生改变，激光射线与气态产物相互作用，这会大大使热场变形，因此，蒸发质量值与很多参数有关。能够计算用 CO_2 脉冲激光射线去除质量 Δm 与石英表面处理条件的依赖关系值

$$\begin{aligned}\Delta m = & W_L^{0.4}\Delta F^2[(a_1T_0+b_1)\ln\tau_i+a_2T_0+b_2]+\\ & W_L^{0.4}\Delta F[(a_3T_0+b_3)\ln\tau_i+a_4T_0+b_4]+\\ & W_L^{0.4}[(a_5T_0+b_5)\ln\tau_i+a_6T_0+b_6]\end{aligned}\qquad(4.2.19)$$

式中，W_L 为激光脉冲的能量；T_0 为石英玻璃的初始温度；T_i 为脉冲束的持续时间；ΔF 为焦平面对于谐振子边缘的位置；$a_{1\sim6}$ 和 $b_{1\sim6}$ 为通过实验选出的系数。

显然，在所去除质量与激光处理条件关系这么复杂的情况下，要做到精确去除事先计算好的质量非常困难。在消除固有频率分裂时这种情况不起原则性作用，但在消除谐振子质量不平衡时(这时按复杂算法在某些点去除不平衡质量，必须严格保证它们一定的比例) 这种情况相当重要。

另一种从半球形谐振子表面去除不平衡质量的方法是离子喷射。离子喷射是入射离子与固体的原子在表层的碰撞结果。如果传递给表面原子的脉冲有顺着表面法线的分量，并足以克服键能，那么，表面的原子是雾化的。在用大质量、小能量离子辐射表面时喷射效果最好，这时离子在固体中的行程短，大部分能量会传递给厚度为几百埃的表层原子。这一过程的效果可以用喷射系数来描述，它是从表面去除的原子数与一个入射离子的比。喷射系数取决于入射粒子的质量及其能量，也与入射角有关，在入射角为 60° ～ 80° 时达到最大值。离子蚀刻的深度与时间几乎是线性关系。图 4.23 表示的是实验测得的从石英片去除层厚度 h 与离子蚀刻时间(用能量为 1.3 keV 的氩离子) 的依赖关系。

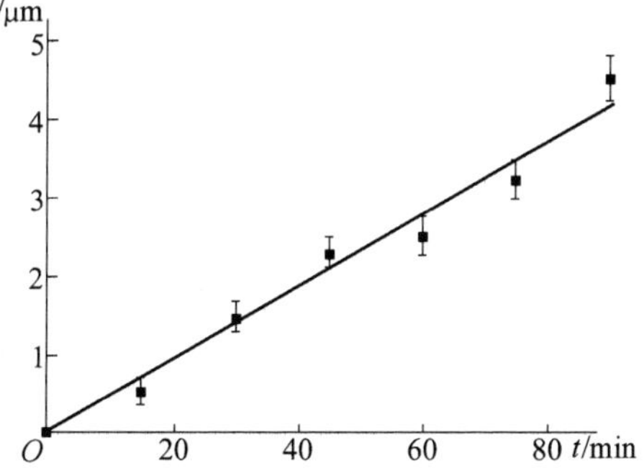

图 4.23　从石英片上去除层的厚度与离子蚀刻时间的依赖关系

$h(t)$ 线性关系很容易计算出离子蚀刻的时间。

电子显微研究表明，在离子处理的情况下会发生固体近表层性质变化，这与辐射缺陷的积累、击出个别原子和离子注入有关。这种破坏深度可以用有效深度 $d_{эф}$ 来描述。在用氩离子处理石英玻璃时 $d_{эф}$ 约为 10 pm（在离子能量为 0.5 keV，喷射速度为 0.2 ~ 0.5 μm/h 情况下）。离子能量提高到 1.5 ~ 2 keV（喷射速度达 1 ~ 1.5 μm/h）会导致 $d_{эф}$ 增加到约 40 pm，之后有效深度稳定。

在用离子喷射石英玻璃时产生的问题之一是中和离子辐射时在电介质表面形成的正电荷。在开始处理过一定时间后表面电荷积累相当大，会使入射的离子流偏离表面。为了补偿这种电荷，通常制造朝向表面的附加电子流来中和表面的正电荷。最简单的情况是用在电流加热时发射电子的钨丝产生这种束流。

这种方法的缺点有：

(1) 被处理的谐振子受热严重（几千摄氏度）—— 这要求在进行检测测量前对其进行冷却；

(2) 在离子处理时工作室中气体压力过大，这就不能在离子喷射时测定谐振子的性能指标；

(3) 在离子辐射时在玻璃表面会形成正电荷，它会降低喷射效率，并需要运用专门的装置对其进行中和；

(4) 装置结构复杂，这是因为形成离子束，要喷射其他零件的表面，还要从工作室中去除喷射的粒子等。

运用离子技术来辐射半球形谐振子是合理的，因为结构破坏深度小使能够直接从半球形壳体表面去除材料。这就能够不使用制作繁琐的平衡齿，可以使整个过程简化，降低成本。此外，在这种情况下不是像激光处理那样要从独立的点中去除不平衡质量，而是按所提出的规律从谐振子表面部分去除不平衡质量。

成功运用离子技术来减少半球形谐振子（直径为 30 mm，由石英玻璃制成）固有频率分裂的例子如图 4.24 所示。

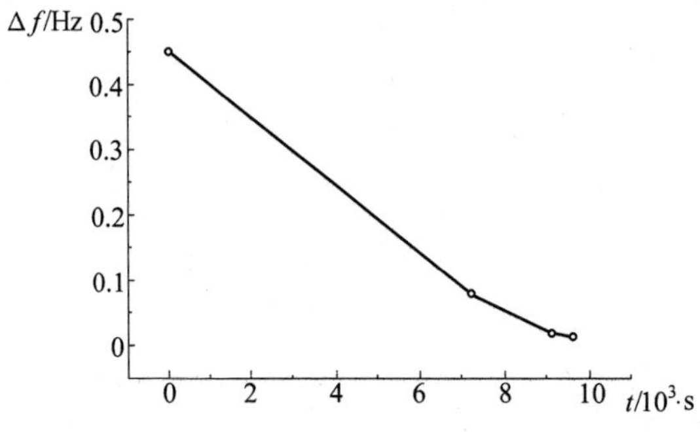

图 4.24　在离子喷射情况下固有频率分裂减少

由于固有频率分裂主要是由质量缺陷的 4 次谐波决定，那么在该实验中不平衡质量可以用能量为 1.1 ~ 1.3 keV 的氩离子辐射石英玻璃表面谐振子端边的四点来消除。变化速度 Δf 为 $(3 \sim 5) \times 10^{-5}$ Hz/s。残余的固有频率分裂值为 0.003 Hz。

我们来研究可达到的平衡精度问题，不论是激光法还是离子法原则上都能达到相当小的谐振子固有频率分裂值。但是要考虑到频率分裂与温度存在依赖关系，这是由于半球形谐振子耗散性质的各向异性引起的。由于随着温度的变化，顺着谐振子本征轴的内摩擦变化不同(由于各种局部的表面损坏、体内缺陷等)，那么固有频率的温度关系也会有一定程度差异。

这就会导致固有频率分裂对温度的依赖关系(图 4.25)，也就限制了使用只在同一温度下进行的质量平衡来减少固有频率分裂的可能性。

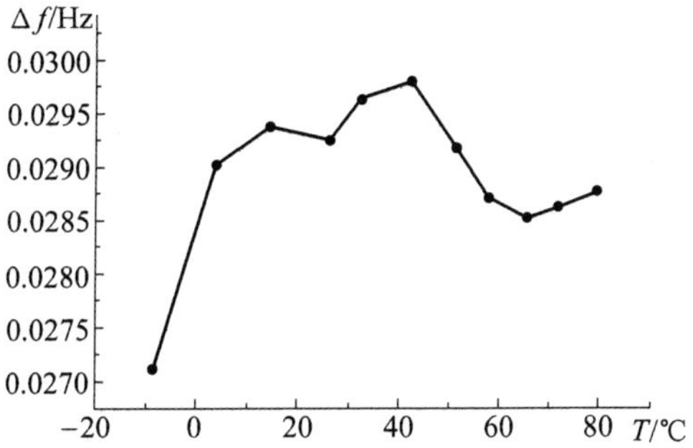

图 4.25　半球形谐振子固有频率分裂的温度关系曲线

由在图 4.25 上列举的例子可以看到，只有在固态波陀螺仪稳定平衡情况下减少值 Δf 低于 0.001 Hz，否则温度的变化 Δf 在工作温度范围的边缘大大超过该值。

借助于离子喷射还可以消除引起谐振子质心振动、降低品质因数的谐振子质量平衡。

在不平衡谐振子以振幅 a、圆频率 ω 振动时，在笛卡儿坐标支点中的反作用可以很好地近似写为

$$F_x = 0.25a\omega^2[3M_1\cos(2\theta - \varphi_1) + M_3\cos(2\theta - 3\varphi_3)]\sin \omega t$$
$$F_y = 0.25a\omega^2[3M_1\sin(2\theta - \varphi_1) - M_3\sin(2\theta - 3\varphi_3)]\sin \omega t$$
$$F_z = 0.5a\omega^2[M_2\cos(2\theta - 2\varphi_2)]\sin \omega t \tag{4.2.20}$$

式中，$M_{1,2,3}$ 和 $\varphi_{1,2,3}$ 分别为质量缺陷的振幅和方位；θ 为驻波在谐振子中的方位。

这样，在计算质量缺陷参数时要测定在驻波不同方位情况下支点中的反作用力。在专利中提出了测定质量缺陷的简单方法。方法的基础是测定不平衡谐振子支架的振动，其实质由图 4.26 说明。

预先消除固有频率分裂的谐振子 1 弹性固定在支架的一端，另一端接入压电传感器 2。传感器在 XOZ 平面有圆形灵敏度图。压电传感器信号的振幅(U) 正比于支架振动的振幅，在顺着 X 方向激励驻波时，根据方程组(4.2.20) 中的第一个方程(在 $\theta = 0$ 时) 有

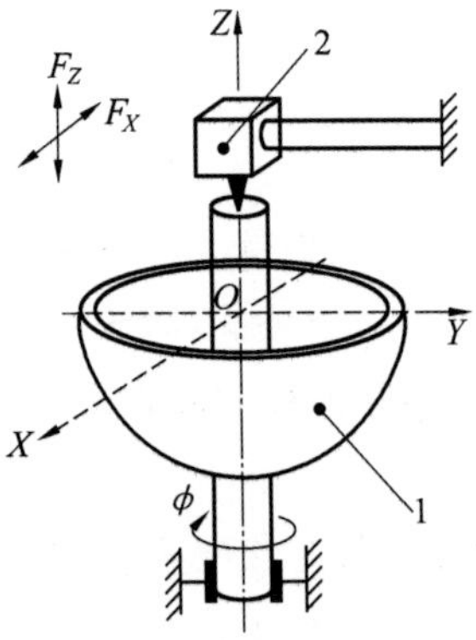

图 4.26 测定不平衡半球形谐振子支架的振动

1— 谐振子;2— 压电传感器

$$U = K_1(3M_1\cos\varphi_1 + M_3\cos 3\varphi_3) + K_2M_2\cos 2\varphi_2 \qquad (4.2.21)$$

系数 K_1 和 K_2 可以通过实验确定。如果绕着在图 4.26 箭头所指方向将谐振子转动某一角度 φ,那么在式(4.2.21) 中所有角度值也改变该转角,因此,在顺着 X 轴激励驻波时($\theta = 0$),有

$$U(\varphi) = K_1[3M_1\cos(\varphi + \varphi_1) + M_3\cos 3(\varphi + \varphi_3)] + K_2M_2\cos 2(\varphi + \varphi_2) = U_{01}\cos(\varphi + \varphi_1) + U_{02}\cos 2(\varphi + \varphi_2) + U_{03}\cos 3(\varphi + \varphi_3) \qquad (4.2.22)$$

式(4.2.22) 表明压电传感器信号振幅与谐振子转角 φ 的依赖关系。由于测定振动在驻波方位角方向上的投影可以得到这种比较简单的关系。在绕轴以 $\Delta\varphi$ 步距旋转谐振子时测定压电传感器的电压(在同一个方向 $\theta = 0$ 激励驻波的情况下),可以得到关系 $U(\varphi)$。在研究直径为 30 mm 的半球形谐振子时测定的这种关系的例子,如图4.27 所示。

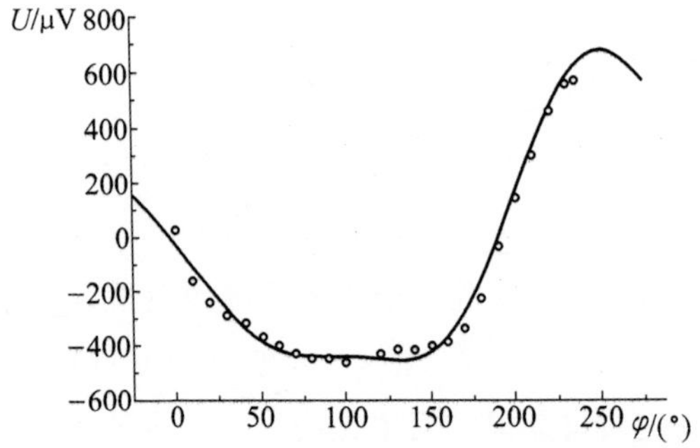

图 4.27 压电传感器信号与谐振子转角的依赖关系

振动相位变化 180° 对应于 U 负值。用函数(4.2.22) 对实验点逼近,可以得到参数 $U_{01,02,03}$ 和 $\varphi_{1,2,3}$。在所举的例子中它们为:$U_{01} = 549.2\ \mu V$;$\varphi_1 = 88.3°$;$U_{02} = 122.7\ \mu V$;$\varphi_2 = 106.2°$;$U_{03} = 63.2\ \mu V$;$\varphi_3 = 6.0°$。

所提出方法的优点是简单。确实,对于所有测量只使用一个传感器,而对驻波的激励与测定都是在同一条件下进行。

运用离子技术可以大大简化平衡过程。在这种情况中不是在点中去除不平衡质量，而是从半球的一部分去除不平衡质量，并且辐射物质与角度的依赖关系很容易设定。为此，从水平放置的束流源 1 发出的离子束流通过隔板 2 朝向旋转谐振子 3 的表面(图 4.28)。通过带变角速度的步进电机 4 实现旋转。设定谐振子旋转规律可调节沿半球圆周离子辐射的深度。这就既可以同时去除质量缺陷谐波，又可以相互独立地去除质量缺陷谐波。对于每个谐振子的转角 φ，离子喷射时间正比于要去除的层厚度 h

$$h(\varphi)=\frac{1}{R^2\rho\sin(\pi/15)}\times\sum_{k=1}^{\infty}M_k[1+\sin k(\varphi+\varphi_k)] \tag{4.2.23}$$

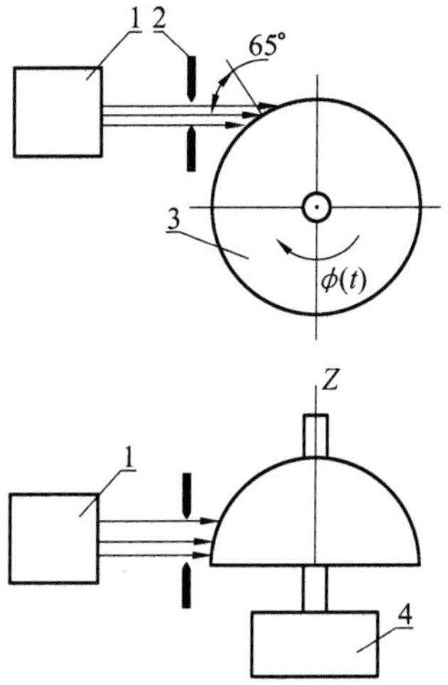

图 4.28 用离子喷射去除不平衡质量

1— 束流源；2— 隔板；3— 谐振子；4— 步进电机

式中，R 为谐振子半径；ρ 为石英玻璃的密度。

在图 4.29 上列出的是展示用离子喷射来平衡半球形谐振子效果的实验数据。曲线 1 表示的是直径为 30 mm 不平衡半球形谐振子支架振动的全振幅与谐振子转角的依赖关系。曲线 2 表示的是用离子蚀刻法进行平衡后的这种关系曲线。可以看到，支架振动的幅值减小到几十分之一。在图 4.29 中下方的表中列出了在平衡前和平衡后谐振子的最大及最小品质因数数据和对于这些情况计算出来的驻波系统漂移速度的幅值。由于平衡所达到的系统漂移速度幅值为 2.2 (°)/h，这即使是在谐振子品质因数较低的情况下对于大多数固态波陀螺仪的应用都是可以接受的。残余固有频率分裂值为 0.004 Hz；壳体前三次质量缺陷谐波的残余值不超过 20 μg。通过提高测量不平衡质量参数精度可以达到进一步改善平衡精度的目的。

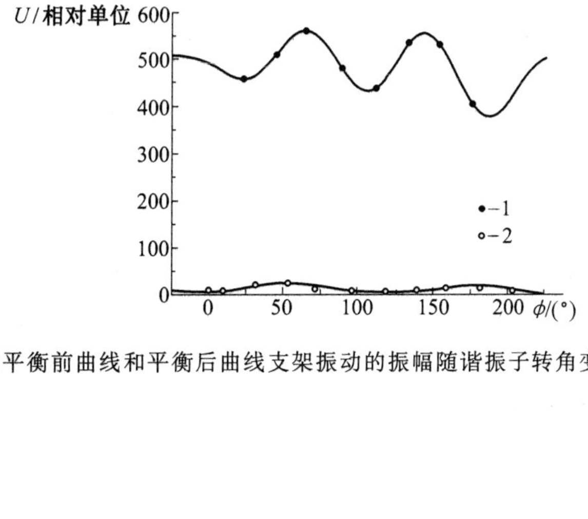

图 4.29 在平衡前曲线和平衡后曲线支架振动的振幅随谐振子转角变化的关系曲线

4.2.5 涂导电层

1. 对导电层性能指标的要求

为确保电容转换器有效作用要向半球形谐振子表面涂导电的金属层。镀金属是制作谐振子的最后一道工序，它的过程不应使在前面制作阶段所达到的谐振子性能指标明显变坏 —— 品质因数，固有频率分裂，质量平衡。解决镀金属问题首先要选择涂层材料，涂涂层方法，以及寻找这一过程的最佳状态。

首先我们来研究以 Delco Electronics 公司固态波陀螺仪为例，谐振子金属涂层应该具有的电气性能。在这一结构中是对除了端边以外的整个半球形谐振子表面涂金属层，端边在半球内、外表面上覆盖层之间起绝缘体作用。这两个覆盖层通过内、外支架接入固态波陀螺仪的电子设备。图 4.30 表示的是谐振子覆盖层接入外部电路的电路图。这种电路有 3 个：

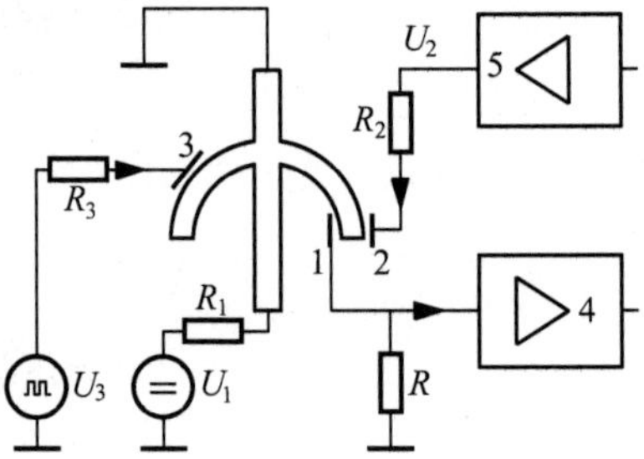

图 4.30 谐振子覆盖层接入外电路的电路图

1— 测量电极；2— 控制电极；3— 环形激励电极；4— 输入放大器；5— 校准电压放大器

(1) 测量电路。这个电路包括测量电极 1(4 对内部电极，间隔 45°)，它们与内半球金属覆盖层形成电容，接入具有高输入电阻 R 的输入放大器 4。内半球金属覆盖层接入内阻为 R_1 的直流电压源 U_1。

(2) 控制电路。这个电路包括控制电极 2(16 个外部控制电极，每 4 个连成一组)，由输出电阻为 R_2 的外置部放大器向控制电极 2 提供控制电压 U_2。在这种情况下外半球的金属覆盖层接地。

(3) 激励电路，包括环形电极 3，与输出电阻为 R_3 的外部矩形脉冲发生器 U_3 相连。

关于这些电路中电过程对固态波陀螺仪谐振子中驻波的影响，B·Φ·茹拉夫列夫等人已进行了研究，已经证明，在测量电路中电过程的作用可以归结为振动能量的均匀耗散，并且谐振子覆盖层电阻本身的影响很小；如果控制电路的电阻不等于零，那么控制电极的作用会导致振动能量的不均匀耗散和驻波的漂移。至于参数激励系统，在一次近似中不存在覆盖层电阻对振动耗散和驻波漂移的影响。

事实上，测量电路中覆盖层的电阻与大电阻(几匹欧) 串联连接。通过该电路的电流非常小，因此，不论是覆盖层本身的电阻，还是其周围的不均匀度都不会对固态波陀螺仪的参数产生影响。但是放大器输入电阻的相同，以及测量电极与谐振子表面之间间隙的均匀度非常重要。这些参数的不均匀非奇次性会导致不均匀耗散，以及与电压 U_1 有关的驻波的系统漂移。

固态波陀螺仪的性能指标与外部覆盖层电阻的依赖关系也很小。对于 $U_1 = 100\ \mathrm{V}$ 和 $r = 1\ \mathrm{k\Omega}$，按照 B·Φ·茹拉夫列夫等人研究的结果所得到的对驻波漂移速度的估算值约为 $\sim 10^{-10}(°)/\mathrm{h}$。

我们讨论一下外部金属覆盖层的另一个作用。在所研究的固态波陀螺仪结构中它起着屏蔽作用，阻碍供给控制电极的信号通过输入放大器。这对于工作在角速度传感器状态，并能补偿等于振动频率部件中信号的固态波陀螺仪非常重要。如果忽略覆盖层沿半球的电阻分布，并运用简单的等效电路（图 4.31），可以估算出这种通过值。图 4.31 中，C 为谐振子金属薄膜与电极之间的电容，r 为内、外覆盖层的电阻，R 为放大器的输入电阻，C_F 为形成相当大电容电容器的内、外覆盖层之间的电容。

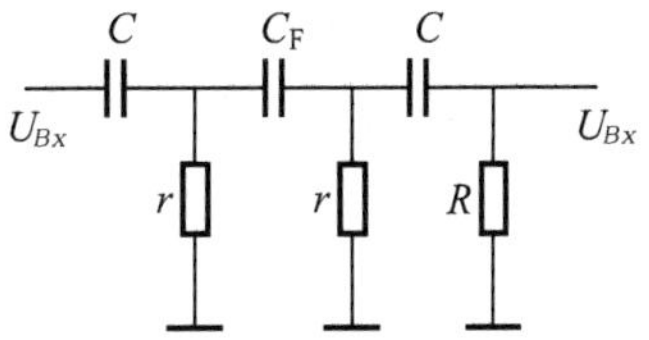

图 4.31　控制信号通过放大器输入端的等效电路

取 $RC \gg 1/\omega$，可以得到估算该电路传递系数的简单公式

$$\frac{U_{\text{вых}}}{U_{\text{вх}}} \approx C_r^2 \omega^2 C_F \tag{4.2.24}$$

假设 $C = 5\ \mathrm{pF}$，$C_F = 100\ \mathrm{pF}$，$r = 1\ \mathrm{k\Omega}$，$\omega = 10^4 \pi \mathrm{s}^{-1}$，可得，控制信号通过该电路减弱为 $1/10^6$ 还多。同时要指出的是，电路的传递系数正比于覆盖层电阻的平方，例如，在电阻 r 等于 $10\ \mathrm{k\Omega}$ 时，干扰电压大大增长。这可以得到补偿，方法是要么在测量电路中微分接入电极，或是对读取信号及控制驻波的过程进行时间划分。

因此，对固态波陀螺仪半球形谐振子金属导电层电阻的要求不高，导电层总电阻不超过几千欧就足够了。

现在我们来研究金属层中弹性振动的能量耗散。如果金属层材料中的内摩擦等于 ζ_M，石英玻璃中的内摩擦为 ζ_c，那么涂金属层的谐振子中总的内摩擦为

$$\zeta = 3\zeta_M \cdot \frac{E_M d_M}{E_c h} + \zeta_c \tag{4.2.25}$$

式中，E_M 和 E_c 分别为薄膜材料和石英玻璃的杨氏模量；d_M 为薄层厚度；h 为谐振子壁厚。

假设薄膜覆盖层材料中的内摩擦等于原实材料中的内摩擦（对于大多数材料约为 10^{-5}），由式(4.2.25)可得，在金属层厚度与壁厚比为 10^{-4} 情况下，涂层带给谐振子的附加内摩擦为 $10^{-8} \sim 10^{-9}$，这应该几乎察觉不到。但是实验表明并非如此，金属层给谐振子带入的内摩擦可能达到 $10^{-5} \sim 10^{-6}$，这是因为在含有高浓度结构缺陷的薄膜中强烈耗散，它也与相位界限上的耗散过程有关。也就是在薄金属膜中的内摩擦实际上要比厚实金属中的内摩擦大得多。

此外，金属层厚度不均匀可能会引起谐振子的质量不平衡以及支架中振动能量的耗散。我们来估算一下质量为 M，半径为 R，壁厚为 h 的半球形谐振子覆盖层所允许的不均匀厚度。既然质量缺陷分布的一次谐波会对耗散产生最大影响，我们假设，

涂层厚度 d_M 顺着方位角 φ 的变化规律为

$$d_M(\varphi)=d_{M_0}+d_{M_1}\cos\varphi \tag{4.2.26}$$

在这种情况下涂层的不均匀性可以用 d_{M_1} 与 d_{M_0} 的比值来描述。公式(4.2.10)～(4.2.13)能够估算由涂金属层带来的不平衡所引起的品质因数降低。例如，我们取喷涂前谐振子的品质因数为 10^7，与涂金属层相关的不平衡使品质因数减少不应超过 0.1%，那么：$\zeta_{on}=10^{-10}$，取 $Q_{on}=10^2$，$h=1$ mm，$R=15$ mm，$M=3$ g。由公式(4.2.13)可得，允许的质量缺陷1次谐波值为 $M_1\approx 80\ \mu$g。如果对于涂层使用金，那么根据式(4.2.6)，允许值 $d_{M1}\approx 0.015\ \mu$m。那么在涂层厚度为 0.2～0.5 μm 情况下在边缘附近其厚度的幅角不均匀度不应超过3%～8%。要强调的是，这里说的是轴对称涂层厚度，因为其按半球高度的不均匀性不会引起壳体质量不平衡。

像以前说过的一样，谐振子质量缺陷的 4 次谐波决定着半球形谐振子固有频率分裂，这里完全涉及的还是涂层质量缺陷的 4 次谐波。像实践所表明的，对谐振子涂金属层后固有频率分裂会一定程度地发生变化，通常变化值为 $\Delta f_m\approx 0.01$ Hz。这就意味着，涂层厚度不均匀，那么，涂层厚度缺陷的 4 次谐波值可以按下面公式求得

$$d_{M_4}=\frac{\Delta f_m h\rho}{f\rho_m} \tag{4.2.27}$$

式中，ρ_m 为涂层材料密度。

涂层带来的频率分裂可以补偿，例如，借助于静电校准系统，但涂层厚度这种缺陷本身还会残留下来，导致谐振子中振动不均匀衰减

$$\Delta\zeta=\frac{1}{Q_{\min}}-\frac{1}{Q_{\max}}=\frac{3\zeta_M E_M d_{M_4}}{E_c h} \tag{4.2.28}$$

我们估算这个值。假设 $d_{M_4}=10^{-3}\ \mu$m，$\zeta_M=10^{-4}$，$h=1$ mm，$E_c=7.2\times10^{10}$ Pa，$E_M=2.5\times10^{11}$ Pa(对于 C_r)。那么 $\Delta\zeta\approx10^{-9}$，系统漂移幅值变化 $0.25\pi f\Delta\zeta=1.3$ (°)/h。

这一附加的漂移有可能通过校准固态波陀螺仪考虑到，但是在涂层的弹性性能和耗散性能变化时会发生系统漂移速度幅值的变化。例如，在深层内摩擦变化总共1%时(例如，由于残余应力松弛)系统漂移速度幅值变化约为 0.01%(°)/h。因此，涂层厚度不均匀可能大大降低固态波陀螺仪性能的稳定性。

因此，对金属层的基本要求是其中的内摩擦程度低，以及其厚度周围的不均匀度低(不超过 5%)。

2. 向谐振子上涂金属层

可以采用各种工艺过程往固态波陀螺仪谐振子上涂金属层。其中主要有：

(1) 通过金属的热蒸发进行真空喷涂；

(2) 磁控喷涂；

(3) 离子原子沉积；

(4) 化学沉积法。

这些方法的一些比较性能指标见表 4.3。向固态波陀螺仪石英谐振子表面涂金属薄膜通常运用磁控喷涂和离子原子沉积来确保高质量涂层。

涂层厚度的均匀性可以用几种方法来保证。众所周知的改善薄涂层均匀度的方法是借助于行星装置按复杂轨迹移动底层。用这种方法可以使半球形谐振子涂层厚度的均匀度达到 30%。对于进一步改善均匀度可以利用屏或者用磁控靶建立几个喷涂区域。这些措施能够使涂层厚度达到所要求的周围均匀度，且制作谐振子后不需要对其进行补加平衡操作。

涂层的重要性能指标是它对底层的附着力。

有很多作者都研究过各种金属与底层的附着力，其中的一些详细资料在文献[118] 中列出。

通常运用以下方法来估算附着力。

(1) 分离法。在 1940 年研究出来的分离法主要能够得出定性结果，虽然也存在一些它的改型方法能够得出定量结果。在此方法中是向薄膜上连接一块胶带，在胶带断裂时，薄膜完全或部分清除，以此估算附着力。

(2) 刮伤法。在这种方法中加有垂直载荷的锋利探头沿薄膜表面移动。载荷增加，直到尖端下面完全从底层脱落。尽管用这种方法所得到的定量结果常常与用其他方法所得到的数据不一致，但它广泛用于比较试验。

表 4.3　各种涂金属工艺的性能比较

参　　数	化学沉积	真空蒸发	磁控喷涂	离子原子沉积
粒子能量 /eV	< 0.1	0.1 ~ 1	1 ~ 10	0.1 ~ 1
沉积速度 /(μm · min^{-1})	0.01 ~ 0.1	0.1 ~ 3	0.01 ~ 0.5	0.1 ~ 2
涂层密度	低	在低温情况下——低	高	高
涂层孔隙度	高	在低温情况下——高	低	低
薄膜与底层之间的界线	清晰	清晰	清晰分明	有扩散层
附着力	低	低	高	非常高
复杂表面涂层	覆盖所有表面	覆盖朝向蒸发器的表面	很大程度上覆盖所有表面	很大程度上覆盖所有表面

表 4.4 中列出的是用不同方法测得的石英玻璃上一些冷凝金属的附着力。所有厚度为 700 ~ 4 000 Å 的薄膜都是用真空蒸发法涂上的。对于固态波陀螺仪谐振子喷涂最常用的金属中铬的附着力最大，这看来是因为氧自由基使铬氧化而形成中间氧化层引起的。

表 4.4　用不同方法测得的石英玻璃上一些冷凝金属的附着力

测量方法	测量参数	金属				
		Au	Ag	Al	Cu	Cr
刮伤法	破坏载荷 /g	< 25	< 25	—	50 ~ 100	破坏底层
刮伤法	破坏载荷 /g	—	—	50	300	1 600
分离法	断裂应力 /MPa	2	8	50	17	—
分离法	断裂应力 /MPa	1.5	8	30	17	> 40

涂层的厚度在很大程度上决定着它的电气性能和机械性能。

在薄膜增加的各个阶段上其电气性能发生剧烈变化。薄膜的导电性要比厚实的金属各低几个数量级。当底层上形成迷宫结构，通过小岛之间小桥产生导电性时特别明显，随着形成致密薄膜导电性迅速增加。从几乎不导电的冷凝物到致密导电层的这一过渡对应着某一极限厚度 d_{Mk}(更准确地说，是某一厚度范围)。图 4.32 表示的是金属金薄膜的电阻率与其厚度的关系。

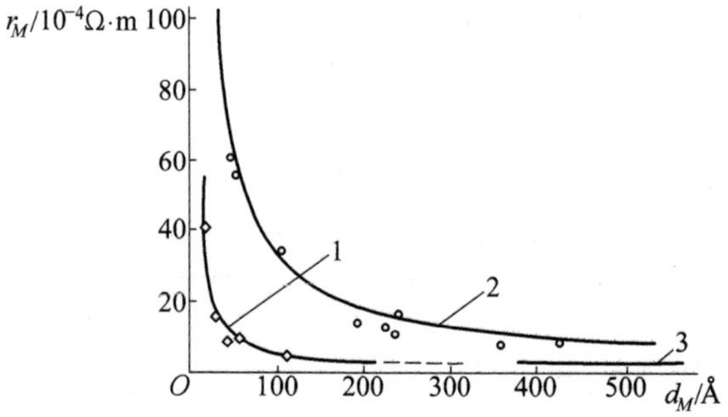

图 4.32　金薄膜的电阻率随其厚度变化的关系曲线

1— 在二氧化铋底层上；2— 在玻璃底层上；3— 厚实金属的电阻率

几乎所有的薄膜都存在内部机械应力，不论用什么凝结方法。它们可能符号不同，在金属层中不均匀分布，并且达到相当大值。还没有解释薄膜中产生应力的统一理论，但是，应力出现的主要原因有：在冷凝时由于温度急剧变化薄膜收缩；由于薄膜中温度分布不均匀而发生薄膜形变；与薄膜增长过程中的晶界运动有关的效应。薄膜中的应力可能是压应力，也可能是拉应力。薄膜中还可以分出热应力(它是在喷涂过程中产生的，在整个薄膜体内平衡) 和内应力(它是由于个别晶子或晶粒形变而形成的)。

内应力主要与薄膜结构有关。在室温向底层喷涂薄层的情况下可以有条件地把它们分成两种类型。难熔金属的冷凝物属于第一种类型，它们的吸附原子在底层上活动性很低。在这种薄膜中内应力会随着厚度急剧增加。例如，在铬薄膜中内应力值可能达到 10^9 Pa(图 4.33)。属于第二种类型的是具有不高熔点金属的冷凝物，吸附原子具有很高活动性。它们的内应力低得多，并随着厚度的增加而降低，也有可能改变符号，例如就像金薄膜一样(图 4.33)。这种薄膜的应力可能随着时间而发生严重变化，这表明发生再结晶过程。

所提出的对薄膜两种类型的划分相对有条件，因为吸附原子的活动性与底层参数有关(首先与温度有关)，在冷凝条件变化时可能发生变化。例如，在向加热底层上涂铬时，在涂层厚度增加时内应力的变化与第二种类型薄膜一样。

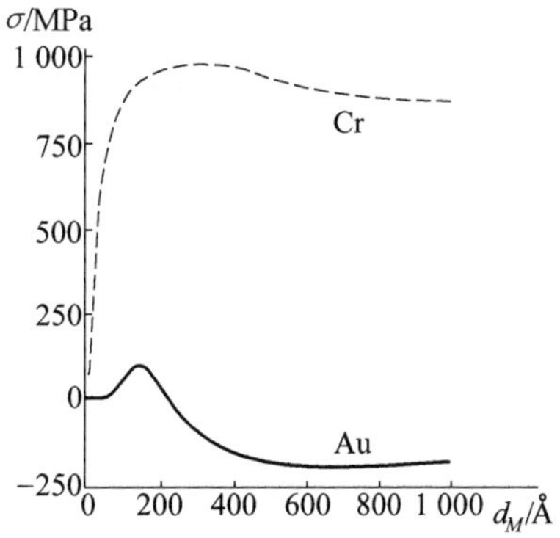

图 4.33　两种类型金属薄膜中内应力与厚度的关系曲线

除了温度以外，对涂层中应力值产生影响的有冷凝速度。例如，V · 布兰格等人研究了涂在石英玻璃上厚度为 150 pm 铂薄膜上的应力与冷凝速度的依赖关系。已经发现，在冷凝速度从 1 ~ 7 Å/s 变化时涂层中的拉应力从 230 MPa 增加到847 MPa，也就是几乎增长 4 倍。

内应力还与杂质的浓度有很大的依赖关系。特别是内应力值及其符号与进行冷凝的惰性气体的压力有很大依赖关系。选择好压力可以使薄膜中的应力几乎减小到零。

还有一个形成内应力的原因是在涂层表面形成氧化膜。由于通常氧化物的体积要大大超过纯金属的体积，那么在增长的氧化膜中会立刻产生内应力。形成氧化膜厚度为 10 ~ 20 Å 会出现内应力约 10^8 Pa。

热应力与薄膜及底层材料的各种热膨胀系数有关。假设 α_c 和 α_M 分别是底层材料和薄膜材料的热膨胀系数，T_0 为相应于涂层中零应力的温度。那么在温度变化时产生的涂层形变 ε 为

$$\varepsilon = \int_{T_0}^{T} (\alpha_c - \alpha_M)\mathrm{d}T \approx \alpha_M (T - T_0) \quad (\text{在 } \alpha_c \ll \alpha_M \text{ 情况}) \qquad (4.2.29)$$

这会导致热应力增加

$$\sigma_T = \varepsilon E_M \qquad (4.2.30)$$

例如，对于石英玻璃上的铝薄膜 $\alpha_M \approx 2.5 \times 10^{-5}\,\mathrm{K}^{-1}$，在 $T - T_0 = 100$ K 情况下薄膜的形变值等于 0.25%，这会导致热应力约为 175 MPa。

机械应力会对薄膜的弹性性能产生强烈影响。薄膜含有很高浓度的断层，在达到某一极限应力时它们开始滑移。为了确定错位在金属薄膜中运动所需的极限应力，可以运用以下公式

$$\sigma_k = \frac{\sqrt{3\mu_b}}{8\pi(1-v)d_M}\left[(4-v)\lg\frac{2d_M}{B} - 1.5\right] \qquad (4.2.31)$$

式中，μ 为薄膜材料的剪切模量；B 为伯格斯错位矢量模量。

根据式(4.2.31)，极限应力反比于薄膜厚度，一般来说其值不大：例如，对于厚度

为 1 μm 的铝薄膜 $\sigma_k \approx 23$ MPa。也就是说，在 100 ℃ 温度范围中只是在铝薄膜厚度小于 200 pm 的情况下才能避免与热应力有关的错位运动。但是，如果薄膜中已经存在内应力，那么在底层振动情况下即使在不大的形变情况下也会开始错位滑移，引起强烈内摩擦。

因此，对薄膜性能同时产生严重影响的一系列参数有：底层温度，喷涂速度，涂层厚度，进行喷涂的大气组成，以及冷凝金属的性质。

谐振子金属覆盖层中的内摩擦。在金属薄膜中所发生的内摩擦过程与在厚实金属中发生的一样。Б·С·卢宁研究了这些非弹性过程，并得出结论，应该属于薄膜中主要非弹性作用的有：晶界中的内摩擦和由薄膜对底层的低附着力引起的内摩擦。因此，为了得到低耗散度的薄金属涂层，对薄膜的冷凝及退火状态的选择应该使薄膜的粒度相当大，机械应力最大限度地低。

已知的符合这些要求的是涂在抛光石英玻璃表面上的铬薄膜（厚度不超过 100 Å）。铬对石英玻璃有很高的附着力，通过改变冷凝和退火温度，以及往冷凝液中加入惰性气体杂质都可以大大降低内应力。这种涂层的缺点有：它们的化学活动性很高，在空气中比较快地（几十个昼夜）氧化，并伴有导电能力的损失和内应力的变化。

为了保护这种薄膜不氧化可以向薄膜上涂薄薄的一层金。图 4.34 表示的是在涂双层 Cr－Au 涂层情况下半球形谐振子品质因数的变化。点 1 对应于无涂层谐振子的品质品数。在用磁控喷涂方法涂 100 Å 铬薄膜后（这是铬薄膜连续的最小厚度）谐振子的品质因数减小（点 2）。接下来向薄膜上喷涂一层不同厚度的金。实验结果表明，涂在铬底层上金薄膜（厚度不到 500 Å）所带来的内摩擦不大。

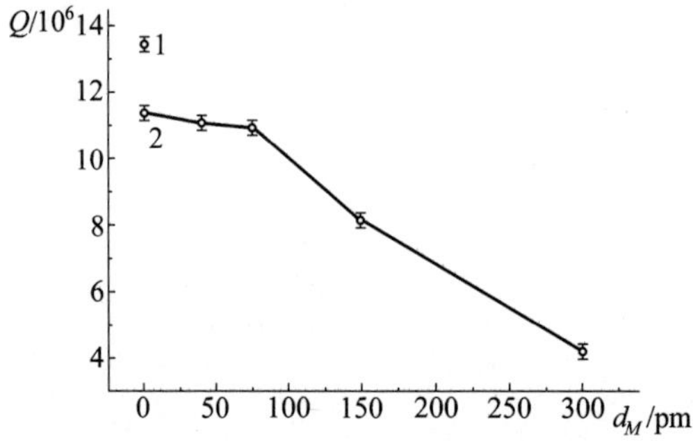

图 4.34　半球形谐振子的品质因数随涂在厚度为 100 Å 铬层上金薄膜厚度变化的关系曲线

结果涂层具有足够的化学稳定性，在这种情况下所得到的谐振子品质因数对于大多数固态波陀螺仪的应用足够了。这种方法的缺点是必须要对谐振子表面精心抛光（否则必须大大增加铬层的厚度），由于金属在相（间）界（线）上相互扩散，双层涂层的耗散性能可能不稳定。

获得小耗散度涂层的另一种方案是不加底层向石英玻璃上涂金薄膜。众所周知，金对石英玻璃的附着力很低，因此，由纯金制成的涂层会给谐振子带来很大与相界上位错滑移有关的内摩擦。为了改善附着力，向金涂层中可以加入附加的成分，它可以与金形成固溶体，并且对石英玻璃有相当好的附着力。

但是总体上在这种两层涂层中内摩擦的程度与厚实金属中的内摩擦值在数量级上很接近。

3. 固态波陀螺仪的装置特点

固态波陀螺仪的装配特点是必须保证半球的内、外表面与电极的内、外极板之间的间隙均匀。正像上面所指出的，这些间隙不均匀会导致附加的固态波陀螺仪偏移。

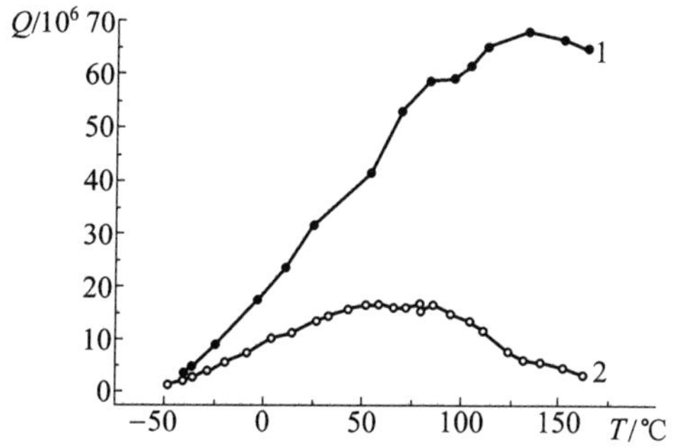

图 4.35　Au－Cu 涂层对半球形谐振子品质因数的影响

1— 无涂层谐振子；2— 带涂层谐振子

运用喷涂的电极作为间隙传感器可以设置间隙为所需值。固态波陀螺仪敏感部分的零件放置要保证从谐振子的内半球及外半球一方电容相等。

还有一个问题是固态波陀螺仪谐振子石英部件相互可靠连接。这个问题可以通过各种方法解决。在 Delco Electronics 公司的陀螺仪中谐振子与内部装置和外部装置的连接通过用铟焊接完成。这种工艺可以保证部件可靠连接，但是为了很好地用铟润湿石英玻璃表面，必须把焊接部件加热到 150 ～ 160 ℃。此外，熔融的铟很容易氧化，因此焊接应该在无氧环境中进行。固态波陀螺仪装置后要进行真空处理，这一操作程序应该在装置加热情况下进行以便除去吸附在内表面的气体和蒸气。由于铟的熔点低，加热的最高温度不应超过 90 ～ 100 ℃，这会降低解吸过程，增加除气时间。

在运用氯化银的情况下可以得到由石英玻璃制成部件的可靠连接。氯化银在熔融状态是低黏度液体，它能很好地润湿玻璃和金属。但是高熔点要求把连接部件加热到 500℃，这可能引起部件金属涂层的损坏。

E·A·伊兹迈洛夫等人还提出了一种使谐振子和固态波陀螺仪其他部件连接的方案。在这种结构中谐振子的支架用板簧固定，但是这种连接的长期稳定性不显著。

采用胶合剂来装配固态波陀螺仪的工艺性要比焊接和弹簧机械连接好得多，也便宜得多。胶接唯一的缺点是提高真空中的气体分离，这是因为在胶合剂中反应产物及溶解的挥发成分的扩散和解吸作用。

目前世界上有大量胶合剂，它们的组成成分、性质等都有差别。例如，在美国航天局（HACA）数据库中析出气体量少的胶合剂的清单就列出 1 000 多种。用于组装固态波陀螺仪的胶合剂除了析出气体少外，还应该对石英玻璃具有良好的附着力，具有相当高的热稳定性、适合的黏性，以及低的热膨胀系数（线膨胀系数）。

可以运用各种胶合剂来解决所提出的问题。一系列环氧胶属于析出气体少的胶合剂，例如，Epotek H72。在使用这种胶合剂来组装微机械结构时，气体渗入壳体的强度与激光焊接一样。无机胶合剂 —— 磷酸盐胶合剂、硅酸盐胶合剂，陶瓷胶合剂析出气体都很少。在选择胶合剂时不仅要考虑到数量，还要考虑到所吸出挥发成分的组成，它们都应该被固态波陀螺仪内部的吸气剂吸收。

除了吸出气体少以外，胶接处还应该具有足够的机械强度，以确保固态波陀螺仪所要求的抗振动性。计算胶接的方法在文献中有详细描述。为了避免在结合处产生大的热弹性应力，应运用具有低线膨胀系数的胶合剂，或者运用具有低弹性模量的胶合剂。必须指出的是，几乎所有具有低线膨胀系数的胶合剂都含有大量填料，并呈膏状。这种膏进入小间隙从中去除空气泡是很复杂的问题。在表 4.5 中列出的是对于不同黏度胶合剂推荐的间隙大小。

表 4.5

黏度 /(MPa · s^{-1})	10 ～ 40	200 ～ 300	300 ～ 600	1 000 ～ 1 600	2 000 ～ 6 000	6 000 ～ 10 000	> 10 000
间隙 /μm	< 70	100 ～ 150	50 ～ 200	60 ～ 250	100 ～ 350	100 ～ 450	250 ～ 600

在广泛咨询的文献中列出了各种国内外胶合剂的数据。

装配固态波陀螺仪的最后程序是除气。除气问题是要去除吸附在玻璃表面及金属表面上的蒸气分子和气体分子，以及在装置内部存在胶接的情况下从中去除挥发性杂质。

吸附在谐振子金属层表面的分子会使其品质因数大大降低。在图 4.36 中列出了是同一金属涂层半球形谐振子品质因数的两条温度关系曲线。曲线 1 是在真空中加热谐振子后测得的，曲线 2 是该谐振子在空气中储存几昼夜后测得的。

品质因数强烈减少的原因是金属涂层的孔隙结构。

气孔是薄膜主要形式的缺陷之一。其表面密度既与冷凝条件有关，也与涂层厚度有关，在厚度为 70 ～ 150 pm 时会达到极大值。在这种气孔中会发生大气水蒸气的毛细管冷凝。弹性波的通过会使气孔发生形变，破坏作用电势的对称性，引起吸附分子在吸附物表面重新分布。这一过程并非瞬间完成的，而是具有一定的延迟，这会导致薄膜中附加的内摩擦。

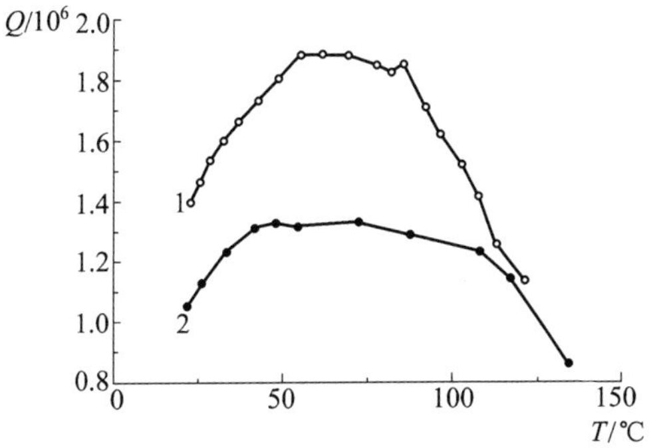

图 4.36　金的金属涂层表面吸附大气气体及蒸气的分子前（曲线 1）后（曲线 2）谐振子的品质因数

为了去除这些吸附分子，在温度约为 200 ℃ 抽气情况下必须加热装配好的固态波谐振子 2 ～ 3 h。除气可以在较低温度下进行，但是这种情况的处理时间会增加，如果抽气在室温下进行，那么除气过程有可能要用几个月。如果固态波陀螺仪含有胶合连接，那么去除挥发性杂质的热处理时间会增长。这一时间，以及处理温度都应该通过实验选出：在温度不高的情况下胶合剂中挥发性杂质的扩散系数很小，因此过程进行得很慢，但在太高温度情况下就会开始破坏胶合剂结构，分解出破坏结构的产物。

4.3　带金属谐振子的固态波陀螺仪

正像前面所说的，金属与石英玻璃相比品质因数较低。但由于金属机械加工简单，所以运用金属作为低精度不太昂贵振动陀螺仪的结构材料很具有吸引力。

金属中的内摩擦是从 1900 年至今几千部著作中的研究对象。

已经证实，金属的品质因数不高是因为在其中存在错位，它们是晶格结构复杂的线性缺陷。错位线可能是直线、曲线，也可能是闭合环的形式。错位可能沿晶格移动，这种情况可以分为三种主要形式的运动：振动，滑动和爬过。错位的运动会导致振动能量的强烈耗散，结果限制金属的品质因数。

但在薄壁金属谐振子中主要耗散过程与金属形变时产生热流有关。众所周知，在应力作用下物体在拉伸或压缩时体积的变化需要做某一功(A)，它正比于在压力不变时和在体积不变时热容的差，它可以通过热线膨胀系数(α) 和弹性模量来表示

$$A = 9\alpha^2 TYV \tag{4.3.1}$$

由此可得，在刚体形变时在其不同区域的温度会与这些区域中的介质形变有关，结果它们之间会产生热流，其强度决定于介质的导热性。这种热流会使物体的局部温度平衡，导致由机械能到热能的不可逆转化。这一现象的理论是由齐纳研究出来的。可以按照下面公式来计算这些振动能量损失值(所谓的热弹性损失)

$$\zeta = I \cdot \left[\frac{\omega\overline{T}}{1+(\omega\overline{T})^2}\right] \tag{4.3.2}$$

式中，I 和 $\overline{T}$ 分别是热弛豫的强度和时间。

$$I = ET\,\frac{\alpha}{C_p},\quad \overline{T} \approx \frac{x^2}{\xi} \tag{4.3.3}$$

式中，x 为应该通过热流的距离。

齐纳对于一系列金属计算了这些参数，计算结果与实验数据很一致。

要指出的是在石英玻璃中也存在热弹性损失，但由于石英玻璃的导温系数值很小，可以忽略不计。

但是对于薄壁金属谐振子，这种形式内摩擦强度非常高，在 $\omega\overline{T}=1$ 时达到最大值，结果金属半球形谐振子和圆柱形谐振子的品质因数很低。为了降低热弹性损失强度，可以使用具有低线膨胀系数的金属(例如，因瓦合金)，这会使 $I \to 0$，或者改变谐振子的结构，使谐振子振动部件的特征厚度大大增加。这可以增大热弛豫时间，使热弹性损失的极大值向低频区域移动。

我们来研究使用这些方法具有金属谐振子最成功的固态波陀螺仪结构。

在 Innalabs 公司研制的小尺寸角速度传感器中，谐振子制成柱形，其底部粘有压电陶瓷元件(图 4.37)。它们用来激励振动，也用来测量振动。

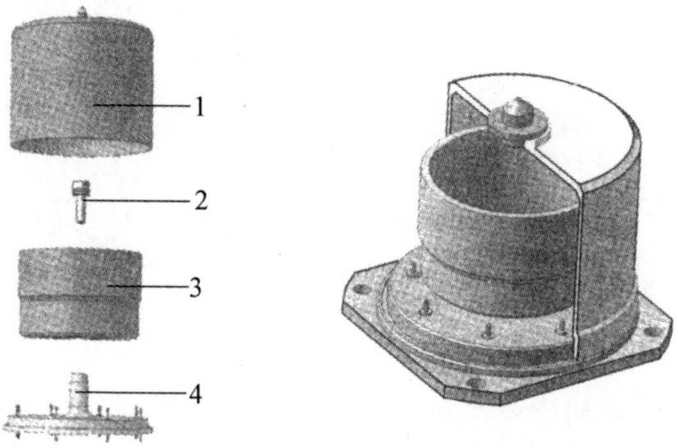

图 4.37　Innalabs 公司的固态波陀螺仪结构

1— 壳体；2— 紧固螺栓；3— 谐振子；4— 基座

谐振子材料是具有低线膨胀系数的 NiCrTi 合金。直径为 17 ～ 43 mm 的谐振子 3 用螺栓 2 固定在底座 4 上，装配好的敏感部件安装在壳体 1 中。谐振子工作在空气中，在这种情况下它的品质因数为$(1 \sim 1.5)\times 10^4$。电子控制装置在大小为 45 mm × 45 mm 的板上装配，工作在"快时间"状态，也就是通过向相应的压电元件加具有振动频率的反相信号来抵制装置中的同相振动和正交振动。这种固态波陀螺仪可以工作在温度为 − 40 ～＋ 75 ℃ 的环境中，确保测定角速度的精度为 0.5 ～ 5 (°)/h。

根据所发表的资料，用现代装置制作金属柱形谐振子达到的精度可以不用对谐振子补充调节平衡。确实，低品质因数的金属谐振子对固有频率分裂的要求，与具有石英谐振子的精密固态波陀螺仪相比要低得多,为零点几赫兹。同时对固有频率分裂的补充减少能够增加陀螺仪的精度,并且金属加工简单为其提供了巨大潜力。像对石英谐振子一样,可以通过从平衡齿去除不平衡质量来调节金属谐振子平衡,但从谐振子价格观点来看,更倾向于直接从其圆柱表面去除材料进行平衡。在这种情况下品质因数变化很小,但应该考虑到,这样去除材料不仅可能导致质量缺陷相应谐波的变化,还可能会大大改变薄壁壳体的刚度。

我们来详细研究这一问题。假设有直径为 D,高度为 H,壁厚为 h 的圆柱形谐振子。假设为了去除不平衡质量和改变固有频率分裂,在谐振子壁中一个本征轴方向上做出宽度为 y,高度为 L 的锯口(图 4.38)。这种切开口的谐振子可以看作由高度为 $H-L$ 的圆柱和高度为 L 的截开的环拼接而成。截开的环刚度相当小,此外,其刚度各向异性。

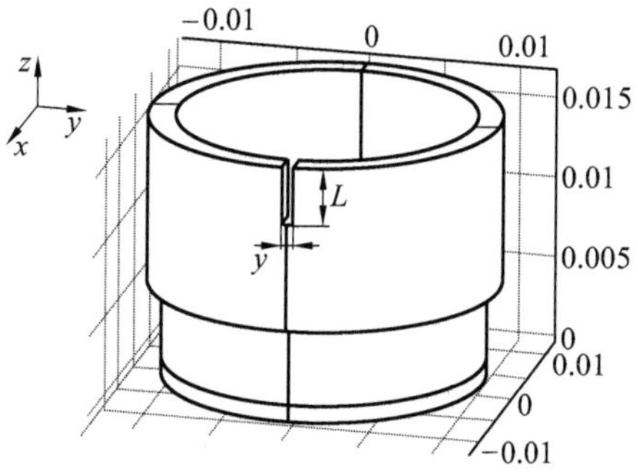

图 4.38　圆柱形谐振子边缘的刻槽(大小以米计)

因此,可以料到,由于切口振动频率会降低,固有频率分裂会发生变化。这一结论可以通过计算机模拟和实验得到证实。在图 4.39 上表示的是通过有限元法计算的谐振子固有频率的变化与刻槽深度 L 的依赖关系。在计算中取刻槽宽度为 $y=0.7$ mm,其位置与轴 1 重合。

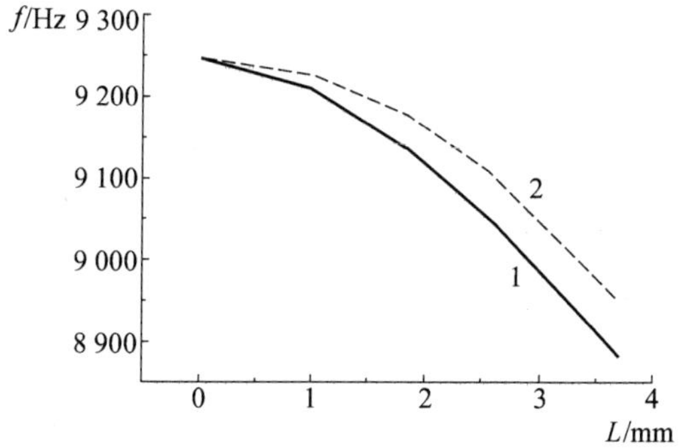

图 4.39　随着刻槽深度的增加谐振子固有频率的变化计算

模拟表明,随着刻槽深度的增加振动频率下降,固有频率分裂快速发生变化。可以看到,顺着与刻槽重合的本征轴 1 振动频率下降得要快一些,因此,在平衡谐振子时应该在高频轴方向上做刻槽。在这种平衡方法中主要使固有频率变化的因素不是质量的变化，而是刻槽带来的壳体刚度的各向异性。

在图 4.40 上列出的实验数据可以证实模型计算的正确性。谐振子由 AMT－S 合金制成，其尺寸与在图 4.37 上列出谐振子的几何尺寸一致。制作后谐振子的初始频率分裂为 14.3 Hz。在高频轴方向上的刻槽宽度为 0.7 mm。实验数据与计算结果比较表明它们相当一致。重要的是由于谐振子壁刻了深度为 3.7 mm 的槽，其品质因数只下降了 10% ～ 15%。同时，估算表明，在用此方法平衡谐振子到固有频率分裂值(例如 0.1 Hz) 时刻槽深度应该保持微米精度。

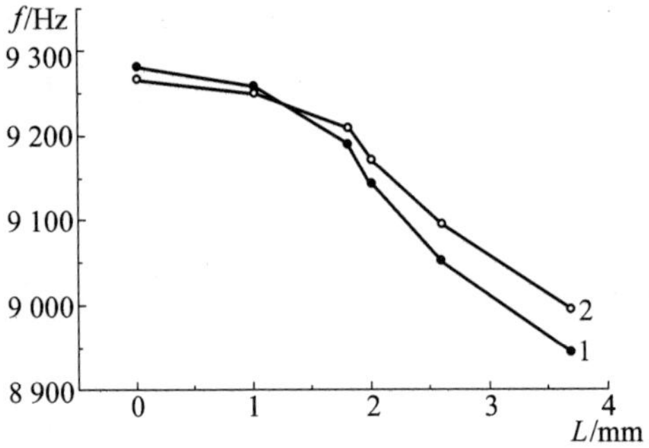

图 4.40　随着刻槽深度的增加谐振子固有频率的变化(实验)

因此从技术观点看更方便的是在壁上钻盲孔或通孔。这种情况所带来的固有频率分裂与孔的位置及其直径有关。

对金属谐振子的平衡可以在其表面上喷涂 4 个不大的小面积，它们位于边缘附近在高频轴方向上成 90° 角。这会给振子带入附加的质量，降低顺着该轴的振动频率。

我们要指出的是，在用离子束流平衡石英谐振子时也存在降低壳体刚度效应。但通常在这种情况下所去除层的厚度不大，通常不超过表面的初始粗糙度。表面的不均匀起到独特锯齿的作用，其高度的变化不会对谐振子壳体的刚度产生影响。

另一种设计带金属谐振子固态波陀螺仪的方法是从原则上改变其结构。SAGEM 公司的固态波陀螺仪中谐振子制成双音叉形式(图 4.41)。在这种谐振子中也存在两个正交的振型 ——R 和 T，它们也表示在图 4.41 上。在调节平衡过程中进行这两种振型频率的平衡，调节平衡通过在支杆的端部钻孔来实现。粘在谐振子表面的压电元件用来激励振动和测定振动。电子控制装置的结构与带有半球形谐振子或圆柱形谐振子固态波陀螺仪中运用的类似。

这种固态波陀螺仪既可以工作在角速度传感器状态，也可以工作在角度传感器状态。它的准备时间很短(0.5 s)，并且其精度对于很多应用都是足够的(约 10 (°)/h)。

针对这种类型固态波陀螺仪的特点运用压电元件来测量和激励振动，但应该考虑到，压电元件中的内摩擦非常强烈，因此在压电元件形变与输出信号之间会存在延迟，后来可能会导致正交计算的误差。

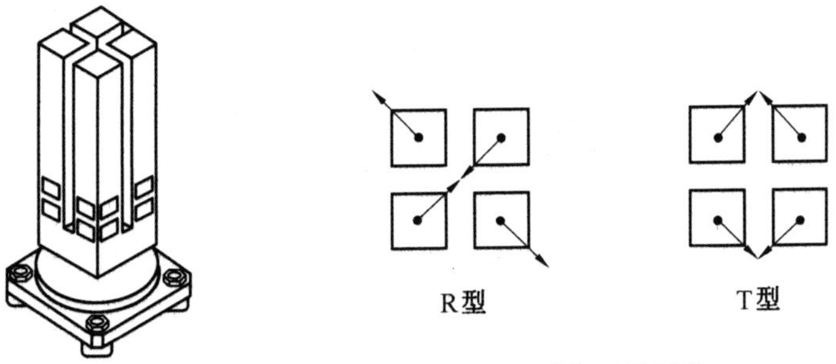

(a)敏感部件的结构　　(b)谐振子的振型

图 4.41　SAGEM 公司的固态波陀螺仪

在本章中所研究的结构及工艺方法只涉及在固态波陀螺仪设计和生产中产生的一些具体问题。当然，它们不能解决与该装置相关的所有技术问题。必须再一次强调在固态波陀螺仪设计和生产的所有阶段上运用综合方法解决结构工艺问题的重要性。

第5章　用固态波陀螺仪设计捷联惯性导航系统的理论基础

5.1　捷联惯性导航系统的构建

捷联惯性导航系统的结构如图 5.1 所示。系统工作情况如下,在一般情况下,活动物体在空间可以按任何轨迹移动。物体运动方向变化由舵的位置决定,舵由执行机械驱动(舵驱动)。舵位置的变化可以改变物体的方位,同时也会使运动的空间轨迹发生改变。

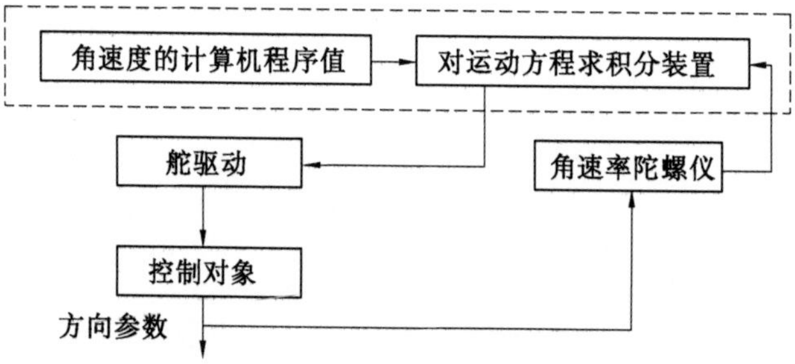

图 5.1　捷联惯性导航系统的结构图

捷联惯性导航系统的惯性装置结构上由 3 个固态波陀螺仪和 3 个加速度表组成,它们刚性地固定在物体上。捷联惯性导航系统组成中的 3 个加速度表可以测量视在加速度在其敏感轴上的投影,而陀螺仪测量物体转角的投影(积分陀螺仪)或物体绝对角速度的投影(角速率陀螺仪)。导航算法建立在加速度表和陀螺仪的测量基础上。

捷联惯性导航系统导航算法的基础是对加速度求积分。对物体加速度求积分实际上意味着对其在某个坐标系轴上的投影求积分。为了解决导航问题必须对加速度在导航三轴坐标系轴上的投影求积分。在实际的捷联惯性导航系统中根据应用问题作为导航三面体运用的是地理坐标系,半自由方位角坐标系或正交坐标系。

在捷联惯性导航系统中加速表的敏感轴与物体形成相关坐标系。为了得到加速度在导航坐标系三个轴上的投影,需要知道过渡矩阵 $\boldsymbol{C}_b^N$。这是相关坐标系和导航坐标系之间的方向余弦矩阵。

根据定义,视在加速度是绝对加速度与导航加速度差的矢量

$$\boldsymbol{f}=\boldsymbol{a}-\boldsymbol{g}^{\Gamma} \tag{5.1.1}$$

式中，$\boldsymbol{a}$ 为物体的绝对加速度；$\boldsymbol{g}^{\Gamma}$ 为重力加速度。

在捷联惯性导航系统中的加速表测定的是视在加速度在相关坐标系坐标轴上的投影。其测量中包括绝对加速度和重力加速度方面的信息。

绝对加速度由物体的相对运动和移动决定，也就是含有物体对地球及地球本身旋转方面的信息。根据科氏公式它可以表示为

$$\boldsymbol{a}=\frac{\mathrm{d}}{\mathrm{d}t}\left[\left.\frac{\mathrm{d}\boldsymbol{r}}{\mathrm{d}t}\right|_{I}\right]_{I}=\frac{\mathrm{d}}{\mathrm{d}t}\left[\left.\frac{\mathrm{d}\boldsymbol{r}}{\mathrm{d}t}\right|_{E}+\boldsymbol{U}\times\boldsymbol{r}\right]=\frac{\mathrm{d}}{\mathrm{d}t}[\boldsymbol{V}+\boldsymbol{U}\times\boldsymbol{r}] \tag{5.1.2}$$

式中，$\boldsymbol{r}$ 为物体的矢量半径；$\frac{\mathrm{d}\boldsymbol{r}}{\mathrm{d}t}$ 为矢量半径的全导数；$V=\left.\frac{\mathrm{d}\boldsymbol{r}}{\mathrm{d}t}\right|_{E}$ 为物体相对地球的运动速度；$\boldsymbol{U}$ 为地球一昼夜旋转的速度。

重力加速度认为是对于地球每一点已知的，它可以根据所选择的大地水准面模型计算。

为了计算物体相对于地球的位移和速度，必须对“相对”加速度求积分。为此在加速度表的示数中必须补偿受重力及地球旋转制约的分量。根据表达式(5.1.1)绝对加速度的形式为

$$\boldsymbol{a}=\left.\frac{\mathrm{d}\boldsymbol{V}}{\mathrm{d}t}\right|_{I}+\boldsymbol{U}\times\left.\frac{\mathrm{d}\boldsymbol{r}}{\mathrm{d}t}\right|_{I}$$

按照科氏公式分解两个被加数中的每一个

1. $\left.\frac{\mathrm{d}\boldsymbol{V}}{\mathrm{d}t}\right|_{I}=\left.\frac{\mathrm{d}\boldsymbol{V}}{\mathrm{d}t}\right|_{N}+\omega_{N}\times\boldsymbol{V}$

式中，$\left.\frac{\mathrm{d}\boldsymbol{V}}{\mathrm{d}t}\right|_{N}$ 为矢量 $\boldsymbol{V}$ 对于导航坐标系的局部导数；ω_N 为导航坐标系的绝对角速度。

地理坐标系绝对角速度在其轴的投影形式为

$$\omega_{E}=-\frac{V_{N}}{R},\quad \omega_{N}=\frac{V_{E}}{R}+U\cos\varphi,\quad \omega_{\mathrm{up}}=\frac{V_{E}}{R}\tan\varphi+U\sin\varphi \tag{5.1.3}$$

式中，V_E 为航向速度的东方分量；V_N 为航向速度的北方分量；R 为地球半径。

2. $\boldsymbol{U}\times\left.\frac{\mathrm{d}\boldsymbol{V}}{\mathrm{d}t}\right|_{I}=\boldsymbol{U}\times(\boldsymbol{V}+\boldsymbol{U}\times\boldsymbol{r})=\boldsymbol{U}\times\boldsymbol{V}+\boldsymbol{U}\times(\boldsymbol{U}\times\boldsymbol{r})$

那么绝对加速度可以改写为以下形式

$$\boldsymbol{a}=\left.\frac{\mathrm{d}\boldsymbol{V}}{\mathrm{d}t}\right|_{N}+\omega_{N}\times\boldsymbol{V}+\boldsymbol{U}\times\boldsymbol{V}+\boldsymbol{U}\times(\boldsymbol{U}\times\boldsymbol{r}) \tag{5.1.4}$$

为了计算物体在导航坐标系中的速度，必须只对第一个被加数求积分。因此，要在加速度表示数中补偿重力加速度和科氏加速度

$$\left.\frac{\mathrm{d}\boldsymbol{V}}{\mathrm{d}t}\right|_{N}=\boldsymbol{f}-[\omega_{N}\times\boldsymbol{V}+\boldsymbol{U}\times\boldsymbol{V}+\boldsymbol{U}\times(\boldsymbol{U}\times\boldsymbol{r})-\boldsymbol{g}^{\Gamma}] \tag{5.1.5}$$

式中，$\boldsymbol{f}$ 为加速度表测得的视在加速度；$\omega_N\times\boldsymbol{V}+\boldsymbol{U}\times\boldsymbol{V}$ 为科氏加速度；$\boldsymbol{U}\times(\boldsymbol{U}\times\boldsymbol{r})$ 为向心加速度。

考虑到重力加速度 $\boldsymbol{g}=\boldsymbol{g}^{\Gamma}-\boldsymbol{U}\times(\boldsymbol{U}\times\boldsymbol{r})$，表达式(5.1.5)可以改写为

$$\left.\frac{\mathrm{d}\boldsymbol{V}}{\mathrm{d}t}\right|_N=\boldsymbol{f}-[\omega_N\times\boldsymbol{V}+\boldsymbol{U}\times\boldsymbol{V}-\boldsymbol{g}] \tag{5.1.6}$$

通过对速度求积分可以得到物体的坐标。对于半自由方位角导航系统，地理坐标由下列公式计算

$$\dot{\varphi}=\frac{V_N}{R},\quad \dot{\lambda}=\frac{V_E}{R\cos\varphi},\quad \dot{\varepsilon}=-\frac{V_E}{R}\tan\varphi \tag{5.1.7}$$

式中，ψ 为地理纬度；λ 为地理经度；ε 为方位角。

为了计算捷联惯性导航系统，必须知道从相关坐标系列导航坐标系的过渡矩阵 $\boldsymbol{C}_b^N$。求解泊松运动方程，可以确定它的元素

$$\boldsymbol{C}_b^N=\boldsymbol{C}_b^N\tilde{\boldsymbol{\omega}}_b-\tilde{\boldsymbol{\omega}}_N\boldsymbol{C}_b^N \tag{5.1.8}$$

式中，$\tilde{\boldsymbol{\omega}}_b$，$\tilde{\boldsymbol{\omega}}_N$ 分别为以下形式的反斜对称矩阵

$$\tilde{\boldsymbol{\omega}}_b=\begin{pmatrix}0 & -\omega_z^b & \omega_y^b\\ \omega_z^b & 0 & -\omega_x^b\\ -\omega_y^b & \omega_x^b & 0\end{pmatrix},\quad \tilde{\boldsymbol{\omega}}_N=\begin{pmatrix}0 & -\omega_z^N & \omega_y^N\\ \omega_z^N & 0 & -\omega_x^N\\ -\omega_y^N & \omega_x^N & 0\end{pmatrix}$$

式中，$\omega_{x,y,z}^b=Q_{x,y,z}^b$ 为物体绝对角速度在相关坐标系轴上的投影；$\omega_{x,y,z}^N$ 为导航坐标系绝对角速度在其轴上的投影。

求解泊松方程(5.1.8)需要知道有关物体绝对角速度 ω^b 和导航坐标系的角速度 ω^N 信息。捷联惯性导航系统中的角速率陀螺仪测量的是绝对角速度的投影，积分陀螺仪测量的是转角在其敏感轴，也就是在相关坐标系轴上的投影。在后一种情况中 $\omega_{x,y,z}^b$ 可以借助于数字微分算法求得。导航坐标系绝对角速度的投影 $\omega_{x,y,z}^N$ 可以直接根据加速度表的示数计算。

在捷联惯性导航系统导航算法中的方位角 ψ,θ,γ 可以按照矩阵 $\boldsymbol{C}_b^N$ 的元素确定。在图 5.2 上列出的是捷联惯性导航系统的功能图。

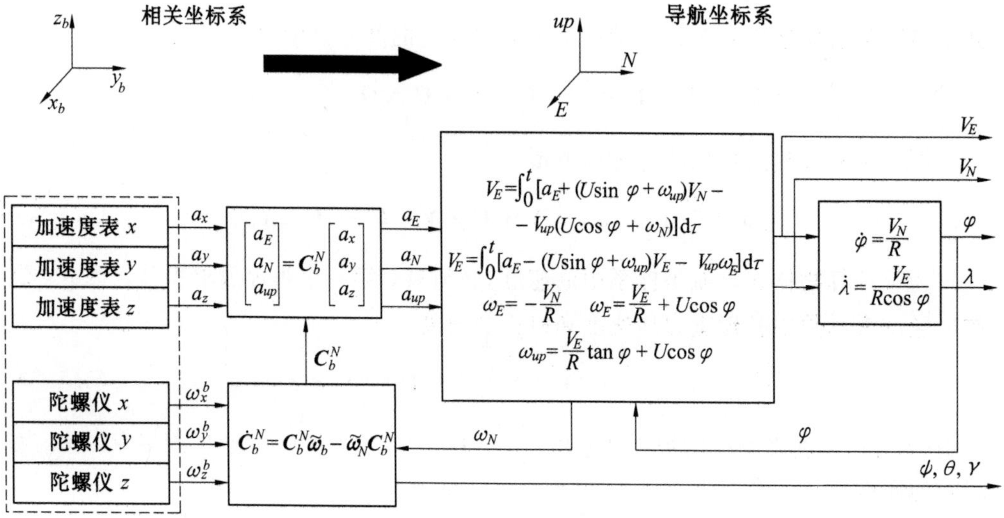

图 5.2　捷联惯性导航系统的功能图

5.2 导航算法

在文献[140]中描写了导航算法系统，它是在捷联惯性导航系统中运用加速度表和工作在角速率传感器状态的陀螺仪实现的。下面我们来研究针对积分传感器（转角传感器）实现所列举的算法。

在捷联惯性导航系统的计算装置中所实现的算法在形式上可以分为两部分。在其中一部分中处理加速度表的测量结果和计算导航参数，在另一部分中按照陀螺仪的示数解决方向问题。

加速度表的测量结果是离散信号，在其输出时要补偿加速度表的误差。在该装置中要补偿加速度表的零偏移，比例系数的不稳定以及装置设置误差。之后用相关坐标系轴上的投影确定速度增量

$$\Delta W_{xb,yb,zb,k} = \int_{t_k}^{t_k+h_0} a_{xb,yb,zb}\,\mathrm{d}t \tag{5.2.1}$$

式中，$a_{xb,yb,zb}$ 为相应加速度表的输出示数；h_0 为测量的离散周期。

对于固态波陀螺仪也规定有类似的误差补偿过程。零偏移，比例系数的不稳定以及设置误差的补偿与加速度表一样，根据的是惯性测量系统的说明书数据。随着积分陀螺仪中周期 h_0 的变化会按公式(1.5.3)发出角增量 $v_{xy,yb,zb}$，而在角速率陀螺仪中它们按下面公式计算

$$\vartheta_{xb,yb,zb,k} = \int_{t_k}^{t_k+h_0} w_{xb,yb,zb}\,\mathrm{d}t \tag{5.2.2}$$

式中，$w_{xb,yb,zb}$ 为相应陀螺仪的输出示数。

惯性敏感元件会发出角度及速度增量的信息，高频达 600 Hz。在民事及军事应用中导航信息要求频率是 20 ～ 50 Hz。因此要对加速度表和陀螺仪的测量值求积分。

根据科氏公式物体的绝对加速度形式为

$$\left.\frac{\mathrm{d}\boldsymbol{V}}{\mathrm{d}t}\right|_I = \left.\frac{\mathrm{d}\boldsymbol{V}}{\mathrm{d}t}\right|_b + \omega_{\mathrm{b}} \times V \tag{5.2.3}$$

式中，$\boldsymbol{V}$ 为物体绝对速度矢量；$\left.\frac{\mathrm{d}\boldsymbol{V}}{\mathrm{d}t}\right|_I$ 为绝对速度对惯性空间的全导数；$\left.\frac{\mathrm{d}\boldsymbol{V}}{\mathrm{d}t}\right|_b$ 为绝对速度对相关坐标系的局部导数；$\omega_b = \dot{\nu}_b$ 为相关坐标系的绝对角速度。

加速度表测量的是绝对角速度在相关坐标系轴中的投影

$$\left.\frac{\mathrm{d}\boldsymbol{V}}{\mathrm{d}t}\right|_b = \left.\frac{\mathrm{d}\boldsymbol{V}}{\mathrm{d}t}\right|_I - \omega_b \times V \tag{5.2.4}$$

其示数在时间区间 $h = \omega h_0$（还是对于相关坐标系）求积分。标量形式对应于以下表达式

$$\left.\begin{aligned}\int_{t_k}^{t_k+h}\frac{\mathrm{d}\widetilde{V}_{xb}}{\mathrm{d}t}\mathrm{d}t&=\int_{t_k}^{t_k+h}a_{xb}\mathrm{d}t+\int_{t_k}^{t_k+h}(\omega_{zb}V_{yb}-\omega_{yb}V_{zb})\mathrm{d}t\\\int_{t_k}^{t_k+h}\frac{\mathrm{d}\widetilde{V}_{yb}}{\mathrm{d}t}\mathrm{d}t&=\int_{t_k}^{t_k+h}a_{yb}\mathrm{d}t+\int_{t_k}^{t_k+h}(\omega_{xb}V_{zb}-\omega_{zb}V_{xb})\mathrm{d}t\\\int_{t_k}^{t_k+h}\frac{\mathrm{d}\widetilde{V}_{zb}}{\mathrm{d}t}\mathrm{d}t&=\int_{t_k}^{t_k+h}a_{zb}\mathrm{d}t+\int_{t_k}^{t_k+h}(\omega_{yb}V_{xb}-\omega_{xb}V_{yb})\mathrm{d}t\end{aligned}\right\}\tag{5.2.5}$$

在角速率陀螺仪情况中这些方程的递推解形式为

$$\left.\begin{aligned}W_{xb,k+\frac{1}{2}}&=W_{xb,k}+\Delta W_{xb,k}+W_{yb,k}\vartheta_{zb,k}-W_{zb,k}\vartheta_{yb,k}\\W_{yb,k+\frac{1}{2}}&=W_{yb,k}+\Delta W_{yb,k}+W_{zb,k}\vartheta_{xb,k}-W_{xb,k}\vartheta_{zb,k}\\W_{zb,k+\frac{1}{2}}&=W_{zb,k}+\Delta W_{zb,k}+W_{xb,k}\vartheta_{yb,k}-W_{yb,k}\vartheta_{xb,k}\\W_{zb,k+1}&=W_{zb,k}+\Delta W_{zb,k}+W_{xb,k+\frac{1}{2}}\vartheta_{yb,k}-W_{yb,k+\frac{1}{2}}\vartheta_{xb,k}\\W_{yb,k+1}&=W_{yb,k}+\Delta W_{yb,k}+W_{zb,k+\frac{1}{2}}\vartheta_{xb,k}-W_{xb,k+\frac{1}{2}}\vartheta_{zb,k}\\W_{xb,k+1}&=W_{xb,k}+\Delta W_{xb,k}+W_{yb,k+\frac{1}{2}}\vartheta_{zb,k}-W_{zb,k+\frac{1}{2}}\vartheta_{yb,k}\end{aligned}\right\}\tag{5.2.6}$$

在零初始条件情况下 $W_{xb,0}=W_{yb,0}=W_{zb,0}=0$。

我们来研究对于积分陀螺仪求解方程组(5.2.5)的以下递推算法。运用式(5.2.1)，可得

$$\left.\begin{aligned}W_{xb,k+1}&=W_{xb,k}+\Delta W_{xb,k}+\int_{t_k}^{t_k+h}(\dot{\vartheta}_{zb}V_{yb}-\dot{\vartheta}_{yb}V_{zb})\mathrm{d}t\\W_{yb,k+1}&=W_{yb,k}+\Delta W_{yb,k}+\int_{t_k}^{t_k+h}(\dot{\vartheta}_{xb}V_{zb}-\dot{\vartheta}_{zb}V_{zb})\mathrm{d}t\\W_{zb,k+1}&=W_{zb,k}+\Delta W_{zb,k}+\int_{t_k}^{t_k+h}(\dot{\vartheta}_{yb}V_{xb}-\dot{\vartheta}_{xb}V_{yb})\mathrm{d}t\end{aligned}\right\}\tag{5.2.7}$$

在区间$[t_k,t_{k+1}]$上(这里 $t_{k+1}=t_k+h_0$)可得

$$V_{xb,yb,zb}\approx\frac{1}{2}(W_{xb,yb,zb,k+1}+W_{xb,yb,zb,k})$$

那么我们会有以下代数方程组

$$\begin{pmatrix}1&-\vartheta_{zb,k}/2&\vartheta_{yb,k}/2\\\vartheta_{zb,k}/2&1&-\vartheta_{xb,k}/2\\-\vartheta_{yb,k}/2&\vartheta_{xb,k}/2&1\end{pmatrix}\begin{pmatrix}W_{xb,k+1}\\W_{yb,k+1}\\W_{zb,k+1}\end{pmatrix}=$$

$$\begin{pmatrix}W_{xb,k}+\Delta W_{xb,k}+(W_{yb,k}\vartheta_{zb,k}-W_{zb,k}\vartheta_{yb,k})/2\\W_{yb,k}+\Delta W_{yb,k}+(W_{zb,k}\vartheta_{xb,k}-W_{xb,k}\vartheta_{zb,k})/2\\W_{zb,k}+\Delta W_{zb,k}+(W_{xb,k}\vartheta_{yb,k}-W_{yb,k}\vartheta_{xb,k})/2\end{pmatrix}\tag{5.2.8}$$

其解的形式为

$$\begin{pmatrix}W_{xb,k+1}\\W_{yb,k+1}\\W_{zb,k+1}\end{pmatrix}=\frac{1}{4+\vartheta_{xb,k}^2+\vartheta_{yb,k}^2+\vartheta_{zb,k}^2}\times$$

$$\begin{pmatrix} 4+\vartheta_{xb,k}^2 & \vartheta_{xb,k}\vartheta_{yb,k}-2\vartheta_{zb,k} & \vartheta_{xb,k}\vartheta_{zb,k}+2\vartheta_{yb,k} \\ \vartheta_{xb,k}\vartheta_{yb,k}+2\vartheta_{zb,k} & 4+\vartheta_{yb,k}^2 & \vartheta_{yb,k}\vartheta_{zb,k}-2\vartheta_{xb,k} \\ \vartheta_{xb,k}\vartheta_{zb,k}-2\vartheta_{yb,k} & \vartheta_{yb,k}\vartheta_{zb,k}+2\vartheta_{xb,k} & 4+\vartheta_{zb,k}^2 \end{pmatrix} \times$$

$$\begin{pmatrix} W_{xb,k}+\Delta W_{xb,k}+(W_{yb,k}\vartheta_{zb,k}-W_{zb,k}\vartheta_{yb,k})/2 \\ W_{yb,k}+\Delta W_{yb,k}+(W_{zb,k}\vartheta_{xb,k}-W_{xb,k}\vartheta_{zb,k})/2 \\ W_{zb,k}+\Delta W_{zb,k}+(W_{xb,k}\vartheta_{yb,k}-W_{yb,k}\vartheta_{xb,k})/2 \end{pmatrix} \quad (5.2.9)$$

式(5.2.6),(5.2.9)递推过程在每个区间$[t_k, t_k+h]$上进行m次。在初始时刻设定初始值为$W_{xb,yb,zb,0}$。对于陀螺仪测量的预先积分也进行类似的程序。

为了计算导航参数(坐标和速度),在捷联惯性导航系统的计算装置中要模拟导航坐标系。这相当于确定从相关坐标系列导航坐标系的过度矩阵$\boldsymbol{C}_b^N$。为了确定矩阵元素,必须根据陀螺仪和加速度表的示数求解泊松运动方程(5.1.8)。

下面介绍数字微分算法。

捷联惯性导航系统中的积分固态波陀螺仪测量的是转角在相关坐标系轴上的投影。在这种情况要求计算$W_{x,y,z}^b$投影值。我们来研究以下数字算法。

我们在数字处理信号中引入通常使用的复数值

$$\dot{z}=\exp(pT) \quad (5.2.10)$$

式中,p为微分算子;T为离散周期。

那么,微分算法的数字形式为

$$p=\frac{1}{T}\ln z=\frac{1}{T}\sum_{k=1}^{\infty}\frac{(1-z^{-1})^k}{K} \quad (5.2.11)$$

在以下条件下(5.2.11)级数收敛

$$|1-z^{-1}|=|1-\exp(-\mathrm{i}\omega T)|=\left|2\sin\frac{\omega T}{2}\right|<1 \quad (5.2.12)$$

即微分过程最高频率条件$\omega_{\max}<\frac{\pi}{3T}\approx\frac{1}{T}$。这个条件要比限制奈奎斯特(采样)定理中频率$\omega_{\max}<\frac{\pi}{T}$更严格。

在实际情况中必须保持(5.2.11)级数的项数有限,这会导致出现微分方法误差。确定所要求的级数组成数是创造微分装置的问题之一。设计稳定的微分算法很重要,它应与式(5.2.11)不同并在近似级数有限项数相同的情况下具有较高的精度。

角位移信号的数字微分通道功能图如图5.3所示。

系统包含角位移传感器(Д),模数转换器(АЦП),低频滤波器(ФНЧ),降低离散频率的压缩装置(К),补偿系统中时间延迟的外推装置(Э),按所实现微分算法工作的(例如式(5.2.11))微分装置(ДУ),必要时还包括用于把代码转换为位移速度的数模转换器(ЦАП)。

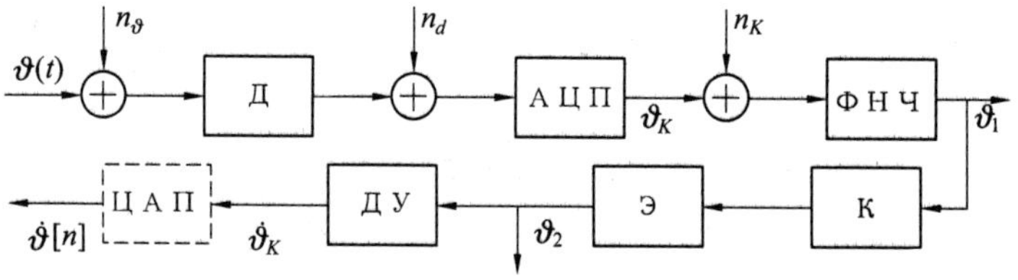

图 5.3　微分通道结构

系统中采用下列符号：

$\vartheta(t)$ 为物体角位移的连续值；

ϑ_k 为角位移代码形式的数字表示；

ϑ_1 为角位移的平滑数字表示，离散周期为 T，对应于传感器和滤波器的询问频率；

ϑ_2 为物体位移的平滑修正表示，周期为 $T_k > T$，是对于解决控制对象问题所必须的；

$\dot{\vartheta}_k$ 和 $\dot{\vartheta}(n)$ 分别为 $\dot{\vartheta}(t)$ 代码形式及网格函数形式表示速度计算值。

在系统上指出了以下干扰：

n_θ 为外部干扰（振动）；

n_d 为传感器中产生的干扰；

n_k 为模数转换器中量子化干扰程度。

运用压缩装置是因为由敏感元件和由捷联惯性导航系统的信息发出频率存在差值。压缩装置可以用来在跟随频率为 $\frac{1}{T}$ 的区间上 $[0, T_k]$ 同时对离散值求和，目的是平滑 ϑ_2 和 $\dot{\vartheta}_k$ 信号。如果加法器输入端是离散白噪声形式的干扰，那么离散信号求和的平滑效果很显著。由于实际上压缩装置输入的是从滤波器输出的强烈修正信号，那么平滑不显著，其运用在很大程度上重要的是作为对计算过程中故障的某种程度保护。

在图 5.3 上列出的接入处理通道数字部件的顺序不是必须的。由于所有这些部件都是线性环节，那么总的合成传递函数等于各部件传递函数的积，与其接收顺序无关。合理的只是在通道的开始要安装低频滤波器，这可以使接下来的数字环节不受高频成分干扰，减轻对其网格长度的要求。例如，作为低频滤波器可以运用巴特沃斯滤波器，它们在高频区具有很陡的幅频特性衰减。接下来在本章中还要研究在原子函数基础上合成低频滤波器的方法。

频率传递函数和性能指标有可能与通常的角频率有关，$\omega = 2\pi f$，也可能与伪频率有关

$$\lambda = \frac{2}{T}\tan\frac{\omega T}{2} \quad 或 \quad \mathrm{i}\lambda = \frac{2}{T}\frac{z-1}{z+1}$$

式中，z 为 Z 变换的幅角自变量，$z=\exp(pT)=\exp(\mathrm{i}\omega T)$。在满足条件 $\omega T \ll 1$ 情况下可以认为 $\lambda \approx \omega$。

低频滤波器频率传递函数模的平方连续形式为

$$|W_{\text{ФНЧ}}(\mathrm{i}\omega)|^2=\frac{1}{1+\left(\dfrac{\omega}{\omega_0}\right)^{2m}} \tag{5.2.13}$$

式中，m 为滤波器的阶数；ω_0 为幅频性能的截止频率。模平方的离散近似值可以写为

$$|W^*_{\text{ФНЧ}}(\mathrm{i}\lambda)|^2 \approx \frac{1+(\lambda T/2)^2}{1+(\lambda/\lambda_0)^{2m}} \tag{5.2.14}$$

式中，$\lambda_0 \approx \omega_0$。

在实现加法过程中压缩装置的传递函数为

$$W_K=\frac{1}{k+1}\sum_{j=0}^{k} z^{-j} \tag{5.2.15}$$

式中，$k+1$ 为累积离散数量；$k=\dfrac{T_K}{T}$ 为压缩度。

外推装置的传递函数为

$$W_{\text{Э}}=\sum_{j=0}^{r} b_j z_k^{-j}=\sum_{j=0}^{r} b_j z^{-jk} \tag{5.2.16}$$

式中，$z_k=z^k=\exp(\mathrm{i}\omega T_K)$；$b_j$ 为外推因子系数；r 为外推度。

根据式(5.2.11) 微分装置的传递函数为

$$W^{(M)}_{\text{ДУ}}(z)=\frac{1}{T_K}\sum_{j=0}^{M} a_j z_K^j=\frac{1}{kT}\sum_{j=0}^{M} a_j z^{-jk} \tag{5.2.17}$$

式中，a_j 为式(5.2.11) 中打开括号得到的多项式系数；M 为(5.2.11) 级数的保留项数，例如

$$W^{(1)}_{\text{ДУ}}=\frac{1}{kT}\left(1-\frac{1}{z^k}\right);\quad W^{(2)}_{\text{ДУ}}=\frac{1}{kT}\left(\frac{3}{2}-\frac{2}{z^k}+\frac{1}{2z^{2k}}\right)$$

$$W^{(3)}_{\text{ДУ}}=\frac{1}{kT}\left(\frac{11}{6}-\frac{3}{z^k}+\frac{3}{2z^{2k}}+\frac{1}{3z^{3k}}\right)$$

按照共轭条件系统总的传递系数应该等于$\dfrac{1}{T_K}$，即

$$K=k_0\frac{\delta_{\text{ЦАП}}}{\delta_{\text{АЦП}}} \tag{5.2.18}$$

式中，k_0 为传感器的传递系数；$\delta_{\text{ЦАП}}$，$\delta_{\text{АЦП}}$ 为数模转换器和模数转换器的低位值。因此，数模转换器的低位值

$$\delta_{\text{ЦАП}}=\frac{\delta_{\text{АЦП}}}{k_0 T_K} \tag{5.2.19}$$

运用截取微分算法，式(5.2.11) 只保留 M 项给出方法误差，可以按照所抛弃序列的第一项估算该误差

$$\frac{(1-z^{-1})^{M+1}}{(M+1)T_K}$$

所抛弃序列是使输入信号与微分误差相联系的离散传递函数。按照关系式 $z=\frac{1+\mathrm{i}\lambda T_K/2}{1-\mathrm{i}\lambda T_K/2}$ 转换为伪频率可以得到对于微分方法误差的频率传递函数

$$W_M^*(\mathrm{i}\lambda)=\frac{1}{(M+1)T_K}\left(\frac{\mathrm{i}\lambda T_K}{1+\mathrm{i}\lambda T_K/2}\right)^{M+1} \tag{5.2.20}$$

如果输入离散信号谱密度 $S_\vartheta^*(\lambda)$ 已知，那么微分方法误差的方差为

$$D_M=\frac{T_K}{2\pi}\int_{-\infty}^{\infty}\frac{|W_M^*(\mathrm{i}\lambda)|^2 S_\vartheta^*(\lambda)\mathrm{d}\lambda}{1+(\lambda T_K/2)^2}\approx\frac{1}{2\pi}\int_{-\infty}^{\infty}|W_M(\mathrm{i}\omega)|^2 S_\vartheta(\omega)\mathrm{d}\omega \tag{5.2.21}$$

式中，$W_M(\mathrm{i}\omega)\approx W_M^*(\mathrm{i}\lambda)$，$S_\vartheta(\omega)$ 为物体连续运动的谱密度，$S_\vartheta(\omega)\approx T_K S_\vartheta^*(\lambda)$。

微分方法误差的方差

$$D_M=\frac{\sigma_{M+1}^2 T_K^{2M}}{(M+1)^2} \tag{5.2.22}$$

式中，σ_{M+1} 为输入信号(角速度)一阶导数的均方值。微分均方相对误差

$$\sigma_M=\frac{\sigma_{M+1}T_K^M}{(M+1)\sigma_1}\times 100\% \tag{5.2.23}$$

式中，σ_1 为输入信号一阶导数的均方值。

在本节结束时应该指出定向及导航综合装置智能化具有广泛的趋势。特别是，在实现捷联惯性导航系统算法时要涉及运用中子网络设备。

5.3 在捷联惯性导航系统中采用四元数代数

5.3.1 球面插值逼近

众所周知，存在两种描述刚体旋转运动的主要方法：借助于欧拉角和四元数方法。目前，由于效果好而广泛采用后一种方法。借助于四元数(Slerp)的第一个有效的球面插值方法研究出来的时间还不长——在20世纪80年代中期出现。从那时起在该领域就已提出大量的方法和算法，其中最著名的在下面研究。接下来作为实例我们借助于以原子函数为基础的四元数基来研究处理从航天飞行器上来的遥测信息问题。

1. 表示旋转的主要方法

变换三维欧氏空间的旋转可以形成三维非阿贝尔(非交换)正交群 $SO(3)$。存在两种基本方法描绘三维空间中的旋转：

(1) 根据欧拉角和旋转矩阵；

(2) 根据欧拉定理和四元数方法。

第一种方法把任意的旋转分为绕笛卡儿坐标系的轴依次旋转三次。这三次基本旋转中的每一次都由相应的正交旋转矩阵提出，总的旋转由这些矩阵的积描绘。那么，依次绕 x,y,z 轴转动角 ψ,θ,φ 可以分别由以下矩阵表示

$$\boldsymbol{\Psi}=\begin{pmatrix}1 & 0 & 0\\ 0 & \cos\psi & -\sin\psi\\ 0 & \sin\psi & \cos\psi\end{pmatrix},\quad \boldsymbol{\Theta}=\begin{pmatrix}\cos\theta & 0 & -\sin\theta\\ 0 & 1 & 0\\ \sin\theta & 0 & \cos\theta\end{pmatrix}$$

$$\boldsymbol{\Phi}=\begin{pmatrix}\cos\varphi & -\sin\varphi & 0\\ \sin\varphi & \cos\varphi & 0\\ 0 & 0 & 1\end{pmatrix}$$

总的转动可以由下面矩阵表示

$$\mathbf{A}=\boldsymbol{\Psi\Theta\Phi} \tag{5.3.1}$$

另一方面，根据欧拉定理，如果 O 和 O' 是两个朝向 $\mathbf{R}^3$ 的轴，那么从 O 到 O' 的转换可以通过绕一定的轴 $l\in\mathbf{R}^3$ 一次转动角度 $\gamma\in[-\pi,\pi]$ 来实现。该转动是在四元数方法基础上实现的(参见附录7)。假设四元数向量 $\boldsymbol{q}$ 环绕的轴是由单位四元数 $p=\cos\gamma+r\cdot\sin\gamma$ 决定，这里 γ 是单位向量。那么，四元数

$$\boldsymbol{s}=\boldsymbol{pqp}^{-1} \tag{5.3.2}$$

可以通过绕 $\boldsymbol{r}$ 把 $\boldsymbol{q}$ 旋转角度 2γ 得到。

借助于单位规范四元数表示旋转是四维空间中各种各样的三维球。这种多样性是单连通的，但它与 $SO(3)$ 群不是相互单值对应：2 个四元数 q 和 $-q$ 提出的是固体的同一个位置。单位四元数群中做单连通覆盖旋转群。

借助于四元数法描绘旋转的主要优点是代数运算简单，特别是在满足一系列依次转动的情况下，这可以从相互比较表达式(5.3.1)和(5.3.2)得出。由一般形式总的旋转矩阵还很难得到基本转角的表达式。

式(5.3.2)表示常常具有比较直观的物理意义，因为大量的实际问题都是建立在直接运用欧拉定理基础上的。例如，在定向系统出故障的情况下，在非常情况中进行一系列无序转动后在稳定飞行器位置时会产生这种问题。在这种情况中航天器的中间轨迹通常不重要，为了按天体图形形式解决定向问题只是必须要识别用天体传感器观测的任意恒星。解决过程与两个四元数 p 和 q 吻合并存有关。

借助于欧拉角和旋转矩阵表示旋转的其他缺点中我们还要指出的是旋转次序对最终结果有严重影响。这可能会导致所谓的“陀螺仪锁闭”效应，损失一个自由度。四元数表示旋转与选择坐标系无关，同一个旋转只对应两个旋转四元数。此外，四元数方法能够实现相当大数量的离散旋转插值逼近方法。

在文献中最常提到的使用四元法的缺点是与正交旋转矩阵理论相比，其数学方面的描述比较复杂(不基本)。

除了旋转矩阵和四元数以外，还存在其他的一些表示旋转的方法，例如，混用方

法。但是,这些方法在文献中很少提到,在实践中很少使用。

2. 球面逼近法

在运用四元数法前在球面插值逼近工作中采用的是一些把空间样条曲线映射到球面上的方法,或在球面上人工绘制样条的方法,这会导致对结果进行物理解释的错误和困难。从出现四元数插值方面的首批著作开始就出现了大量阐释该问题的方法和算法。我们来简要研究其中的主要部分。

最简单的方法是对四元数离散序列线性插值(Lerp — Linear Quaternion Inter-polation)。两个单位四元数 $q,p \in H_1$ 之间的插值形式为

$$\mathrm{Lerp}(q,p,h)=q(1-h)+ph,\quad h\in[0,1] \tag{5.3.3}$$

该关系是四元数空间 H 中的直线,因此,中间点(当 $h \in (0,1)$)与单位四元数不对应,是在单位球的内部,这就要求引入补充规范。

这种规范在球面线性插值方法(Slerp — Spherical Linear Inter-polation)中可以自动得到实现。在 $q,p \in H_1, h \in [0,1]$ 情况下,Slerp 可以通过各种方式确定

$$\mathrm{Slerp}(q,p,h)=q(q^*p)^h=(qp^*)^{1-h}p=(pq^*)^hq=p(p^*q)^{1-h} \tag{5.3.4}$$

在实际中还广泛采用以下形式

$$\mathrm{Slerp}(q,p,h)=\frac{q\sin(1-h)\theta+p\sin h\theta}{\sin\theta},\quad \cos\theta=q\cdot p \tag{5.3.5}$$

插值曲线与通过四元数 q,p 的单位球表面上的测地线重合。因此 Slerp 可能确保 2 个四元数的最佳插值。当必须对由多于 2 个四元数构成的序列进行插值的情况中,Slerp 会导致不可微曲线,其节点中的角速度变为无穷大。

很多构建球面上比较平滑插值曲线的方法是建立在运用所谓的卡特苗里 — 罗样条函数(Сплайны Катмюля- Рома)或者果查涅科 — 巴特尔斯样条函数(Сплайны Кочанека- Бартельса)基础上。在这种情况下一定平滑度的球面样条可以通过某一递推过程运用Slerp来确定。例如,对于四元数序列 $q_{i-1},q_i,q_{i+1},q_{i+2}$ 的平滑贝塞尔样条的形式为

$$\begin{aligned}&Bz(q_{i-1},q_i,q_{i+1},q_{i+2},h)=\\&\mathrm{Slerp}\{\mathrm{Slerp}[\mathrm{Slerp}(q_{i-1},q_i,h),\mathrm{Slerp}(q_i,q_{i+1},h),h]\cdot\\&\mathrm{Slerp}[\mathrm{Slerp}(q_i,q_{i+1},h),\mathrm{Slerp}(q_{i+1},q_{i+2},h),h],h\}\end{aligned} \tag{5.3.6}$$

3 次 B 样条

$$\begin{aligned}&B_3(q_{i-1},q_i,q_{i+1},q_{i+2},h)=\\&\mathrm{Slerp}\left\{\mathrm{Slerp}\left[\mathrm{Slerp}\left(q_{i-1},q_i,\frac{h+2}{3}\right),\mathrm{Slerp}\left(q_i,q_{i+1},\frac{h+1}{3}\right),\frac{h+1}{2}\right]\cdot\right.\\&\left.\mathrm{Slerp}\left[\mathrm{Slerp}\left(q_i,q_{i+1},\frac{h+1}{3}\right),\mathrm{Slerp}\left(q_{i+1},q_{i+2},\frac{h}{3}\right),\frac{h}{2}\right],h\right\}\end{aligned} \tag{5.3.7}$$

属于这类方法的还有著名的 Squad 算法(Spherical and QUA Dangle),对于四元数序列 q_{i-1},q_i,q_{i+1}

$$\text{Squad}(q_i, q_{i+1}, s_i, s_{i+1}, h) =$$
$$\text{Slerp}(\text{Slerp}(q_i, q_{i+1}, h), \text{Slerp}(s_i, s_{i+1}, h), 2h(1-h))$$
$$s_i = q_i \exp\left(-\frac{\log(q_i^{-1}q_{i+1}) + \log(q_i^{-1}q_{i-1})}{4}\right) \tag{5.3.8}$$

还存在一类在球面上的圆周插值方法。但是这种方法在插值节点非等距离的情况下效率很低，还会导致所得到曲线的有限可微。

除了确保必须的光滑度以外，还研究了一些其他的使插值曲线最佳的标准：曲率最小，角加速度最小等。特别是有效的 Spring 方法具有很深的理论基础。但是通常这种方法在解析层面上相当复杂和繁琐。我们来研究一种最简单最通用的在单位球上绘制四元数曲线的方法 —— 累积基函数法。

3. 累积基函数法

在欧氏空间 $\mathbf{R}^3$ 中可以通过大量方法将函数 $f(t)$ 用一组离散的坐标函数 $\{\varphi_i\}$ 逼近

$$\tilde{f}(t) = \sum_{i=0}^{N} p_i \varphi_i(t) \tag{5.3.9}$$

式中，权 $\{p_i\}$ 通过节点集合 $\{t_i\}$ 上的值 $f_i \equiv f(t_i)$ 确定。作为 $\{\varphi_i\}$ 函数通常选取多项式、样条函数等。

我们来研究一个方案，能够根据式(5.3.9) 很容易地设计出逼近所提出四元离散序列 $\{q_i\}$ 的单位四元数曲线 $q(t)$。为此，我们将式(5.3.9) 表示为

$$\tilde{f}(t) = p_0 \tilde{\varphi}_0(t) + \sum_{i=1}^{N} \Delta p_i \tilde{\varphi}_i(t) \tag{5.3.10}$$

式中

$$\Delta p_i = p_i - p_{i-1}, \quad \tilde{\varphi}_i(t) = \sum_{j=i}^{N} \varphi_j(t)$$

接下来我们在最后的表达式中分别用 $q(t)$ 替换 $\tilde{f}(t)$，用 q_0 替换 p_0，用 $\omega_i = \log(q_{i-1}^{-1} q_i)$ 代替 Δp_i，用四元数的积代替向量和。结果可得

$$q(t) = \exp(\tilde{\varphi}_0(t) \log q_0) \prod_{i=1}^{N} \exp(\tilde{\varphi}_i(t) \log(q_{i-1}^{-1} q_i)) = q_0^{\tilde{\varphi}_0(t)} \prod_{i=1}^{N} (q_{i-1}^{-1} q_i)^{\tilde{\varphi}_i(t)} \tag{5.3.11}$$

新的基函数称为累积基函数(由英语 Cumulative 而来)。它能够在 $SO(3)$ 中建立各种四元数曲线，曲线性质由一组初始的坐标函数 $\{\varphi_i\}$ 确定。

主要研究以下类型的累积基函数：

(1) 以伯恩斯坦多项式(полиноц Бернштейна) 为基础的贝塞尔基函数(Базис Безье)：

$$B_{r_i,N}(t) = C_N^i (1-t)^{N-i} t^i \tag{5.3.12}$$

(2) 借助于贝塞尔基函数构建的厄米特基函数(Базис Эрмита)；

(3) 以 n 阶勋伯格 B 样条函数为基础的基函数

$$B_n(t) = \sum_{j=1}^{n+1} C^j(-1)^j_{n+1}(t-j)^n_+ \tag{5.3.13}$$

式中，$t^r_+ = \begin{cases} t^r, & t > 0 \\ 0, & t \leqslant 0 \end{cases}$

累积基函数的一个优点是很容易对表达式(5.3.11)求微分

$$\frac{\mathrm{d}}{\mathrm{d}t}q(t) = q(t)\sum_{t=0}^{N}\omega_i \frac{\mathrm{d}}{\mathrm{d}t}\tilde{\varphi}_i(t) \tag{5.3.14}$$

式中，$w_0 = \log q_0$，类似地可以依次求出高阶导数。

很容易检验，累积基函数是插值函数，即

只有在

$$\tilde{\varphi}_i(t_j) = \begin{cases} 1, & t_j \geqslant t_i \\ 0, & t_j \leqslant t_{i-1} \end{cases} \tag{5.3.15}$$

情况下

$$q(t_j) = q_j \tag{5.3.16}$$

但是对于立方三次 B 样条

$$B_3(t) = \frac{1}{6}[(t+2)^3_+ - 4(t+1)^3_+ + 6t^3_+ - 4(t-1)^3_+ + (t-2)^3_+]$$

不用代替(5.3.16)，有

$$\tilde{\varphi}_i(t_j) = \begin{cases} 1, & t_j \geqslant t_{i+1} \\ 0, & t_j \leqslant t_{i-2} \end{cases} \tag{5.3.17}$$

在这种情况中累积基函数不是插值函数，而是平滑函数。为了得到插值曲线，在式(5.3.11)中代替权$\{q_i\}$应该取不确定系数$\{r_i\}$。式(5.3.15)插值条件能够得出求得这些系数的非线性方程组

$$r_{j-1}(r_{j-1}^{-1}r_j)^{5/6}(r_j^{-1}r_{j+1})^{1/6} = q_j, \quad j = \overline{1, N-1} \tag{5.3.18}$$

它只能借助于迭代过程求得数值解。

累积基函数的一个缺点是四元数曲线的形式取决于所选的环绕方向。同时这种方法与其他算法相比又具有相当的优势，特别是当节点位于单位球上时，相互距离不太远，初始基函数$\{\varphi_i\}$是支撑函数，并具有相当小的支撑集。

我们来研究以原子函数为基础的几种类型的累积基函数。

以原子函数 $\mathrm{up}(t)$ 为基础的累积插值基函数。假设插值节点$\{t_i\}$均匀排列，步距为 $t_{i+1} - t_i = h$。假设在式(5.3.10)中

$$\tilde{\varphi}_i(t) = \sum_{j=i}^{N}\mathrm{up}\left(\frac{t}{h} - j\right) \tag{5.3.19}$$

由于满足条件(5.3.16)，该基函数为插值函数。此外，由于原子函数 $\mathrm{up}(t)$ 的性质，式(5.3.11)的展开式无限可微，对于任意的四元数曲线式(5.3.14)表达式的形式为

$$\frac{\mathrm{d}}{\mathrm{d}t}q(t)=\frac{2}{h}q(t)\sum_{i=0}^{N}\omega_i \mathrm{up}\left(\frac{2t}{h}-i+1\right) \tag{5.3.20}$$

以原子函数 $\mathrm{fup}_2(t)$ 为基础的累积平滑基函数。我们把式(5.3.11) 的展开式写为

$$q(t)=q_{-1}^{\tilde{\varphi}_{-1}(t)}\prod_{i=0}^{N+1}(q_{i-1}^{-1}q_i)^{\tilde{\varphi}_i(t)} \tag{5.3.21}$$

这里累积基函数

$$\tilde{\varphi}_i(t)=\sum_{j=i}^{N+1}\mathrm{fup}_2\left(\frac{t}{h}-j\right),\quad i=\overline{-1,N+1} \tag{5.3.22}$$

任意的表达式(5.3.21) 也很容易借助于(5.3.14) 和对于原子函数 $\mathrm{fup}_2(t)$ 的函数微分方程来确定。

既然 $\mathrm{supp\ fup}_2(t)=(-2,2)$，满足条件(5.3.17) 和基函数(5.3.22) 是平滑的。为获得插值曲线，代替式(5.3.21) 应该取表达式

$$q(t)=r_{-1}^{\tilde{\varphi}_{-1}(t)}\prod_{i=0}^{N+1}(r_{i-1}^{-1}r_i)^{\tilde{\varphi}_i(t)} \tag{5.3.23}$$

其系数可以由类似于式(5.3.18)，通过求解的方程组

$$r_{j-1}(r_{j-1}^{-1}r_j)^{13/18}(r_j^{-1}r_{j+1})^{5/36}=q_j,\quad j=\overline{1,N-1} \tag{5.3.24}$$

求得。

可能发现，不一定要根据初始的一组坐标函数$\{\varphi_i\}$ 来构建累积插值基函数。只要选择函数$\{\tilde{\varphi}_i\}$ 满足条件(5.3.16) 就足够了。因此，方便地是运用原子函数 $h_a(t)$(参见附录 6)，在 $a>2$ 情况下在区间 $|t|\leqslant(a-2)/[a(a-1)]$ 上的常数，以及函数$\int_{-1}^{t}\mathrm{up}(x)\mathrm{d}x$ 和与其类似的以其他原子函数为基础的函数。

以惠特克－奈奎斯特香浓级数(РЯД Уиммекера Комецникова Шеннона) 为基础的累积插值函数。作为初始基函数$\{\varphi_i\}$ 我们选择位移压缩函数

$$\sin c(t)\equiv\frac{\sin t}{t} \tag{5.3.25}$$

由于在该情况中满足条件(5.3.16)，借助于惠特克－奈奎斯特－香浓基函数的近似(参见附录 8) 可以确保四元数序列的插值。式(5.3.11) 展开式具有以下形式

$$q(t)=q_0^{\tilde{\varphi}_0(t)}\prod_{i=1}^{N}(q_{i-1}^{-1}q_i)^{\tilde{\varphi}_i(t)} \tag{5.3.26}$$

式中

$$\tilde{\varphi}_i(t)=\sum_{j=i}^{N}\mathrm{sinc}\,\frac{\pi}{h}(t-jh),\quad i=\overline{0,N} \tag{5.3.27}$$

这种累积基函数的缺点是函数(5.3.25) 具有较高程度的旁瓣(约 13 dB)，这可能导致强烈振动，特别是在逼近区间边缘附近。额外误差可能是因为惠特克－奈奎斯特－香浓级数在 **R** 空间只对于有限谱函数为插值级数，而在其他情况在插值节点

之间的区间会产生逼近误差。但该事实在 $SO(3)$ 插值时可能起的作用不大。

以杰尔金－克拉夫琴科－巴萨拉布级数为基础的累积插值基函数。杰尔金－克拉夫琴科－巴萨拉布级数(РЯД Зелкина Кравченко-Басараба)是作为惠特克－奈奎斯特－香浓级数的替换级数提出的(参见附录8)。代替函数(5.3.25)其运用的是原子函数 $h_a(x)$ 的傅里叶变换

$$\hat{h}_a(t)=\prod_{k=1}^{\infty}\sin c\,\frac{t}{a^k} \tag{5.3.28}$$

它所具有的旁瓣程度要小得多(从 $a=2$ 情况下的 -23 dB 到 $a\to\infty$ 情况下的 -13 dB)。式(5.3.26)中累积基函数的函数形式为

$$\tilde{\varphi}_i(t)=\sum_{j=i}^{N}\prod_{k=1}^{\infty}\operatorname{sinc}\frac{\pi}{a^{k-1}h}(t-jh),\quad i=\overline{0,N} \tag{5.3.29}$$

在表达式(5.3.29)中只要取有限(约 5 ～ 10)的积的项数就不会产生严重误差。该基函数的方便之处是能够借助参数 a 来控制四元数曲线的行为。在对表达式(5.3.29)求微分时应该考虑到

$$\frac{\mathrm{d}}{\mathrm{d}t}\hat{h}_a(t)=\hat{h}_a(t)\sum_{n=1}^{\infty}\left(\frac{\cot\alpha^{-k}t}{a^k}-\frac{1}{t}\right)$$

运用对四元数曲线性质的评价标准来比较各种累积基函数。其中可以分出曲线平滑度、角速度状况和确保最小的曲率。第一个标准很显然:所有新提出的累积基函数都可以保证四元数曲线的无限可微。对于角速度的表达式可以由下列关系得到

$$q'(t)=q(t)\omega(t) \tag{5.3.30}$$

考虑到式(5.3.14),对于角速度的模有

$$\|\omega(t)\|=\left\|\sum_{i=0}^{N}\omega_i\frac{\mathrm{d}}{\mathrm{d}t}\tilde{\varphi}_i(t)\right\| \tag{5.3.31}$$

四元数曲线 $q(t)$ 在 $SO(3)$ 中的局部曲率是

$$\kappa(q,t)=\|q''(t)-(q''(t)\cdot q(t))q(t)\| \tag{5.3.32}$$

式中,(·)为四元数的标量积。在逼近区间 (a,b) 上的总曲率形式为

$$K(q)=\int_a^b\|\kappa(q,t)\|^2\mathrm{d}t \tag{5.3.33}$$

在数值计算时允许在式(5.3.32)中使用有限差逼近 2 阶导数和对式(5.3.33)积分的近似计算。

例 5.1 我们借助于上述累积基函数来研究在 $i=\overline{0,5}$,在(0,1)区间上对单位四元数序列的插值(表 5.1)。这个区间分成由 120 节点组成的网格。

表 5.1　四元序列的插值

s	0	1	2	3
$q_0^{(s)}$	−0.1	−0.6	0.3	0.735
$q_1^{(s)}$	−0.2	−0.4	−0.1	0.889
$q_2^{(s)}$	−0.1	−0.15	0.2	0.963
$q_3^{(s)}$	−0.3	−0.12	0.2	0.925
$q_4^{(s)}$	−0.5	−0.1	−0.1	0.854
$q_5^{(s)}$	−0.1	−0.5	0.4	0.762

在图 5.4 上表示的是四元数曲线在 $\mathbf{R}^3$ 中单位球上的投影和相应角速度曲线。曲线方程的参数形式为

$$x_i(t)=\frac{q^{(i)}(t)}{\sqrt{(q^{(1)}(t))^2+(q^{(2)}(t))^2+(q^{(3)}(t))^2}},\quad i=1,2,3$$

在表 5.2 中列出的是式(5.3.33)的曲率值。

表 5.2　基函数曲率

Базисная функция	B_1	up	sinc	$\hat{h}_2$	$\hat{h}_3$	fup_2
Кривизна	—	45.17	37.48	29.94	29.58	13.65

分析图 5.4 及表 5.2 中的数据可以得出关于运用以原子函数为基础的新累积函数基效果方面的结论。特别是能够通过实验确定函数 $h_a(a\approx 3)$ 的最佳参数，最低的插值曲率。球面上的曲线(图 5.4(a) 和图 5.4(b))看起来是相同的，但是在这种情况下没有考虑到四元数的“旋转”分量 q_0，借助于以 up 函数和 B_1 样条为基础的累积基函数的插值差异如图 5.5 所示。

至于以原子函数 fup_2 为基础的平滑曲线(图 5.4(c))，它与运用三次 B 样条或贝塞尔样条(5.3.12)所得到的曲线几乎重合，但是它与后者的差别是具有无限可微性。

5.3.2　求解四元数泊松方程

在运用四元数方位作为参数的情况下对运动学方程求积分时所耗费的计算量最低。

正交变换可以用单位四元数提出

$$\boldsymbol{\Lambda}=[\lambda_0,\boldsymbol{\lambda}],\quad \|\boldsymbol{\Lambda}\|=1 \tag{5.3.34}$$

式中，λ_0 为四元数的标量部分，$\lambda_0=\cos\frac{\varphi}{2}$；$\lambda$ 为四元数的矢量部分，$\lambda=\sin\left(\frac{\varphi}{2}\right)\boldsymbol{e}$；$\boldsymbol{e}$ 为在 $\mathbf{R}^3$ 中欧拉旋转轴的单位向量；φ 为该旋转的角度。四元数 $\boldsymbol{\Lambda}$ 的系数

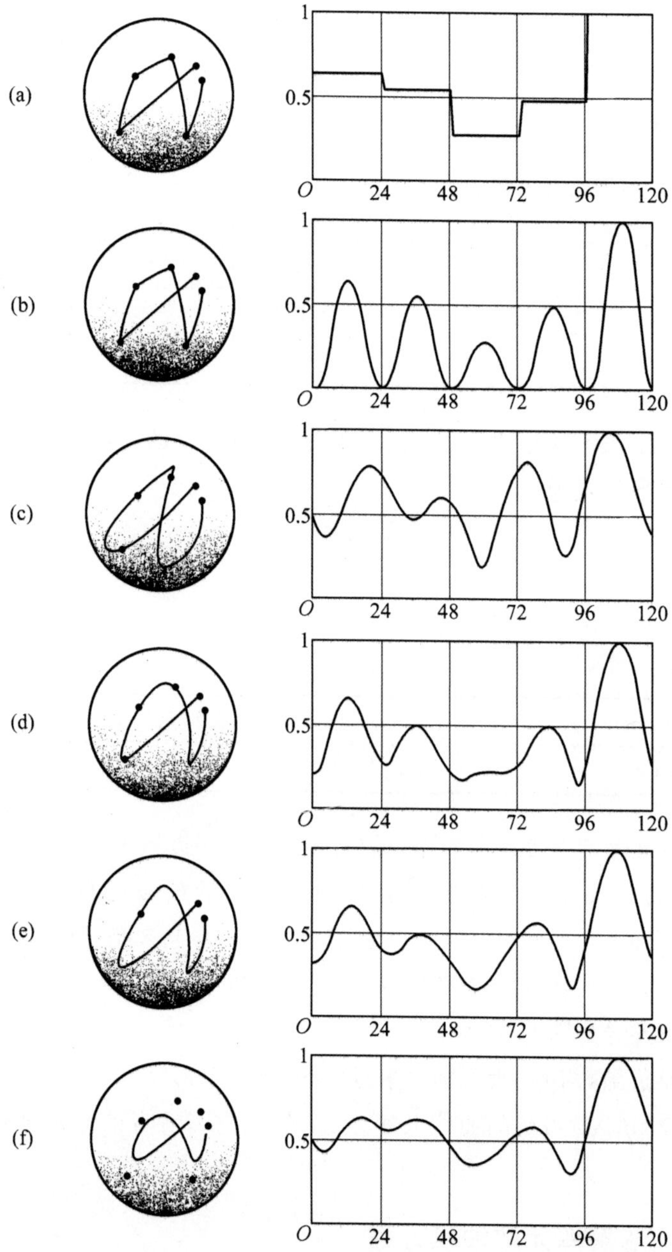

图 5.4　从左:以 B_1 样条(a),up 函数(b),sinc(l),$\hat{h}_2$(2),$\hat{h}_3$(g),fup_2(e) 为基础的插值曲线投影(平滑曲线),从右:角速度曲线

$$\lambda_0=\cos\frac{\varphi}{2},\quad \lambda_1=x\sin\frac{\varphi}{2},\quad \lambda_2=y\sin\frac{\varphi}{2},\quad \lambda_3=z\sin\frac{\varphi}{2} \tag{5.3.35}$$

它们被称为有限旋转的罗德里格－卡密尔顿参数(Параметры Родрига-Гамильтона)。

式(5.1.8)泊松矩阵运动方程的四元数模拟形式为

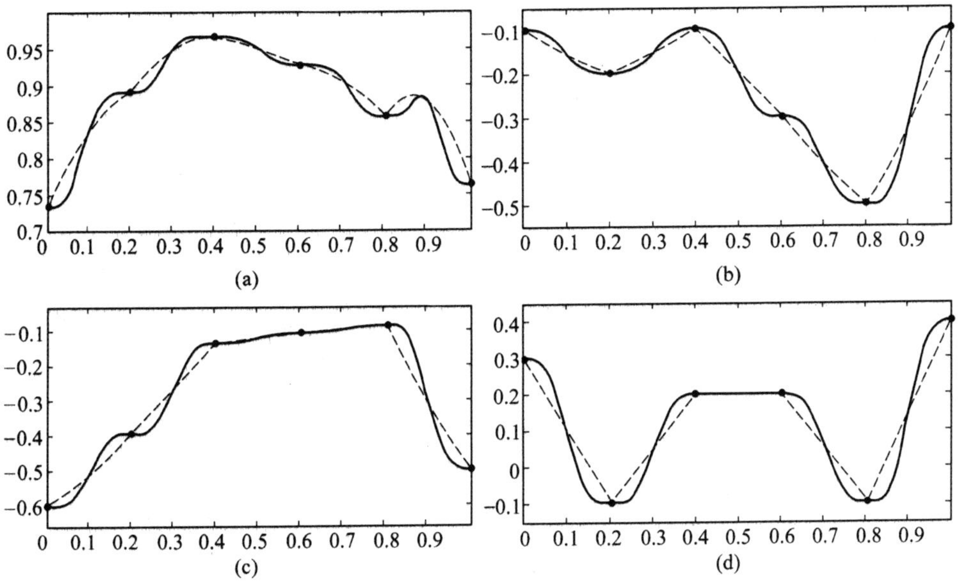

图 5.5　借助于以 up 原子函数(实线)和 B_1 样条(虚线)的累积基础数对四元数分量插值

$$\dot{\boldsymbol{\Lambda}} = \frac{1}{2}\boldsymbol{\Omega}\boldsymbol{\Lambda} \tag{5.3.36}$$

式中，$\boldsymbol{\Lambda} = (\lambda_0 \quad \lambda_1 \quad \lambda_2 \quad \lambda_3)^{\mathrm{T}}$ 为方位参数向量(四元数的分量)；$\boldsymbol{\Omega}$ 为由物体角速度矢量在与其相关的直角坐标系上投影$(\omega_x, \omega_y, \omega_z)$ 的当前值组成的矩阵

$$\boldsymbol{\Omega} = \begin{bmatrix} 0 & -\omega_x & -\omega_y & -\omega_z \\ \omega_x & 0 & \omega_z & -\omega_y \\ \omega_y & -\omega_z & 0 & \omega_x \\ \omega_z & \omega_y & -\omega_x & 0 \end{bmatrix} \tag{5.3.37}$$

方程组(5.3.36) 的展开形式为

$$\left.\begin{aligned} \dot{\lambda}_0 &= -0.5\omega_x\lambda_1 - 0.5\omega_y\lambda_2 - 0.5\omega_z\lambda_3 \\ \dot{\lambda}_1 &= 0.5\omega_x\lambda_0 + 0.5\omega_z\lambda_2 - 0.5\omega_y\lambda_3 \\ \dot{\lambda}_2 &= 0.5\omega_y\lambda_0 - 0.5\omega_z\lambda_1 + 0.5\omega_x\lambda_3 \\ \dot{\lambda}_3 &= 0.5\omega_z\lambda_0 + 0.5\omega_y\lambda_1 - 0.5\omega_x\lambda_2 \end{aligned}\right\} \tag{5.3.38}$$

用龙格－库塔方法(метод Рунге-Кутты) 求解方程组(5.3.36) 的广义近似解可以表示为

$$\boldsymbol{\Lambda}_{j+1} = \exp\left(\frac{h}{2}\boldsymbol{\Omega}\right)\boldsymbol{\Lambda}_j \tag{5.3.39}$$

式中，h 为积分步距；j 为迭代数。从步距 j 到 $j+1$，并假设初始条件给出

$$\boldsymbol{\Lambda}_0 = \boldsymbol{Q} \tag{5.3.40}$$

式(5.3.39) 的解可以依次求得。

矩阵指数 $\exp(h\boldsymbol{\Omega}/2)$ 元素为常系数。把该指数展开成麦克劳林幂级数

(степенной ряд Маклорена)

$$\exp\left(\frac{1}{2}\boldsymbol{\Omega}\right) \approx \boldsymbol{B}_k = \sum_{k=0}^{K} \frac{h^k}{k!}\left(\frac{1}{2}\boldsymbol{\Omega}\right)^k \tag{5.3.41}$$

保留最后展开式中一定的项数,可以得到相应阶次逼近的龙格－库塔方法

$$\boldsymbol{\Lambda}_{j+1} = \boldsymbol{B}_k \boldsymbol{\Lambda}_j \tag{5.3.42}$$

特别广泛使用的是梯形法或二阶龙格－库塔方法:

$$\left.\begin{aligned}
\lambda_{0,j+1} &= [1 - 0.125h^2(\omega_x^2 + \omega_y^2 + \omega_z^2)]\lambda_{0i} - \\
&\quad 0.5h\omega_x\lambda_{1i} - 0.5h\omega_y\lambda_{2i} - 0.5h\omega_z\lambda_{3i} \\
\lambda_{1,j+1} &= 0.5h\omega_x\lambda_{0i} + [1 - 0.125h^2(\omega_x^2 + \omega_y^2 + \omega_z^2)]\lambda_{1i} + \\
&\quad 0.5h\omega_z\lambda_{2i} - 0.5h\omega_y\lambda_{3i} \\
\lambda_{2,j+1} &= 0.5h\omega_y\lambda_{0i} - 0.5h\omega_z\lambda_{1i} + \\
&\quad [1 - 0.125h^2(\omega_x^2 + \omega_y^2 + \omega_z^2)]\lambda_{2i} + 0.5h\omega_x\lambda_{3i} \\
\lambda_{3,j+1} &= 0.5h\omega_z\lambda_{0i} + 0.5h\omega_y\lambda_{1i} - 0.5h\omega_x\lambda_{2i} + \\
&\quad [1 - 0.125h^2(\omega_x^2 + \omega_y^2 + \omega_z^2)]\lambda_{3i}
\end{aligned}\right\} \tag{5.3.43}$$

5.5.3 航天飞行器输出遥测信息的处理

假设我们运用的遥测信息是在物体(例如,航天飞行器)角速度矢量及方位四元数离散时刻 t_i 的值。在信息采集状态中上述值可以在 T 时间范围内以步距 h 获得,因此就会产生一个问题:根据对惯性坐标系方位提出的四元数值恢复物体实际的旋转运动。假设在某个时间范围中具有这种四元数值的时刻分布相当频繁。这些值应该通过具有连续二阶导数的四元数时间函数来平滑。对该函数求微分可以求得角速度 ω 和角加速度 $\frac{\mathrm{d}\omega}{\mathrm{d}t}$,结果可以得到对物体旋转运动的逼近。

对于提出物体方位的惯性坐标系运用的是与地球赤道相关的右手坐标系 $EY_1Y_2Y_3$。点 E 是地球中心,轴 EY_1 朝向 2 000.0 时代春分点,轴 EY_3 朝向相应的世界北极。

物体的方位指的是与物体壳体刚性连接的右手坐标系 $Oy_1y_2y_3$ 的方位。点 O 是物体的质心,轴 Oy_1 平行其纵轴。坐标系 $Oy_1y_2y_3$ 对于坐标系 $EY_1Y_2Y_3$ 的位置借助于具有单位规范($\| q \| = 1$)的四元数 $q = (q^{(0)}, q^{(1)}, q^{(2)}, q^{(3)})$ 设定提出。

我们把从 $Oy_1y_2y_3$ 坐标系列 $EY_1Y_2Y_3$ 坐标系的过渡矩阵表示为 $\boldsymbol{A} = \| a_{ij} \|_{i,j=1}^{3}$,这里 a_{ij} 是轴 EY_i 和 Oy_i 之间的角的余弦。该矩阵的元素可以借助于已知公式通过四元数 q 的分量表示。接下来矢量的分量及点的坐标在 $Oy_1y_2y_3$ 坐标系中标出。

遥测信息在 $T = (a, b)$ 时间段上采集,它包含时刻及四元数序列

$$t_i, q_i = (q_i^{(0)}, q_i^{(1)}, q_i^{(2)}, q_i^{(3)}), \quad (i = \overline{0, N}) \tag{5.3.44}$$

式中，$t_0 < t_1 < \cdots < t_N$，q_i 为在时刻 t_i 计算出的四元数 q 的值。提出物体方位的四元数的计算精度达到符号。在式(5.3.34)中的符号 q_i 和时刻 t_0 由下列条件选出

$$q_0^{(0)} > 0, \quad \sum_{s=0}^{3} q_{i-1}^{(s)} q_i^{(s)} > 0, \quad i = \overline{1, N} \tag{5.3.45}$$

实现平滑近似的方法之一是单独地使用传统的样条逼近四元数的分量 $q_i^{(s)}(s = 0,1,2,3)$，然后对所得到总的四元数向单位规范进行规范化。例如，在数据处理时为了确定国际空间站舱段的微加速度运用的是具有连续一阶导数和二阶导数的三次样条。

该方法的缺点如下：

(1) 为了确定展开式系数必须在球面插值情况下对于每个四元数函数分量求解4个线性代数方程组。实时的过程还会更加复杂，这时每一步都需要求解新的线性代数方程组。如果 N 是插值节点数，那么要建立 $2n$ 阶次的插值样条，进行算数运算的数量会正比于 nN^2 值。

(2) 非局域性逼近，也就是在任意点插值函数的行为与在相当远节点中(其中包括在所研究区间的端点上)被逼近函数值的变动有关。

(3) 有限可微性。为了增加逼近的平滑度要求高阶样条，这使数值实现大大复杂化。

(4) 运用不同阶次的样条来逼近函数及其导数(非通用性逼近)。

如果借助于勋伯格 $B-$样条，运用显式(局域的)逼近方法可以绕过前两个复杂问题。这时每个 $B-$样条的系数都可以通过只在一定程度很近的节点中被逼近函数值按照显式公式计算。

但是运用有限的支撑无限可微原子函数能够完全排除上述缺点。我们来研究对于原子伪插值在球面上四元数函数逼近的可能性。

需要在以下均匀的网格上插值函数 $f(t) \in W_p^r(a,b)$

$$\Delta N: t_i = ih, \quad h = \frac{b-a}{N}, \quad i = \overline{0, N} \tag{5.3.46}$$

在 $W_p^r(a,b)$ 空间中选择某一有限支撑函数的位移压缩基函数 $F_r(t)$，其支撑集 $\mathrm{Supp}F_r(t) = (-M, M)$，这里 $M = [(r+1)/2]$，$[\cdot]$ 为整数部分。其中作为 $F_r(t)$，可以选择勋伯格样条 $B_r(t) \in C^{r-1}$ 或原子函数 $\mathrm{fup}_{r-1}(t) \in C^\infty$。

r 阶函数 f 在网格 ΔN 上的值可以借助于下面展开式实现(参见附录3)

$$\Phi_{N,r}(f;t) = \sum_{j=-N-M}^{N+M} c_j \varphi_{r,j}(t) \tag{5.3.47}$$

所以

$$\Phi_{N,r}(f;t) = f(t_i) \tag{5.3.48}$$

式中，$\Phi_{r,j}(t) \equiv F_r\left(\frac{t}{h} - j + \frac{1+(-1)^r}{4}h\right)$，而支撑集 $\varphi_{r,j}$ 由不等式 $|t - t_j| \leqslant$

$\frac{(r+1)h}{2}$ 确定。

我们假设基函数 $\varphi_{r,j}$ 可以构成单位化为

$$\sum_{k}\varphi_{r,j}(t)\equiv 1 \tag{5.3.49}$$

对于系数 $\varphi_{N,r}$ 精确表达的形式为

$$c_j=\sum_{s=0}^{\infty}(-1)^s\Big(\sum_{m=1}^{M}a_m\Delta^{2m}\Big)^s f_j,\quad j=\overline{0,N} \tag{5.3.50}$$

式中，Δ^{2m} 为 $2m$ 阶中央分差

$$\Delta^{2m}c_i=\sum_{l=-m}^{m}C_m^l(-1)^l_{c_i+l} \tag{5.3.51}$$

由式(5.3.50)可以得出必须确定(a,b)区间以外的 f。例如，还可以借助于数值外推来实现。

下面我们通过 $\Phi_{N,r,k}(f,t)$ 来表示伪插值，它对应于由式(5.3.50)中的有限项数级数决定的系数：

$$c_{j,k}=\sum_{s=0}^{k}(-1)^s\Big(\sum_{m=1}^{M}a_m\Delta^{2m}\Big)^s f_j,\quad j=\overline{0,N} \tag{5.3.52}$$

用平滑(5.3.44)四元数分量的样条函数或原子函数形成的和四元数规范已经不等于1，但它会与1偏差很小。结果所得到的四元数函数会作为坐标系 $Oy_1y_2y_3$ 对于从坐标系 $EY_1Y_2Y_3$ 在 $t_0\leqslant t\leqslant t_N$ 区间上的旋转的逼近。$Oy_1y_2y_3$ 坐标系绝对角速度 ω 在其本征轴上的投影可以借助于该函数的导数及运动方程求得

$$\left.\begin{aligned}\omega_1&=2\Big(q^{\langle 0\rangle}\frac{dq^{\langle 1\rangle}}{dt}-q^{\langle 1\rangle}\frac{dq^{\langle 0\rangle}}{dt}+q^{\langle 3\rangle}\frac{dq^{\langle 2\rangle}}{dt}-q^{\langle 2\rangle}\frac{dq^{\langle 3\rangle}}{dt}\Big)\\ \omega_2&=2\Big(q^{\langle 0\rangle}\frac{dq^{\langle 2\rangle}}{dt}-q^{\langle 2\rangle}\frac{dq^{\langle 0\rangle}}{dt}+q^{\langle 1\rangle}\frac{dq^{\langle 3\rangle}}{dt}-q^{\langle 3\rangle}\frac{dq^{\langle 1\rangle}}{dt}\Big)\\ \omega_3&=2\Big(q^{\langle 0\rangle}\frac{dq^{\langle 3\rangle}}{dt}-q^{\langle 3\rangle}\frac{dq^{\langle 0\rangle}}{dt}+q^{\langle 2\rangle}\frac{dq^{\langle 1\rangle}}{dt}-q^{\langle 1\rangle}\frac{dq^{\langle 2\rangle}}{dt}\Big)\end{aligned}\right\} \tag{5.3.53}$$

角加速度分量的形式为

$$\left.\begin{aligned}\frac{d\omega_1}{dt}&=2\Big(q^{\langle 0\rangle}\frac{d^2q^{\langle 1\rangle}}{dt^2}-q^{\langle 1\rangle}\frac{d^2q^{\langle 0\rangle}}{dt^2}+q^{\langle 3\rangle}\frac{d^2q^{\langle 2\rangle}}{dt^2}-q^{\langle 2\rangle}\frac{d^2q^{\langle 3\rangle}}{dt^2}\Big)\\ \frac{d\omega_2}{dt}&=2\Big(q^{\langle 0\rangle}\frac{d^2q^{\langle 2\rangle}}{dt^2}-q^{\langle 2\rangle}\frac{d^2q^{\langle 0\rangle}}{dt^2}+q^{\langle 1\rangle}\frac{d^2q^{\langle 3\rangle}}{dt^2}-q^{\langle 3\rangle}\frac{d^2q^{\langle 1\rangle}}{dt^2}\Big)\\ \frac{d\omega_3}{dt}&=2\Big(q^{\langle 0\rangle}\frac{d^2q^{\langle 3\rangle}}{dt^2}-q^{\langle 3\rangle}\frac{d^2q^{\langle 0\rangle}}{dt^2}+q^{\langle 2\rangle}\frac{d^2q^{\langle 1\rangle}}{dt^2}-q^{\langle 1\rangle}\frac{d^2q^{\langle 2\rangle}}{dt^2}\Big)\end{aligned}\right\} \tag{5.3.54}$$

例 5.2 作为例子我们研究的问题是根据有关文献确定 2001 年春夏季国际空间站俄罗斯舱段的加速度及角速度的准静态分量。在工作舱与国际空间站对接后，国际空间站几乎一直进行有明确方向的标定方位飞行。主要是保持空间站在轨道坐标系统中，或是在绝对空间中方位不变。控制方位系统连续工作，在机械计算机中采集有关空间站旋转运动的完整信息。该部分信息在一昼夜几次发送到地面。所运用

的遥测信息是在空间站的方位、角速度矢量四元数离散时刻的值，以及方位控制系统喷气式发动机的接入时刻和工作持续时间。在空间站在一个地面接收站附近飞行时上述值以大约 1 s 的时间间隔得到，在不超过 10 min 时间内（直接采集信息状态）。测量信息还在持续时间内（通常大约循环 1 圈）被记录到专门的存储装置中，然后在方便的情况下传递到地面。在这种情况下上述值的时间间隔为 1.5 ～ 2 min。四元数值是最精确的数据，特别是对于计算工作舱微加速度的准静态分量足够了。

在图 5.6 上用标志表示的是(5.3.34) 方位四元数分量的值，它们与文献的数据接近。依次测量的时间间隔不变，为 $h=2$ min，总的测量区间为 $T=30$ min。四元数每一个分量的伪插值通过以下原子函数 $\mathrm{fup}_2(t)$ 的位移压缩基函数实现

$$\Phi_{N,3,k}(q_s;t)=\sum_{j=-1}^{N+1}C_{j,k}^{(s)}\mathrm{fup}_2\left(\frac{t}{h}-j\right)\quad(s=0,1,2,3)$$

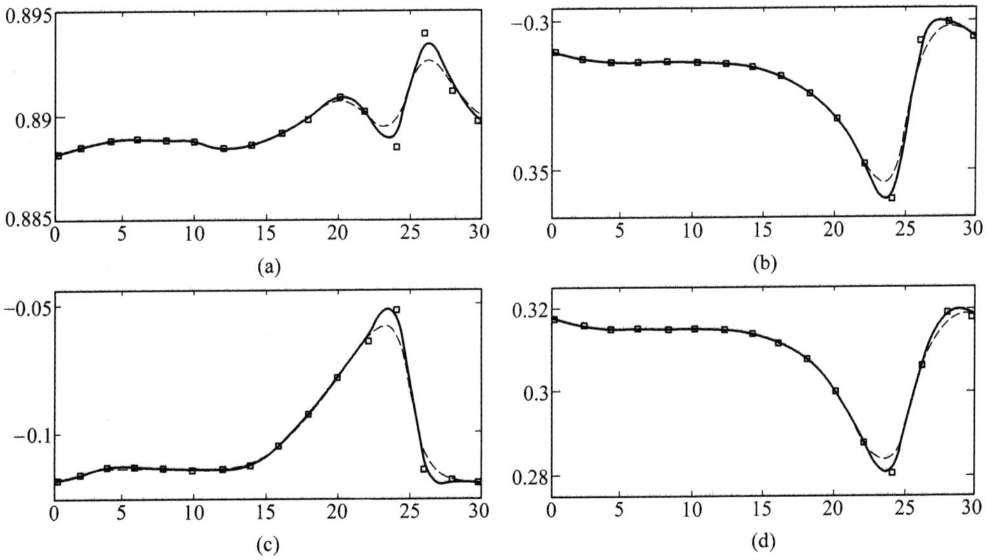

图 5.6　四元数分量 $q^{\langle 0\rangle}(a)$，$q^{\langle 1\rangle}(b)$，$q^{\langle 2\rangle}(c)$，$q^{\langle 3\rangle}(d)$ 的测量值（标记）和 0 阶伪插值（虚线），1 阶伪插值（实线）

在图 5.6 上用虚线表示的是零阶伪插值 $c_{j,0}=f_j$，用实线表示的是 1 阶伪插值

$$c_{j,1}=f_j-\frac{5}{36}(f_{j-1}-2f_j+f_{j+1})=\frac{23}{18}f_j-\frac{5}{36}(f_{j-1}+f_{j+1})$$

采用下面方法来使总的四元数满足规范化条件。只对四元数分量 $q^{\langle 1\rangle}$，$q^{\langle 2\rangle}$，$q^{\langle 3\rangle}$ 采用插值，而分量 $q^{\langle 0\rangle}$ 由以下关系式计算

$$q^{\langle 0\rangle}=\sqrt{1-(q^{\langle 1\rangle})^2-(q^{\langle 2\rangle})^2-(q^{\langle 3\rangle})^2}$$

在图 5.7 上列出的是按照式(5.3.43)，(5.3.44) 计算的角速度及加速度的相应曲线。

为了比较，在图 5.8 上表示的是运用 3 次 B－样条得到的类似关系曲线。并且实

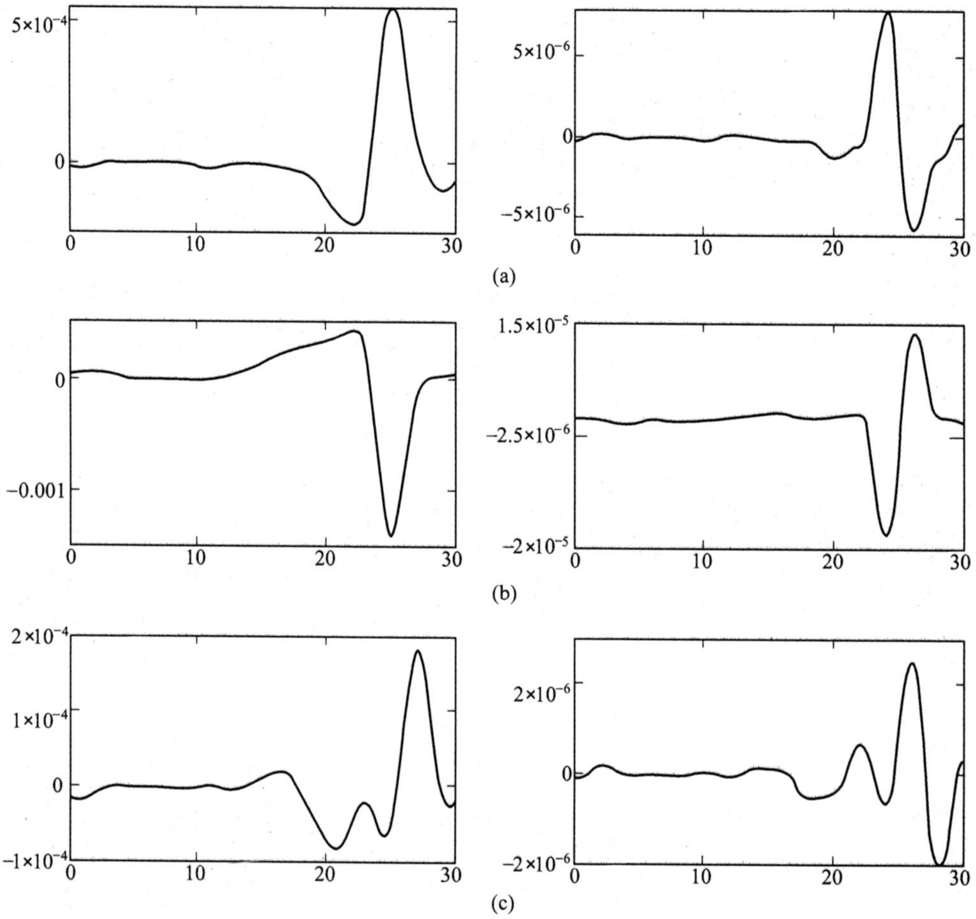

图 5.7　角速度分量(s^{-1}) 及加速度分量(s^{-2}) 的计算值(用原子函数 $fup_2(t)$ 基函数伪插值)

现了 1 阶伪插值的插值算法。

伪插值系数的形式为

$$c_{j,k}=\sum_{m=0}^{k}\left(-\frac{1}{6}\right)^{m}\Delta^{2m}f_{j}$$

所得到结果的主要差别在于二阶导数的逼近，它在样条函数情况是折线，而在原子函数 $fup_2(t)$ 情况属于 C^{∞} 类型。此外，对于计算角速度和加速度必须使用1阶及2阶样条函数，而原子函数 $fup_2(t)$ 的导数可以通过函数本身表示。

总体上，伪插值算法(不论是用原子函数还是用 B－样条) 能够对实验遥测信息进行有效地逼近和平滑，精度高、速度快。应该指出的是该种方法的以下优点：

(1) 采用原子伪插值显式算法能够大大提高方位四元数球面逼近的快速性，特别是，能够实时地实现对四元数值的高效恢复。在这种情况下没有必要在每个时间间隔上求解线性代数方程组。

(2) 对方位四元数分量的逼近精度与原子函数 $fup_n(t)$ 伪插值的阶次有关，可以

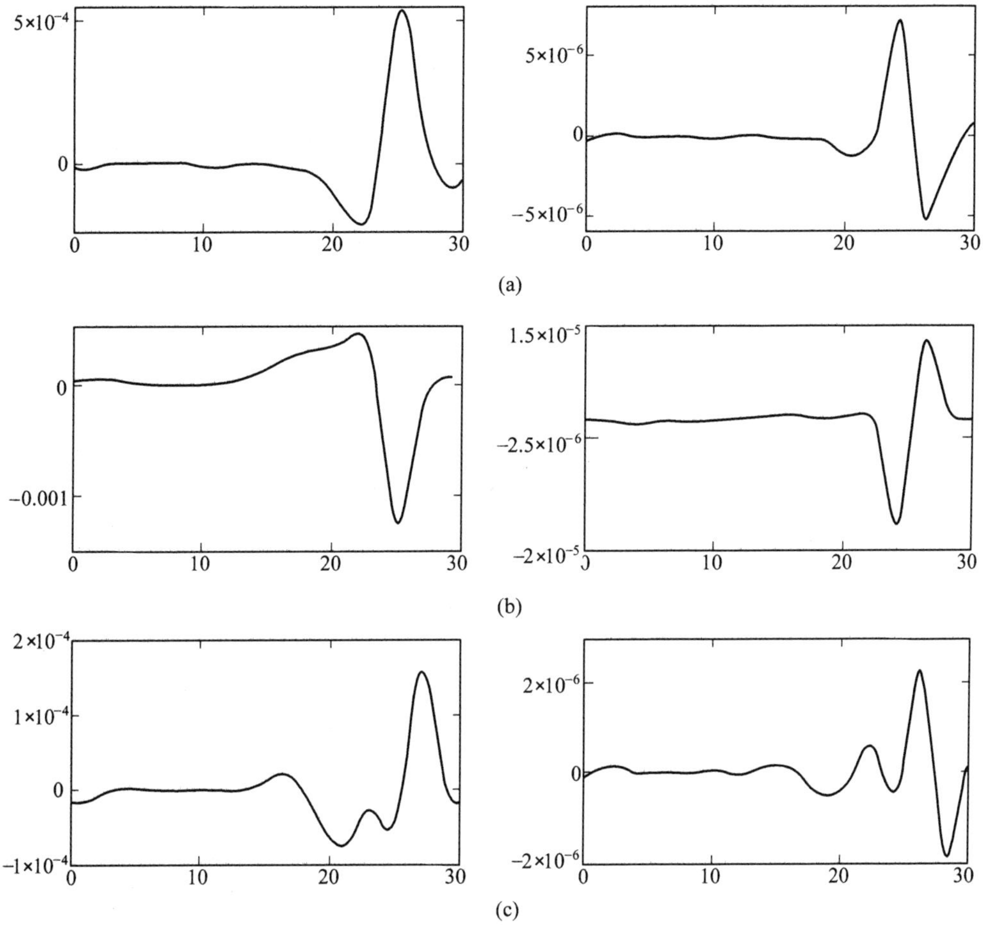

图 5.8　角速度分量(s^{-1})及加速度分量(s^{-2})的计算值(用 3 次 B—样条基函数的伪插值)

达到 $O(h^{n+1})$ 值,这里 h 为时间离散化的间隔,角速度 ω 和角加速度 $\frac{d\omega}{dt}$ 分量的逼近精度分别可以达到 $O(h^n)$ 和 $O(h^{n-1})$。

(3) 由于伪插值过程的局域性而产生数据次序的个别随机错误不会引起在整个逼近区间整体上四元数值的失真。

选择伪插值的阶次可以控制由抑制宽频带干扰条件得到数据的平滑程度。

例 5.3　我们来研究采用累积基函数来插值前面例子中的遥测数据。在图 5.9 上列出的是根据惠特克—奈奎斯特—香浓基函数和杰尔金—克拉夫琴科—巴萨拉布基函数插值的结果。显然,第一种情况的近似质量令人不满意。看来因此文献[161,162]的作者们没有研究位移压缩函数 sin c 的基函数。至于 $\hat{h}_a$ 函数,在所研究的例子中在参数值 $a\approx 2$ 时可以达到逼近质量最好。在图 5.10 上表示的是相应四元数曲线在 $\mathbf{R}^3$ 中单位球面上的投影,图 5.11 可以说明在两种形式逼近情况下角速度的行为。

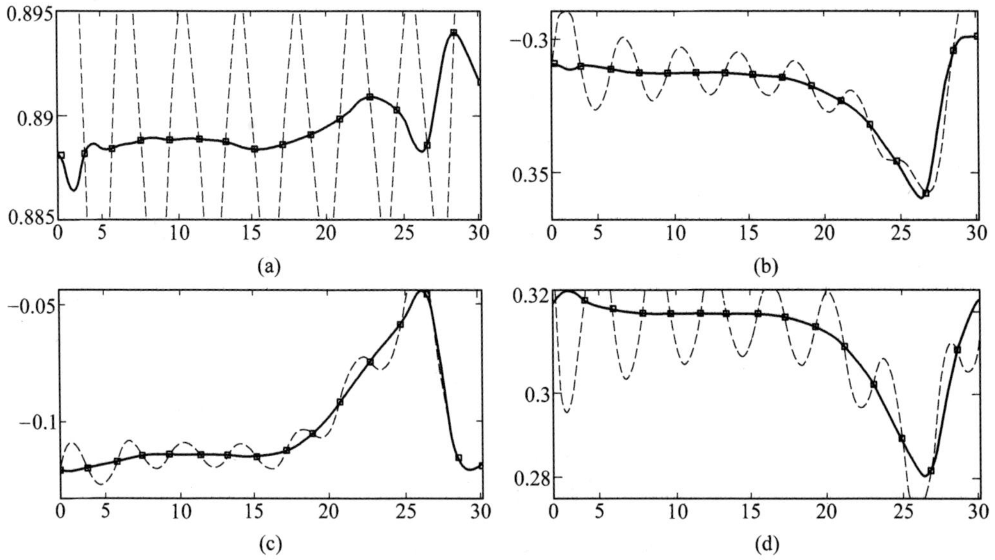

图 5.9　在 $\hat{h}_2$ 函数(实线)和 $\sin c$ 函数(虚线)基础上借助于累积基函数插值四元数分量 $q^{\langle 0\rangle}$(a),$q^{\langle 1\rangle}$(b),$q^{\langle 2\rangle}$(c),$q^{\langle 3\rangle}$(d)

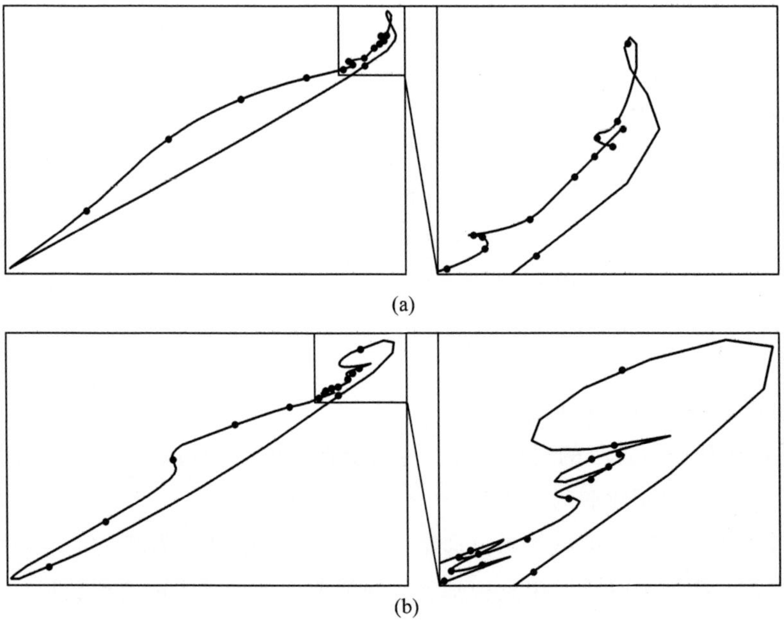

图 5.10　借助于以 $\hat{h}_2$(a) 和 $\sin c$(b) 函数为基础的累积基函数绘制的插值曲线在 $\mathbf{R}^3$ 中的单位球面上的投影

5.3.4　运用离散卡尔曼滤波器逼近遥测信息

我们来研究以下形式动力学系统的离散模型

$$\boldsymbol{x}_{k+1}=\boldsymbol{A}_k\boldsymbol{X}_k+\boldsymbol{u}_k \tag{5.3.55}$$

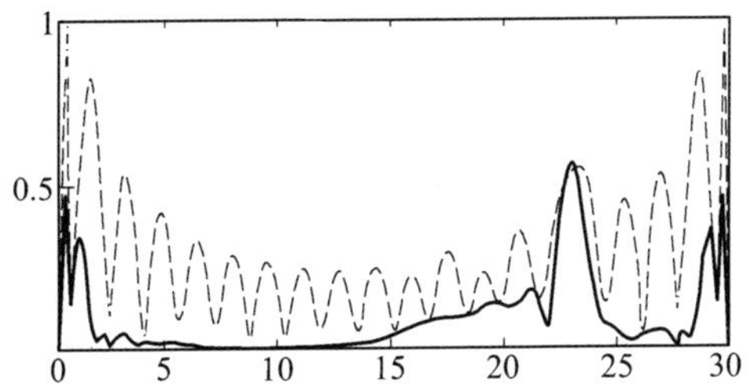

图 5.11　在用以 $\hat{h}_2$ 函数(实线)和 sin c 函数(虚线)为基础的累积基函数插值情况下的相对角速度

式中,$\boldsymbol{x}$ 为状态向量($n\times 1$);$\boldsymbol{A}$ 为系统矩阵($n\times n$);$\boldsymbol{u}$ 为噪声($n\times 1$);指数 k 对应于一定的时刻 t_k。

假设 x_k 值不是直接测量,而是通过辅助变量 $\boldsymbol{z}_k$ 测得

$$\boldsymbol{z}_k=\boldsymbol{H}_k\boldsymbol{x}_k+\boldsymbol{v}_k \tag{5.3.56}$$

式中,$\boldsymbol{H}$ 为测量矩阵($n\times n$);$\boldsymbol{V}$ 为噪声(测量误差)($n\times 1$)。

我们认为 $\boldsymbol{u}_k$ 和 $\boldsymbol{V}_k$ 分别是带有零数学期望 $\boldsymbol{Q}_k$ 和四元数矩阵 $\boldsymbol{R}_k$ 的独立随机向量序列。

从均方差最小值意义上对变量 $\boldsymbol{z}_k$ 的最佳估算值 $\boldsymbol{x}_k$ 在满足下列线性离散卡尔曼滤波器算法情况下实现。

5.3.5　线性离散卡尔曼滤波器算法

(1) 选择状态向量的初始估算值 $\tilde{\boldsymbol{x}}_0$ 和逼近误差协方差矩阵的初始估算值 $\tilde{\boldsymbol{P}}_0$;

(2) 计算卡尔曼滤波器的放大矩阵 $\boldsymbol{G}_k=\tilde{\boldsymbol{P}}_k\boldsymbol{H}_k^{\mathrm{T}}(\boldsymbol{R}_k+\boldsymbol{H}_k\tilde{\boldsymbol{P}}_k\boldsymbol{H}_k^{\mathrm{T}})^{-1}$;

(3) 修正当前估算值 $\hat{\boldsymbol{x}}_k=\tilde{\boldsymbol{x}}_k+\boldsymbol{G}_k(\boldsymbol{z}_k-\boldsymbol{H}_k\tilde{\boldsymbol{x}}_k)$;

(4) 计算预报值 $\hat{\boldsymbol{x}}_{k+1}=\boldsymbol{A}_k\tilde{\boldsymbol{x}}_k$;

(5) 修正误差的协方差矩阵 $\tilde{\boldsymbol{P}}_{k+1}=\boldsymbol{A}_k(\boldsymbol{E}-\boldsymbol{G}_k\boldsymbol{H}_k)\tilde{\boldsymbol{P}}_k\boldsymbol{A}_k^{\mathrm{T}}+\boldsymbol{Q}_k$;

(6) 重复第(2) ~ (5) 项来重新观察。

在使用上述方法借助于原子函数处理遥测信息的噪声数据时很合理地要运用线性离散卡尔曼滤波器。在这种情况下滤波算法本身具有以下简化形式。我们来研究 $f(t)$ 信号的样条或原子逼近

$$S(f;t)=\sum_{j=1}^{n}x_j(f)h_j(t) \tag{5.3.57}$$

式中,$x_j(f)$ 为展开系数,它是函数 $f_i\equiv f(t_j)$ 离散值的某一泛函数;$h_j(t)$ 为基函数(例如,上面研究的原子函数或 B－样条的位移压缩函数)。我们还假设,在测量过程中代替式(5.3.37) 观察到的是下列信号

$$z(f;t)=S(f;t)+v(t)=\sum_{j=1}^{N}x_j(f)h_j(t)+v(t) \tag{5.3.58}$$

式中，$v(t)$ 为噪声（标量函数）。那么代替式（5.3.55）、式（5.3.56）我们有

$$\boldsymbol{x}_{k+1}=\boldsymbol{x}_k,\quad \boldsymbol{z}_k=\boldsymbol{h}_k\boldsymbol{x}_k+\boldsymbol{v}_k \tag{5.3.59}$$

这里

$$\boldsymbol{x}_k=\begin{bmatrix}x_1(f)\\ \vdots \\ x_n(f)\end{bmatrix},\quad \boldsymbol{h}_k=[h_1(t_k),h_2(t_k),\cdots,h_n(t_k)]$$

结果我们有以下线性离散卡尔曼滤波器的标量算法。

5.3.6 线性离散卡尔曼滤波器的标量算法

（1）提出状态向量的初始估算值 $\tilde{\boldsymbol{x}}_0$ 和逼近误差协方差矩阵的初始估算值 $\tilde{p}_0$；

（2）计算卡尔曼滤波器的放大向量 $\boldsymbol{g}_k=\tilde{p}_k\boldsymbol{h}_k^T(r_k+\boldsymbol{h}_k\tilde{p}_k\boldsymbol{h}_k^{\mathrm{T}})^{-1}$，这里 r 为噪声的方差；

（3）修正当前的估算值 $\hat{\boldsymbol{x}}_k=\tilde{\boldsymbol{x}}_k+\boldsymbol{g}_k(\boldsymbol{z}_k-\boldsymbol{h}_k\hat{\boldsymbol{x}}_k)$；

（4）计算预报值 $\tilde{\boldsymbol{x}}_{k+1}=\hat{\boldsymbol{x}}_k$；

（5）修正误差协方差矩阵 $\tilde{\boldsymbol{P}}_{k+1}=(1-\boldsymbol{g}_k\boldsymbol{h}_k)\tilde{\boldsymbol{P}}_k$；

（6）重复（2）～（5）项，重新观察。

例 5.4 假设在 $t\in[a,b]$ 时间范围上的初始信号是频率为 ω 的谐波信号：$f(t)=\sin\omega t$。测量噪声 v 具有零平均值，且 $-0.5d\leqslant v\leqslant 0.5d$。噪声方差 $\sigma_v^2=\dfrac{d^2}{12}$。我们使用一阶原子伪插值算法在时间的均匀网格 $t_k=a+kh$ 上，以步距 $h=(b-a)/M$ 进行 $f(t)$ 近似

$$S(f;t)=\sum_{j=-1}^{n+1}x_j(f)\mathrm{fup}_2\left(\frac{t}{h}-j\right)$$

$$x_j(f)=f_j-\frac{5}{36}(f_{j-1}-2f_j+f_{j+1})$$

在图 5.12 上列出的是用线性离散卡尔曼滤波器的标量算法在以下参数情况的模拟结果

$$a=0,\quad b=100,\quad \omega=0.1,\quad d=0.5,\quad M=256,\quad N=10$$

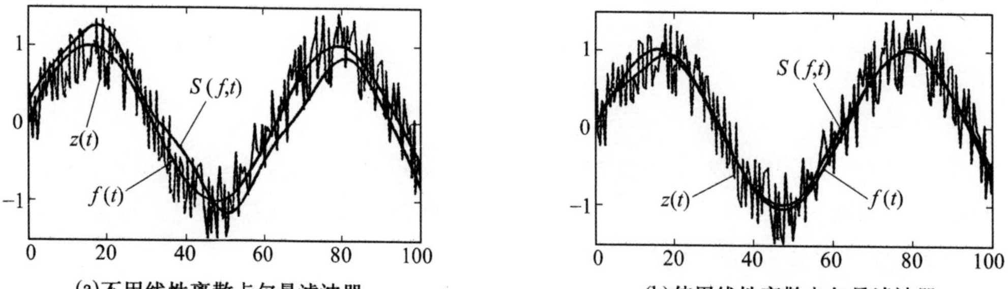

(a)不用线性离散卡尔曼滤波器　　(b)使用线性离散卡尔曼滤波器

图 5.12　根据原子函数 fup_2 对信号的伪插值

在运用线性离散卡尔曼滤波器的情况下逼近的均匀误差几乎是原来的$\frac{1}{5}$。应该指出的是，根据勋伯格三次样条类似伪插值的结果相似，但此时的逼近曲线不是无限可微的。

在逼近方位四元数时可以对其每个分量单独使用线性离散卡尔曼滤波器，之后进行规范化。但是，下面所研究的利用累积基函数运用非线性离散卡尔曼滤波看起来更受喜爱。

假设非线性离散动力学系统的形式

$$\boldsymbol{x}_{k+1}=\boldsymbol{a}_k(\boldsymbol{x}_k)+\boldsymbol{u}_k$$
$$\boldsymbol{z}_k=\boldsymbol{h}_k(\boldsymbol{x}_k)+\boldsymbol{v}_k \tag{5.3.60}$$

式中，$\boldsymbol{a}$，$\boldsymbol{h}$ 为非线性离散观察算子及测量算子，其他符号与在表达式(5.3.55)，(5.3.56)中表示的类似。

在完成非线性离散卡尔曼滤波器(英语为 Extended Kalman Filter— 广义卡尔曼滤波器)算法时实现使均方差最小化的对变量 $\boldsymbol{z}_k$ 的估算 $\boldsymbol{x}_k$。

5.3.7 非线性离散卡尔曼滤波器算法

(1) 选择状态向量的初始估算值 $\tilde{\boldsymbol{x}}_0$ 和逼近误差协方差矩阵的初始估算值 $\tilde{\boldsymbol{P}}_0$；

(2) 计算卡尔曼滤波器的放大矩阵

$$\boldsymbol{G}_k=\tilde{\boldsymbol{P}}_k\frac{\partial\boldsymbol{h}_k^{\mathrm{T}}(\boldsymbol{x}_k)}{\partial\boldsymbol{x}}\left(\boldsymbol{R}_k+\frac{\partial\boldsymbol{h}_k(\boldsymbol{x}_k)}{\partial\boldsymbol{x}}\tilde{\boldsymbol{P}}_k\frac{\partial\boldsymbol{h}_k^{\mathrm{T}}(\boldsymbol{x}_k)}{\partial\boldsymbol{x}}\right)^{-1}$$

(3) 修正当前估算值 $\hat{\boldsymbol{x}}_k=\tilde{\boldsymbol{x}}_k+\boldsymbol{G}_k(\boldsymbol{z}_k-\boldsymbol{h}_k(\tilde{\boldsymbol{x}}_k))$；

(4) 计算预报值 $\tilde{\boldsymbol{x}}_{k+1}=\boldsymbol{a}_k(\hat{\boldsymbol{x}}_k)$；

(5) 修正误差协方差矩阵

$$\tilde{\boldsymbol{P}}_{k+1}=\frac{\partial\boldsymbol{a}_k(\boldsymbol{x}_k)}{\partial\boldsymbol{x}}\left(\boldsymbol{E}-\boldsymbol{G}_k\frac{\partial\boldsymbol{h}_k(\boldsymbol{x}_k)}{\partial\boldsymbol{x}}\right)\tilde{\boldsymbol{P}}_k\frac{\partial\boldsymbol{a}_k^{\mathrm{T}}(\boldsymbol{x}_k)}{\partial\boldsymbol{x}}+\boldsymbol{Q}_k$$

(6) 重复第(2) ~ (5) 项，重新观察。

在估算非线性回归参数时(例如，四元数插值问题) 可以采用非线性卡尔曼滤波器。我们来研究用式(5.3.11) 形式的累积基函数插值四元数离散序列 $q_i(i=\overline{0,N})$

$$q(t)=q_0^{\tilde{\varphi}_0(t)}\prod_{i=1}^{N}(q_{i-1}^{-1}q_i)^{\tilde{\varphi}_i(t)}$$

式中

$$\tilde{\varphi}_i(t)=\sum_{j=i}^{N}\varphi_j(t)$$

φ_i 为初始基函数。离散动力学系统模型的形式为

$$\boldsymbol{x}_{k+1}=\boldsymbol{x}_k$$
$$\boldsymbol{z}_k=\boldsymbol{h}_k(\boldsymbol{x}_k)+\boldsymbol{v}_k \tag{5.3.61}$$

式中

$$\boldsymbol{x}_k = \begin{bmatrix} q_0 \\ q_1 \\ \vdots \\ q_N \end{bmatrix}, \quad \boldsymbol{h}_k = q_0^{\tilde{\varphi}_0(t_k)} \prod_{i=1}^{N} (q_{i-1}^{-1} q_i)^{\tilde{\varphi}_i(t_k)}$$

四元数滤波算法记录为以下形式。

非线性离散卡尔曼滤波器的四元数算法：

(1) 提出状态向量的初始估算值 $\tilde{\boldsymbol{x}}_0$ 和逼近误差协方差矩阵的初始估算值 $\tilde{\boldsymbol{P}}_0$；

(2) 计算卡尔曼滤波器的放大向量

$$\boldsymbol{g}_k = \tilde{\boldsymbol{P}}_k \frac{\partial \boldsymbol{h}_k^{\mathrm{T}}(\boldsymbol{x}_k)}{\partial \boldsymbol{x}} \left(r_k + \frac{\partial \boldsymbol{h}_k(\boldsymbol{x}_k)}{\partial \boldsymbol{x}} \tilde{\boldsymbol{P}}_k \frac{\partial \boldsymbol{h}_k^{\mathrm{T}}(\boldsymbol{x}_k)}{\partial \boldsymbol{x}} \right)^{-1}$$

式中，r 为噪声的方差。

(3) 修正当前估算值 $\hat{\boldsymbol{x}}_k = \tilde{\boldsymbol{x}}_k + \boldsymbol{g}_k(\boldsymbol{z}_k - \boldsymbol{h}_k(\tilde{\boldsymbol{x}}_k))$；

(4) 计算预报值 $\tilde{\boldsymbol{x}}_{k+1} = \hat{\boldsymbol{x}}_k$；

(5) 对状态向量的每个四元数分量 $\tilde{\boldsymbol{x}}_{k+1}$ 进行规范；

(6) 修正误差协方差矩阵

$$\tilde{\boldsymbol{P}}_{k+1} = (1 - \boldsymbol{g}_k \boldsymbol{h}_k) \tilde{\boldsymbol{P}}_k$$

(7) 重复(2) ～ (6) 项，重新观察。

在实现该算法时应该考虑到四元数代数运算的特点(参见附录 7)。

累积算子 $\boldsymbol{h}_k$ 对向量 $\boldsymbol{x}_k$ 个别向量的导数按以下公式计算

$$\frac{\partial \boldsymbol{h}_k}{\partial \boldsymbol{x}_m} = [\tilde{\varphi}_m(t_k) - \tilde{\varphi}_{m+1}(t_k)] \prod_{i=1}^{m} (q_{i-1}^{-1} q_i)^{\tilde{\varphi}_i(t_k)} q_m^{-1} \prod_{i=m+1}^{N} (q_{i-1}^{-1} q_i)^{\tilde{\varphi}_i(t_k)}$$

$$(0 < m < N)$$

$$\frac{\partial \boldsymbol{h}_k}{\partial \boldsymbol{x}_0} = [\tilde{\varphi}_0(t_k) - \tilde{\varphi}_1(t_k)] q_0^{-1} q(t_k), \quad \frac{\partial \boldsymbol{h}_k}{\partial \boldsymbol{x}_N} = \tilde{\varphi}_N(t_k) q(t_k) q_N^{-1}$$

例 5.5　假设方位的初始单位四元数分量形式为

$$q_0(t) = \frac{\sqrt{3}}{6}\sin\frac{\sqrt{3}}{4}t + \frac{1}{2}\cos\frac{\sqrt{3}}{4}t, \quad q_1(t) = -\frac{1}{2}\cos\frac{\sqrt{3}}{4}t + \frac{\sqrt{3}}{2}\sin\frac{\sqrt{3}}{4}t$$

$$q_2(t) = \frac{\sqrt{3}}{6}\sin\frac{\sqrt{3}}{4}t + \frac{1}{2}\cos\frac{\sqrt{3}}{4}t, \quad q_3(t) = -\frac{\sqrt{3}}{6}\sin\frac{\sqrt{3}}{4}t - \frac{1}{2}\cos\frac{\sqrt{3}}{4}t$$

作为累积基函数我们选择杰尔金 － 克拉夫琴科 － 巴萨拉布基函数(5.5.29)。我们在均匀的网格上进行插值

$$t_i = a + i\frac{b-a}{N}, \quad i = \overline{0, N}$$

在网格上进行滤波

$$t'_j = a + j\frac{b-a}{M}, \quad j = \overline{0, M}$$

测量噪声 v 的四元数分量具有零平均值和相同的幅值 $-d \leqslant v \leqslant d$。噪声的方差 $\sigma_v^2 = \frac{d^2}{12}$。

在图 5.13 上表示的是噪声信号的插值曲线及运用非线性离散卡尔曼滤波器的四元数算法在以下参数值情况下的插值曲线

$$a=0, \quad b=10, \quad N=10, \quad M=256, \quad d=0.2$$

带有圆形标志的稍粗线表示的是理想信号，带有方形标志的细线表示的是插值信号。

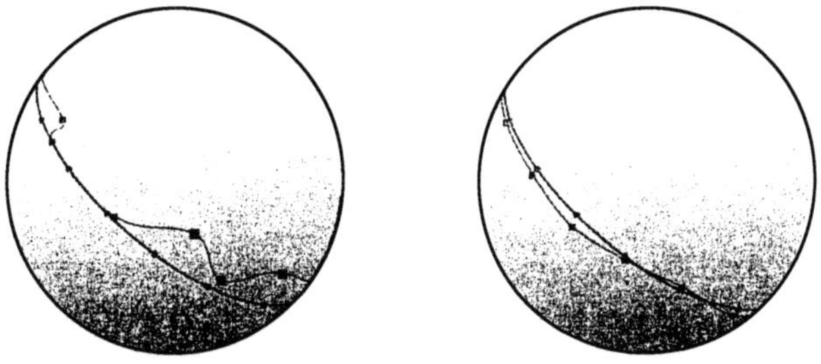

(a) (b)

图5.13 用杰尔金—克拉夫琴科—巴萨拉布累积基函数对噪声信号无滤波插值(a)和运用非线性离散卡尔曼滤波器四元数算法的带滤波插值(b)

附录1 傅科摆的固态波陀螺仪谐振子模拟

我们来研究对于式(1.2.38)或式(1.3.13)形式固态波陀螺仪谐振子边缘径向振动的表达式

$$w(\varphi,t)=p(t)\cos 2\varphi+q(t)\sin 2\varphi \qquad (\text{附 } 1.1)$$

我们在平面上取笛卡儿坐标系，并研究坐标按下列规律变化的点的轨迹：

$$\begin{cases}x=p(t)\\ y=q(t)\end{cases}$$

如果基座的旋转角速度 $\Omega=\text{const}$，函数 $p(t)$，$q(t)$ 按谐振规律变化，那么平面上点的轨迹是李萨如图形。(附 1.1) 波过程的特点会对李萨如图形的形状产生影响。如果(附 1.1)是纯驻波，那么该图形是线段(附图 1.1(a))，如果谐振子边缘上的振动过程是纯行波，那么李萨如图形是圆(附图 1.1(b))。如果(附 1.1)是在旋转谐振子中激发的驻波，李萨如图形是椭圆，其主轴对于坐标系改变方位，并且该椭圆一个主轴对 Ox 轴的倾角等于 2ϑ，这里 ϑ 为驻波波腹对于谐振子当前的方位角(附图 1.1(c))。

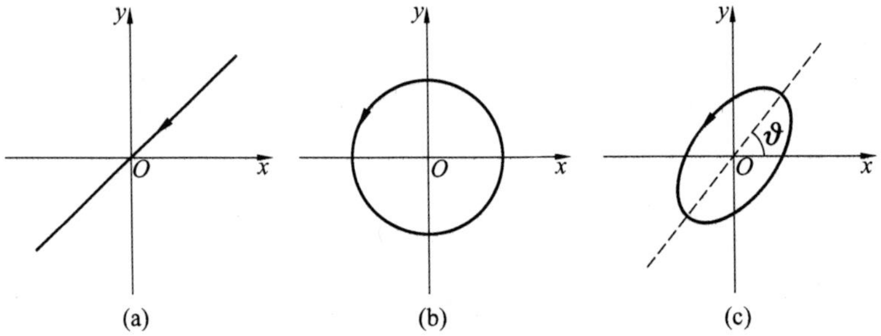

附图 1.1 李萨如图形

傅科摆的运动与固态波陀螺仪中驻波的进动类似。我们来研究下面类似情况(附图 1.2)。

假设质量为 m，带电量为 q 的小球在长度为 l 的极轻不可拉伸线上，并放入匀强磁场中，其磁感应矢量为 $\bar{\boldsymbol{B}}$，方向垂直向上。假设摆几乎在水平平面中运动，我们可以写出运动方程

$$\begin{cases}\ddot{x}-2\beta\dot{y}+\omega_0^2x=0\\ \ddot{y}+2\beta\dot{x}+\omega_0^2y=0\end{cases} \qquad (\text{附 } 1.2)$$

式中，x，y 为小球在平面 Oxy 上的投影坐标；$\beta=\dfrac{q\boldsymbol{B}}{2m}$；$\omega_0=\sqrt{g/l}$；$g$ 为自由落体加速

度。

引入复数值 $z=x+\mathrm{i}y$,可得方程

$$\ddot{z}+2\mathrm{i}\beta\dot{z}+\omega_0^2 z=0 \qquad (附 1.3)$$

其解我们写为

$$z(t)=\mathrm{e}^{-\mathrm{i}\beta t}(C_1\mathrm{e}^{\mathrm{i}\omega_0 t}+C_2\mathrm{e}^{-\mathrm{i}\omega_0 t}) \qquad (附 1.4)$$

式中,C_1,C_2 为由初始条件决定的复数。

由(附 1.4)可以看到,摆的振动轨迹改变自己的方位,速度为 $\beta=\frac{q\boldsymbol{B}}{2m}$,与固态波陀螺仪波场的旋转类似。

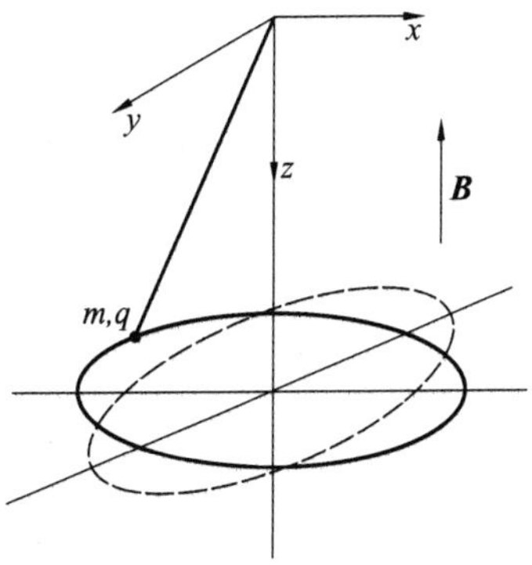

附图 1.2

附录2 平衡的进化算法

假设密度沿圆周角初始分布的形式为

$$\rho(\varphi)=\rho_0+\sum_{k=1}^{4}\rho_k\cos k(\varphi-\varphi_k) \tag{附 2.1}$$

每一组去掉的质量(图 2.7) 都可以通过 3 个参数来描述:

(1) 方位角 ψ_k;

(2) 去掉区域的宽度 $\Delta\psi_k$;

(3) 去掉区域的高度(深度)$\Delta\rho_k$。

我们把去除的密度按圆周角展开成傅里叶级数

$$\rho^{(k)}(\varphi)=\frac{k\Delta\rho_k\Delta\psi_k}{2\pi}\left[1+2\sum_{j=1}^{\infty}\operatorname{sinc}\frac{jk\Delta\psi_k}{2}\cos jk(\varphi-\psi_k)\right] \tag{附 2.2}$$

在最后的表达式中在实际计算中必须取的级数项数直接取决于去除质量区域的宽度:在 $\Delta\psi_k$ 趋近于零的情况下式(附 2.2) 变成 δ 函数的发散傅里叶级数。

可以按照

$$fit=\int_0^{2\pi}\left[\rho(\varphi)-\sum_{k=1}^{4}\rho^{(k)}(\varphi)-R\right]^2\mathrm{d}\varphi \tag{附 2.3}$$

值或其离散模拟值的微小程度来估算平衡质量。式中 R 为某一特征半径,例如可以选为 $R=\min\limits_{\varphi\in[0,2\pi)}\rho(\varphi)$。换句话说,式(附 2.3) 均方差描述的是平衡之后新的密度分布与沿圆周角均匀的密度 R 的接近程度。

遗传算法的整体方案,所提出的求最佳组合($\psi_k,\Delta\psi_k,\Delta\rho_k$)($k=1,2,3,4$) 问题是多参数问题,其特点是存在很多局部极小值。在求解这类问题时遗传算法很有效。

遗传算法属于进化优化策略类型。与传统的研究方法不同,遗传算法可以同时处理几个不同的解。在借助于遗传算子在现有解的集合中每次迭代都会形成新的解的集合(所谓的“代”)。对遗传算法解的处理以编码形式、染色体形式实现。每种染色体都由一组基因组成。通常基因用一个数或几个数表示。遗传算子把基因看作一个不可分割的概念。

遗传算法在其工作过程中会从现有的解中挑选出最好的。为此要运用所谓的自适应函数(Fitness Function)。算法的收敛性正是受最佳解选择的制约。

在实现遗传算法时的主要问题之一是选择对解的编码方式。在所研究的情况中每个染色体基因都对应于一组脉冲,它们沿谐振子周边均匀分布,并且第 i 组包含 $i+1$ 个脉冲。因此可以保证求解不破坏第一种模式(质心的平衡)。每个基因都包含相应一组脉冲位置的信息，也就是其方位角 ψ，以及脉冲宽度 $\Delta\psi$。这两个值都用弧度计算。

还存在几种不同方案的遗传算法。对于解决所提出的问题曾采用以下方案：

(1) 第 1 代由 10 个随机解形式；

(2) 每下一代都由上一代形成，可以运用遗传繁殖算子(3 个解)，遗传交叉算子(5 个解) 和遗传突变算子(2 个解)；

(3) 每个当代的解都要经过局部优化过程；

(4) 在同一代中不允许有相似解。添加与在当代中现存解类似的解会被忽略。

如果对于同一个谐波 K 同时存在 $|\Delta\psi_{1,k}-\Delta\psi_{2,k}|<0.1$ 和 $|\psi_{1,k}-\psi_{2,k}|<0.1$，两个解认为是相同的。

遗传算子 —— 繁殖是遗传算子，它把上代的部分染色体简单地复制到当代。在实现这种遗传算法时前一代的染色体按照解的质量降低顺序保存。这就能够在挑选时运用上一代染色体的位置作为决定其质量的性能指标。所选用的策略能够挑选出 $i=nr^2+1$ 号染色体，这里 n 为前一代的大小，r 为随机数，$r\in[0,1)$。为了保证一代一代地保存最好的解，繁殖也一定要复制上一代最好的解。要补充的是，为避免多余的优化工作，禁止重复选择某一染色体：i 的计算一直持续到找到还没参加这次繁殖的解。

遗传交叉算子选出 2 个解，从前一代选出 2 对父母，使它们结合，形成 2 个新的解。在这种算法中运用的是参数均匀交叉。算子的作用原理如下：假设 $P_{1,k}$ 为第一个父辈解的第 k 个基因，$P_{2,k}$ 为第二个父辈解的第 k 个基因。那么概率为 P 第一个总染色体的第 k 个基因 $r_{1,k}=P_{1,k}$ 和 $r_{2,k}=P_{2,k}$，而概率为 $(1-p)r_{1,k}=P_{2,k}$ 和 $r_{2k}=P_{1,k}$。从父辈解中每次选择的策略都与上面对于繁殖所描述的策略相同，但是不允许父辈解重复。为此要重复选择过程，直到得到 2 个不重复的解。

突变 —— 这是染色体自发变性的过程，它既能够改善解，也能使解变坏。突变工作中可以改变所选择染色体每个基因的每个值。ψ 和 $\Delta\psi$ 值变化的模分别不超过 2.0 及 1.0。对于突变算子所运用的选择染色体策略与对于繁殖情况相同。

局部优化过程 —— 补加到当代的每个解都要经过局部优化过程。所有情况，其中包括对于繁殖算子都要采用该原则：优化过程不能保证导致局部最小值，只是接近它，因此对于一个解连续几次采用优化过程是有意义的。

我们根据按坐标下降原则进行优化。对于每个基因的每个组成部分(ψ 及 $\Delta\psi$)按次序采用局部优化。为此所研究解的参数会随着差距的增加而发生变化，直至这种变化不再导致结果的改善为止。然后按照类似方式进行相反方向的运动。

以初始步距为 δ 对参数 x 进行单方向优化的过程可以用伪语言描述如下：

(1)$i\leftarrow 0, x_0\leftarrow x$；

(2)$i\leftarrow i+1$；

(3) $x_i \leftarrow x_{i-1} + \delta$；

(4) 如果 $i > 5$ 或 $fit(x_i) \geqslant fit(x_{i-1})$，那么 $x_i \leftarrow x_{i-1}$，中止优化过程；

(5) 否则 $\delta \leftarrow 3\delta$，转向第 2 步。

向相反方向的运动按相同算法进行，但 δ 为负。重复整个优化过程，直到至少有一个当前迭代值不会使解得到改善，但不超过 10 次。

附例 2.1 曾经从第二种振型开始，运用随机模式值问题来评估算法的效果。零模式总是取 1.1，第一种模式取 0。染色体的长度是 3 个基因，也就是对于平衡谐振子运用了 3 组脉冲：2 元的，3 元的，4 元的。去除质量为 0.05，在附表 2.1 中列出的是初始数据(振幅 ρ_k，相位 φ_k，弧度)，在附表 2.2 中列出的是完成 4 次数值实验的整体结果。在附表 2.3 中列出的是对于问题 2 的进化过程动力学。

附表 2.1

模式号	问题号			
	1	2	3	4
2	0.008 5/0.34	0.047 8/0.20	0.018 1/3.43	0.015 6/5.01
3	0.035 9/2.43	0.041 7/1.35	0.039 7/0.30	0.012 5/0.30
4	0.010 8/3.49	0.003 1/3.64	0.015 6/3.44	0.021 5/9.47

附表 2.2

问题的参数	问题号				平均值
	1	2	3	4	
代数	24	27	27	38	29
第 1 代中最佳解的品质(*fit*)	0.003 0	0.004 8	0.004 0	0.002 0	0.003 5
所得到解的品质(*fit*)	0.001 3	0.002 1	0.001 0	0.001 1	0.001 4
解的改善程度 /%	56.7	56.3	75.0	45.0	58.3

附表 2.3

号	*fit*	ψ_2	$\Delta\psi_2$	ψ_3	$\Delta\psi_3$	ψ_4	$\Delta\psi_4$
1	0.0048 39	6.333 364	2.093 154	4.603 246	1.387 117	4.759 822	0.930 273
2	0.0040 77	3.208 366	2.159 6	6.557 403	1.110 533	4.765 822	0.932 273
3	0.0036 94	0.266 02	2.211 094	4.485 311	1.394 794	5.001 822	0.964 633
4	0.0031 48	6.543 824	2.104 055	2.391 169	1.219 432	5.001 022	0.990 513

续附表 2.3

号	*fit*	ψ_2	$\Delta\psi_2$	ψ_3	$\Delta\psi_3$	ψ_4	$\Delta\psi_4$
5	0.0031 37	0.279 62	2.142 694	2.389 569	1.219 842	5.004 222	0.984 143
6	0.0025 39	0.123 22	1.424 704	1.392 02	3.221 291	3.640 4	3.640 4
7	0.0025 28	0.137 62	1.445 504	1.385 63	3.198 89	6.552 8	6.552 8
8	0.0021 47	0.199 62	1.561 104	1.349 64	2.975 291	7.280 4	7.280 4
9	0.0021 45	0.197 22	1.559 094	1.349 65	2.977 331	7.280 4	7.280 4
10	0.002 145	0.197 22	1.559 094	1.349 25	2.977 341	7.280 4	7.280 4
11	0.002 145	0.197 22	1.559 094	1.349 24	2.977 351	7.280 4	7.280 4
12	0.002 145	0.197 22	1.559 094	1.349 24	2.977 351	7.280 4	7.280 4
13	0.002 145	0.197 22	1.559 094	1.349 24	2.977 351	7.280 4	7.280 4
14	0.002 145	0.197 22	1.559 094	1.349 24	2.977 351	7.280 4	7.280 4
15	0.002 145	0.197 22	1.559 094	1.349 24	2.977 351	17.473 59	17.473 59
16	0.002 145	0.197 22	1.559 094	1.349 24	2.977 351	12.377 59	12.377 59
17	0.002 145	0.197 22	1.559 094	1.349 24	2.977 351	16.745 98	16.745 98
18	0.002 145	0.197 22	1.559 094	1.349 24	2.977 351	20.385 6	20.385 6
19	0.002 145	0.197 22	1.559 094	1.349 24	2.977 351	9.465 195	9.465 195
20	0.002 145	0.197 22	1.559 094	1.349 24	2.977 351	1.456	1.456
21	0.002 145	0.197 22	1.559 094	1.349 24	2.977 351	0	0
22	0.002 145	0.197 22	1.559 094	1.349 24	2.977 351	20.385 6	20.385 6
23	0.002 145	0.197 22	1.559 094	1.349 24	2.977 351	2.912 8	2.912 8
24	0.002 145	0.197 22	1.559 094	1.349 24	2.977 351	20.385 6	20.385 6
25	0.002 145	0.197 22	1.559 094	1.349 24	2.977 351	7.280 8	7.280 8
26	0.002 145	0.197 22	1.559 094	1.349 24	2.977 351	20.386	20.386
27	0.002 145	0.197 22	1.559 094	1.349 24	2.977 351	3.640 4	3.640 4

自适应函数的优化 —— 遗传算法的快速性在很大程度上取决于在每步求解中所得到的品质估算时间(自适应函数)。运用表达式(附 2.3) 及其离散模拟算法会大大降低进化过程的进程。因此,找到函数 *fit* 对所研究平衡过程最简单的表达很重要。

我们运用式(附 2.1),(附 2.2) 把 $\rho-\sum_{k=1}^{4}\rho^{(k)}$ 的差写成以下形式

$$\tilde{\rho}(\varphi)=\rho(\varphi)-\sum_{k=1}^{4}\rho^{(k)}(\varphi)=\left[\rho_0-\frac{1}{2\pi}\sum_{k=1}^{4}k\Delta\rho_k\Delta\psi_k\right]+$$

$$\left[\rho_1\cos(\varphi-\varphi_1)-\frac{\Delta\rho_1\Delta\psi_1}{\pi}\mathrm{sinc}\,\frac{\Delta\psi_1}{2}\cos(\varphi-\psi_1)\right]+$$
$$\left[\rho_2\cos 2(\varphi-\varphi_2)-\frac{\Delta\rho_1\Delta\psi_1}{\pi}\mathrm{sinc}\,\Delta\psi_1\cos 2(\varphi-\psi_1)-\right.$$
$$\left.\frac{2\Delta\rho_2\Delta\psi_2}{\pi}\mathrm{sinc}\,\Delta\psi_2\cos 2(\varphi-\psi_2)\right]+$$
$$\left[\rho_3\cos 3(\varphi-\varphi_3)-\frac{\Delta\rho_1\Delta\psi_1}{\pi}\mathrm{sinc}\,\frac{3\Delta\psi_1}{2}\cos 3(\varphi-\psi_1)-\right.$$
$$\left.\frac{3\Delta\rho_3\Delta\psi_3}{\pi}\mathrm{sinc}\,\frac{3\Delta\psi_3}{2}\cos 3(\varphi-\psi_3)\right]+$$
$$\left[\rho_4\cos 4(\varphi-\varphi_4)-\frac{\Delta\rho_1\Delta\psi_1}{\pi}\mathrm{sinc}(2\Delta\psi_1)\cos 4(\varphi-\psi_1)-\right.$$
$$\frac{2\Delta\rho_2\Delta\psi_2}{\pi}\mathrm{sinc}(2\Delta\psi_2)\cos 4(\varphi-\psi_2)-$$
$$\left.\frac{4\Delta\rho_4\Delta\psi_4}{\pi}\mathrm{sinc}(2\Delta\psi_4)\cos 4(\varphi-\psi_4)\right]+R_5(\varphi)\qquad\text{(附 2.4)}$$

式中残留项 $R_5(\varphi)$ 含有 5,6,7 号高次谐波,它们对谐振子动力学的影响可以忽略不计。

去掉被加数 $R_5(\varphi)$,在初等三角变换后由式(附 2.4) 可得

$$\tilde{\rho}(\varphi)=\rho(\varphi)-\sum_{k=1}^{4}\rho^{(k)}(\varphi)=\rho_0-\frac{1}{2\pi}\sum_{k=1}^{4}k\Delta\rho_k\Delta\psi_k+\sum_{k=1}^{4}A_k\cos(\varphi-\alpha_k)\qquad\text{(附 2.5)}$$

式中的振幅

$$A_1=\sqrt{\rho_1^2+a_{11}^2+2\rho_1 a_{11}\cos(\varphi_1-\psi_1)}$$
$$A_2=\sqrt{A_{21}^2+a_{21}^2+2A_{21}a_{21}\cos 2(\alpha_{21}-\psi_2)}$$
$$A_3=\sqrt{A_{31}^2+a_{31}^2+2A_{31}a_{31}\cos 3(\alpha_{31}-\psi_3)}$$
$$A_4=\sqrt{A_{41}^2+A_{41}^2+2A_{41}A_{42}\cos 4(\alpha_{41}-\alpha_{42})}$$

相位

$$\alpha_1=\arctan\frac{\rho_1\sin\varphi_1+a_{11}\sin\psi_1}{\rho_1\cos\psi_1+a_{11}\cos\psi_1}$$
$$\alpha_2=\frac{1}{2}\arctan\frac{A_{21}\sin 2\alpha_{21}+a_{21}\sin 2\psi_2}{A_{21}\cos 2\alpha_{21}+a_{21}\cos 2\psi_2}$$
$$\alpha_3=\frac{1}{3}\arctan\frac{A_{31}\sin 3\alpha_{31}+a_{31}\sin 3\psi_3}{A_{31}\cos 3\alpha_{31}+a_{31}\cos 3\psi_3}$$
$$\alpha_4=\frac{1}{4}\arctan\frac{A_{41}\sin 4\alpha_{41}+A_{42}\sin 4\alpha_{42}}{A_{31}\cos 4\alpha_{41}+A_{42}\cos 4\alpha_{42}}$$

辅助振幅

$$A_{21}=\sqrt{\rho_2^2+a_{12}^2+2\rho_2 a_{12}\cos 2(\varphi_2-\psi_1)}$$

$$A_{31}=\sqrt{\rho_3^2+a_{13}^2+2\rho_3 a_{13}\cos 3(\varphi_3-\psi_1)}$$

$$A_{41}=\sqrt{\rho_4^2+a_{14}^2+2\rho_4 a_{14}\cos 4(\varphi_4-\psi_1)}$$

$$A_{42}=\sqrt{a_{22}^2+a_{41}^2+2a_{22}a_{41}\cos 4(\varphi_2-\psi_4)}$$

辅助相位

$$\alpha_{21}=\frac{1}{2}\arctan\frac{\rho_2\sin 2\varphi_2+a_{12}\sin 2\psi_1}{\rho_2\cos 2\varphi_2+a_{12}\cos 2\psi_1}$$

$$\alpha_{31}=\frac{1}{3}\arctan\frac{\rho_3\sin 3\varphi_3+a_{13}\sin 3\psi_1}{\rho_3\cos 3\varphi_3+a_{13}\cos 3\psi_1}$$

$$\alpha_{41}=\frac{1}{4}\arctan\frac{\rho_4\sin 4\varphi_4+a_{14}\sin 4\psi_1}{\rho_4\cos 4\varphi_4+a_{14}\cos 4\psi_1}$$

$$\alpha_{42}=\frac{1}{4}\arctan\frac{a_{22}\sin 4\varphi_2+a_{41}\sin 4\psi_4}{a_{22}\cos 4\varphi_2+a_{41}\cos 4\psi_4}$$

辅助参数

$$a_{11}=-\frac{2}{\pi}\Delta\rho_1\sin\frac{\Delta\psi_1}{2},\quad a_{12}=-\frac{1}{\pi}\Delta\rho_1\sin\Delta\psi_1$$

$$a_{13}=-\frac{2}{3\pi}\Delta\rho_1\sin\frac{3\Delta\psi_1}{2},\quad a_{14}=-\frac{1}{2\pi}\Delta\rho_1\sin 2\Delta\psi_1$$

$$a_{21}=-\frac{2}{\pi}\Delta\rho_2\sin\Delta\psi_2,\quad a_{22}=-\frac{1}{\pi}\Delta\rho_2\sin 2\Delta\psi_2$$

$$a_{31}=-\frac{2}{\pi}\Delta\rho_3\sin\frac{3\Delta\psi_3}{2},\quad a_{41}=-\frac{2}{\pi}\Delta\rho_4\sin 2\Delta\psi_4$$

因此,根据式(附 2.5),可以在满足条件

$$fit\equiv A_1^2+A_2^2+A_3^2+A_4^2\rightarrow 0 \qquad (附 2.6)$$

情况下得到按前四次谐波从平衡观点看最好的解。

在进化的每一步对计算过程进行应有优化情况下用于计算表达式(附 2.6)上的时间消耗要比计算(附 2.3)时少得多。

用模拟退火方法平衡。模拟退火方法的主要思想是以统计力学原理为基础,它反映的是在采用可控冷却过程(在温度依次降低到零情况下)固化时熔融材料的行为。

在缓慢的可控冷却过程中(退火)熔融体的结晶伴有其能量的整体减少,但是允许出现能量在某一时间增加的情况(例如,在加热熔融体以防止其冷却太快的情况)。由于允许能量短时间升高,有可能从收集器中输出在实施过程中产生的局部最低能量。只是温度降低到绝对零度才可能发生熔融体能量的某种自发升高。

模拟退火方法是可控冷却物理过程的算法模拟。模拟退火的经典算法可以描述如下:

(1) 在设定初始温度情况下 $T=T_{\max}$,由初始点(允许解)w 启动过程。

(2) 当 $T>0$ 时,重复 L 次下列行为:

① 从 w 周围选择新的解 w';

② 计算目标函数的变化 $\Delta = fit(w') - fit(w)$；

③ 如果 $\Delta \leqslant 0$，取 $w \leftarrow w'$；否则(在 $\Delta > 0$ 情况)取 $w \leftarrow w'$，概率 $\exp(-\frac{\Delta}{T})$，通过生成随机数 $P(0,1)$ 和使它与 $\exp(-\frac{\Delta}{T})$ 值比较。如果 $\exp(-\frac{\Delta}{T}) > P$，取新的解 $w \leftarrow w'$；否则忽略它。

(3) 运用几何级数系数 $r \in (0,1)$ 降低温度 $T \leftarrow rT$，并返回第(2)项。

(4) 温度降低到零后采用任意一种局部优化的确定性方法使目标函数达到极小值。

模拟退火方法对于带有大量可能解的多模态组合问题和多参数组合问题是特别成功的。像在使用遗传算法的情况中一样，与局部优化策略一起共同使用模拟退火算法是很有效的。

附例 2.2 我们来研究采用模拟退火算法来平衡遗传算法的谐振子。密度缺陷的初始大小及方位如下：$\rho_0 = 1, \rho_1 = 0, \rho_2 = 0.1, \rho_3 = 0.07, \rho_4 = 0.05$；$\psi_1 = 0, \psi_2 = \frac{\pi}{4}, \psi_3 = 0, \psi_4 = \frac{\pi}{3}$。

作为一次近似(启动点)我们选择参数为 $(\psi_k, \Delta\psi, \rho_k)(k = 1,2,3,4)$ 的解，这里 $\Delta\psi = \frac{\pi}{10}$。我们假设在第一步解随机变化(突变)的最大值不超过以下值：$\delta_\psi = \frac{\pi}{8}$，$\delta_{\Delta\psi} = \Delta\psi, \delta_\rho = 0$。后来随着温度的降低在每步这些振幅都按指数规律减少，因子为 $\alpha_i = 1 - \exp(-\beta T)$。式中参数 $\beta = 0.7$，在第 i 步上的温度按指数为 $r = 0.95$ 的几何级数减少，$T_i = rT_{i-1}$。初始温度 $T_{\max} = T_0 = 100$，最终温度(结束过程的标准)$T_{\text{fin}} = 0.01$。自适应函数根据式(附 2.3)确定，半径 $R \approx 0.817$。对于一次近似 $fit_1 \approx 0.183$。在模拟退火过程中能够改善解的品质超过 1 个数量级：$fit_{\text{fin}} \approx 0.016$。所得到解的参数(单位为弧度)如下：

$$\psi_2 \approx 0.933, \quad \psi_3 \approx 0.974, \quad \psi_4 \approx 1.196$$

$$\Delta\psi_2 \approx 1.280, \quad \Delta\psi_3 \approx 2.836, \quad \Delta\psi_4 \approx 1.401$$

去除质量及其角度位置如附图 2.1 和附图 2.2 所示。

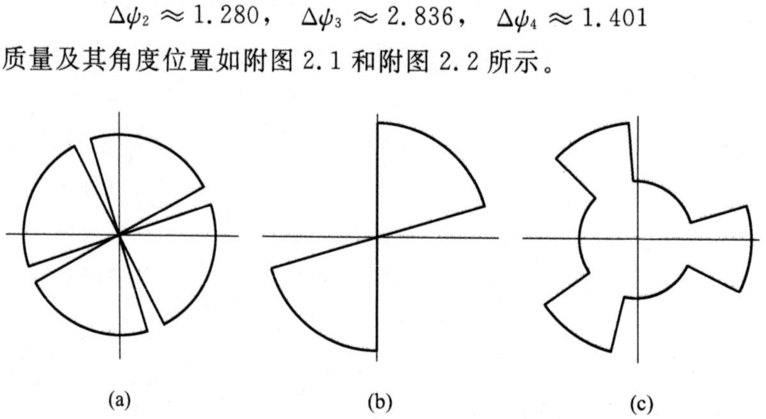

(a) (b) (c)

附图 2.1 从谐振子边缘去除的质量

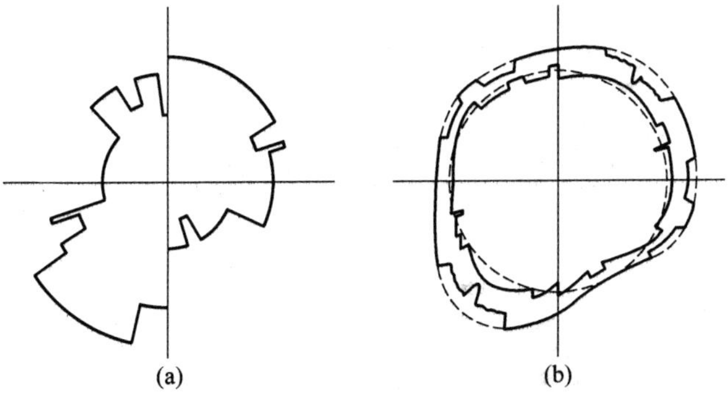

附图 2.2　去除的总质量(a)和沿谐振子边缘的质量分布;(b)平衡前(阴影线),平衡的第一步(细实线),平衡结束(半粗实线);理想轮廓(虚线)

附录3　用原子函数 up(x) 和 fup$_n$(x) 逼近

原子函数是以下形式函数微分方程的支撑解

$$\sum_{n=1}^{N} d_n y^{(n)}(x) = \sum_{m=1}^{M} C_m y(ax - b_m) \tag{附 3.1}$$

式中，a, d_n, C_m, b_m 为数值参数，且 $|a| > 1$。原子函数类型中最简单，同时也最基础的函数是满足下列方程、支撑集为$[-1,1]$的函数 up(x)

$$\frac{1}{2}\mathrm{up}'(x) = [\mathrm{up}(2x+1) - \mathrm{up}(2x-1)] \tag{附 3.2}$$

up(x) 的傅里叶变换形式为

$$\hat{F}(p) = \prod_{k=1}^{\infty} \mathrm{sinc}\,\frac{p}{2^k} \tag{附 3.3}$$

式中

$$\mathrm{sinc}(x) \equiv \frac{\sin x}{x}$$

函数 up(x) 是偶函数，$\mathrm{up}(0)=1$，$\int_{-1}^{1}\mathrm{up}(x)\mathrm{d}x = 1$。在区间$[-1,0]$上为递增函数，在区间$[0,1]$上为递减函数，在 $x \in [0,1]$ 时，$u(1-x) = 1 - \mathrm{up}(x)$。函数 up($x$) 的 n 阶导数按下列公式计算

$$\mathrm{up}^{(n)}(x) = 2^{n(n+1)/2} \sum_{k=1}^{2^n} \delta_k \mathrm{up}(2^n x + 2^n + 1 - 2k) \tag{附 3.4}$$

这里递推序列

$$\delta_1 = 1, \delta_{2k} = -\delta_k, \delta_{2k-1} = \delta_k, \quad k = 1,2,\cdots$$

借助于类似勋伯格 B－样条方程的递推关系可以得到整数一簇原子函数 fup$_n$(x)

$$\mathrm{fup}_n(x) = K \cdot \mathrm{fup}_{n-1}(x) * B_0(x)$$

$$\mathrm{fup}_0(x) \equiv \mathrm{up}(x)$$

式中，“$*$”是卷积符号，K 为规范化因子，通常由下列条件中的一个确定：

(1)$\mathrm{fup}_n(0) = 1$；

(2)$\sum_k \mathrm{fup}_n(x-k) \equiv 1$(单位分解)；

(3)$\int_{-\infty}^{\infty}\mathrm{fup}_n(x)\mathrm{d}x = 1$。

在个别情况对于原子函数 fup$_0$(x) 会同时满足所有这三个条件。函数 fup$_n$(x)

为支撑函数，支撑集为

$$\operatorname{supp}\ \mathrm{fup}_n(x)=\left(-\frac{n+2}{2},\frac{n+2}{2}\right)$$

其傅里叶函数的形式为

$$\hat{F}_n(p)=K\operatorname{sinc}^n\frac{p}{2}\prod_{k=1}^{\infty}\operatorname{sinc}\frac{P}{2^k}=K\sin c^n\frac{p}{2}\cdot\hat{F}(p)$$

原子函数 $\mathrm{fup}_n(x)$ 满足函数微分方程

$$\mathrm{fup}_n'(x)=2\sum_{k=0}^{n+2}(\mathrm{C}_{n+1}^k-\mathrm{C}_{n+1}^{k-1})\mathrm{fup}_n\left(2x-k+\frac{n+2}{2}\right)$$

运用下列事实来计算原子函数 $\mathrm{up}(x)$，其成分为

$$\begin{cases}a_n=\int_{-1}^{1}x^n\mathrm{up}(x)\mathrm{d}x\\ b_n=\int_{0}^{1}x^{n+1}\mathrm{up}(x)\mathrm{d}x\end{cases}\tag{附 3.5}$$

已知，并可以使用下列递推关系来表达

$$a_0=1,\quad a_{2n}=(-1)^n c_{2n}(2n)!,\quad a_{2n-1}=0$$

$$b_0=\frac{1}{2},\quad b_{2n}=\frac{a_{2n}}{2},\quad b_{2n-1}=\frac{1}{n2^{2n+1}}\sum_{k=0}^{n}\mathrm{C}_{2n}^{2j}a_{2n},\quad n=1,2,\cdots\tag{附 3.6}$$

式中

$$c_0=1,\quad c_{2n}=\frac{1}{4^n-1}\sum_{j=0}^{n-1}\frac{(-1)^{n-j}c_{2j}}{(2n-2j+1)!},\quad n=1,2,\cdots\tag{附 3.7}$$

函数 $\mathrm{up}(x)$ 在 $k2^{-n}$ 形式的二进制有理点中是 n 阶多项式，它在这些点的值是有理数

$$\mathrm{up}(k2^{-n})=1-\frac{2^{(-n^2+n+1)/2}}{n!}\sum_{j=1}^{k}\delta_j\sum_{l=0}^{[n/2]}\mathrm{C}_n^{2l}(k-j+2^{-1})^{n-2l}a_{2l}2^{-2l}$$

$$\mathrm{up}(2^{-n})=1-\frac{b_{n-1}}{2^{n(n-1)/2}(n-1)!}\tag{附 3.8}$$

所有原子函数都是无限可微的，但并非解析函数，也就是说，不能运用泰勒级数的展开式来计算原子函数的值，因为它或是具有零收敛半径，或是通过代数多项式表示，不能简化为支撑函数。为了通过其成分在支撑集的任意一点求得 $\mathrm{up}(x)$，可运用下列形式的快收敛级数

$$\mathrm{up}(x)=1+\sum_{k=1}^{\infty}\frac{(-1)^{s_k}p_k}{2^{2k(k-1)/2}}\sum_{j=0}^{k}\frac{b_{k-j-1}}{(k-j-1)!\ j!}(|x|\cdot 2^k-[|x|\cdot 2^k])^j$$

$$(0\leqslant x<1)\tag{附 3.9}$$

式中

$$b_{-1}=1,\quad s_k=\sum_{j=1}^{k}p_j,\quad p_k=[|x|\cdot 2^k]\bmod 2$$

还可以把函数 $\mathrm{up}(x)$ 按拉格朗日正规多项式 $L_N(x)$ 展成级数

$$\mathrm{up}(x)=\sum_{j=0}^{\infty}\left(\sum_{k=0}^{j}z_{2j,k}a_{2j-2k}\right)L_{2j}(x) \tag{附 3.10}$$

式中

$$z_{j,k}=(-1)^{k}\mathrm{C}_{j}^{k}\frac{(2j-2k)!\ \sqrt{2j+1}}{2^{j+\frac{1}{2}}j!\ (j-2k)!}(2k\leqslant j),\quad L_{n}(x)=\sum_{k=0}^{[n/2]}z_{n,k}x^{n-2k}$$

或者运用奇偶性，展开成正弦傅里叶级数

$$\mathrm{up}(x)=\frac{1}{2}+\sum_{j=1}^{\infty}\left(\prod_{k=1}^{\infty}\mathrm{sinc}\,\frac{\pi(2j-1)}{2^{k}}\right)\cos\pi(2j-1)x \tag{附 3.11}$$

还有一种通过式(附 3.8)二进制有理点的值计算原子函数 $\mathrm{up}(x)$ 的方法是通过某一基函数组对其进行插值。为了保持原子函数的一个主要性质 —— 无限可微，例如，可以运用惠特克－奈奎斯特－香浓级数展开式(参见附录 3)

$$\mathrm{up}(x)=\sum_{k=-2^{n}+1}^{2n-1}\mathrm{up}\left(\frac{k}{2^{n}}\right)\mathrm{sinc}[\pi(2^{n}x-k)]$$

$$(-1\leqslant x\leqslant 1) \tag{附 3.12}$$

尽管原子函数 $\mathrm{up}(x)$ 不是整函数，且具有无限谱，然而式(附 3.12) 展开式可以确保满足在区间[－1,1] 上的逼近质量。

把 $\mathrm{up}(x)$ 展开成伯恩斯坦多项式级数也是很有效的

$$\mathrm{up}(x)\approx B_{n}(\mathrm{up};x)=\sum_{k=0}^{2^{n}}\mathrm{up}\left(\frac{k}{2^{n}}\right)\mathrm{C}_{2^{n}}^{k}x^{k}(1-x)^{2^{n}-k}$$

$$(0\leqslant x\leqslant 1) \tag{附 3.13}$$

它可以确保在区间[0,1] 上均匀收敛。

函数 $\mathrm{fup}_{n}(x)$ 可以通过 $\mathrm{up}(x)$ 表达如下

$$\mathrm{fup}_{n}(x)=\sum_{i=0}^{m+1}\alpha_{i}^{(m)}\mathrm{up}\left[\frac{1}{2^{m}}\left(x-2^{m}+\frac{m}{2}+1-i\right)\right] \tag{附 3.14}$$

式中

$$\alpha_{0}^{(m)}=1,\quad \alpha_{i}^{(m)}=(-1)^{i}\mathrm{C}_{m+1}^{i}-\sum_{j=0}^{i-1}\alpha_{j}^{(m)}\delta_{i-j+1}$$

还可以通过展开成傅里叶级数来计算原子函数 $\mathrm{fup}_{n}(x)$。

用原子函数逼近，通过移动函数 $\mathrm{up}(x)$ 可以表示任意的代数多项式，也就是说，对于任意的 $n\geqslant 0$ 都存在系数 c_{k}，使下列等式成立

$$x^{n}=\sum_{k=-\infty}^{\infty}c_{k}\mathrm{up}\left(x-\frac{k}{2^{n}}\right) \tag{附 3.15}$$

这就意味着，在移动函数 $\mathrm{up}(x)$ 的线性组合中(步距为 $k2^{-n}$) 包含所有不大于 n 阶的多项式，并且，不等于零的有限项数对应于每个固定的 x。

满足性质(附 3.15)，支撑集为[－1,1] 的所有支撑函数 $\varphi(x)$ 中原子函数 $\mathrm{up}(x)$ 是最简单的；或者 $\varphi(x)$ 正比于 $\mathrm{up}(x)$，或者其导数比 $\mathrm{up}(x)$ 的导数增长得快

$$\lim_{n\to\infty}\frac{\|\varphi^{(n)}\|_{c[-1,1]}}{\|\mathrm{up}^{(n)}\|_{c[-1,1]}}=\infty$$

对于 $\mathrm{up}(x)$：$\|\mathrm{up}^{(n)}\|_{c[-1,1]}=2^{n(n+1)/2}$。

如果通过 up_n 来表示步距为 $k2^{-n}$ 的 $\mathrm{up}(x)$ 函数位移的线性组合空间

$$\sum_{k=-\infty}^{\infty}c_k\mathrm{up}(x-\frac{k}{2^n})$$

那么

(1)UP_n 空间是匹配空间：$UP_n\subset UP_{n+1}$；

(2)UP_n 空间是具有无限平滑度的样条空间的最低可能形式；

(3)UP_n 空间中存在由原子函数 $\mathrm{fup}_n(x)$ 整数位移而构成的基函数；

(4) 空间 UP_n 与多项式及样条函数一样是对于 $W^rX=\{f(x):\|f^{(r)}\|_X\leqslant 1\}$ 类型有限平滑函数的极端情况，或渐近极值情况。

我们来研究函数 $f(t)\in C^{r+1}[0,1]$ 的近似，它通过借助于函数 $\mathrm{up}(x)$ 位移压缩函数的线性组合空间 $UP_{n,r}$ 的元素

$$\sum^{k}c_k\mathrm{up}\left[\frac{1}{2^r}\left(\frac{x}{h}-k\right)\right]$$

在均匀网络 $\Delta_N:t_i=ih,h=\dfrac{1}{N},i=\overline{0,N}$ 上提出的。

假设 r 是偶数，函数 $f(t)$ 在下列点中的值已知

$$\tau_k=kh,\quad k=\overline{-\frac{r}{2},N+\frac{r}{2}}$$

空间 $UP_{n,r}$ 具有由 $\mathrm{fup}_r(x)$ 的位移压缩函数构成的基函数。通过 $\mathrm{fup}_n(x)$ 原子函数的一次原子逼近的形式为

$$\Phi_{N,r}(f;t)=\sum_{K=-M}^{N+M}c_k\varphi_{r,k}(t)\qquad(附3.16)$$

式中在 r 为偶数情况下

$$M=\frac{r}{2},\quad \varphi_{r,k}(t)\equiv\mathrm{fup}_r\left(\frac{t+T}{h}-k\right),\quad h=\frac{2T}{N}$$

通过 $\mathrm{fup}_r(x)$ 原子函数的基函数，区间覆盖次数等于 $r+2$，它与由 $(r+1)$ 阶勋伯格 B－样条构成的基函数的覆盖次数相符。

对于任意的 $h>0$，在式(附 3.16) 中都存在 C_k 使得

$$\|f(x)-\Phi_{N,r}(f;x)\|_{C^l[0,1]}\leqslant K_rh^{r-l}\omega_r(f,h)\qquad(附3.17)$$

式中，$\omega_r(f;h)$ 为函数 $f^{(r)}(x)$ 的连续模量，K_r 与 h 无关(但与 r 有关)。

我们来研究通过空间 $UP_{N,r}$ 元素在均匀网格 $\Delta N,t_i=ih,h=\dfrac{\pi}{N},i=\overline{-N,N}$ 上提出的周期函数 $f(t)\in\widetilde{C}^{r+1}[-\pi,\pi]$ 的插值。假设函数 $f(t)$ 在下列点中的值已知

$$\tau_k=T_{k,r}=\frac{4k-1+(-1)^r}{4N}\pi\qquad(附3.18)$$

函数 $f(t)$ 的 r 阶原子插值可以通过下面表达式实现

$$\Phi_{N,r}(f;t)=\sum_{k=-N-M}^{N+M}c_k\varphi_{r,k}(t),\quad M=\left[\frac{r+1}{2}\right] \tag{附 3.19}$$

式中

$$\varphi_{r,k}(t)\equiv \mathrm{fup}_r\left(\frac{t+\pi}{h}-k+\frac{1-(-1)^r}{4}h\right),\quad \Phi_{N,r}(f,\tau_j)=f(\tau_j)$$

在适当的规范化情况下函数 $\varphi_{r,k}(t)$ 的序列可以形成单位分解。由插值条件可以得出求解展开式不确定成分的代数系统

$$\left.\begin{aligned}&c_{-N-j}=c_{N-j},\quad j=0,\cdots,\left[\frac{r}{2}\right]\\&\sum_{k=-M}^{M}b_{|k|}c_{j+k}=f_j,\quad j=\overline{-N,N}\\&c_{-N+j}=c_{N+j},\quad j=1,\cdots,\left[\frac{r}{2}\right]\end{aligned}\right\} \tag{附 3.20}$$

式中，$f_j=f(\tau_j)$，$b_k\equiv\varphi_{r,0}(kh)$。该系统有主对角线，且

$$\| f(x)-\Phi_{N,r}(f;x)\|_{C[-\pi;\pi]}\leqslant(1+(r+1)[K+\xi(N)])\|\eta(x)\|_{C[-\pi;\pi]} \tag{附 3.21}$$

式中

$$\eta(x)=f(x)-\Phi_{N,r}^{*}(f;x)$$

而

$$\Phi_{N,r}^{*}(f;t)=\sum_{k=-N-M}^{N+M}c_k^{*}\varphi_{r,k}(t)$$

是最佳近似元素，式(附 3.17) 估算值对该元素正确。在式(附 3.21) 中常数 K 与 N 无关，$\lim\limits_{n\to\infty}\xi(N)=0$。

在不确定函数近似的情况下可以像对于样条函数一样，以一定方式对插值的高阶层数提出补充边界条件，这有可能要损失精度。如果要近似函数的值在初始范围以外已知，那么情况可以得到简化。这里可以通过拉格朗日插值多项式来在整个轴上延续函数，之后对延续的函数建立原子插值。那么代替式(附 3.20) 可以得到

$$\sum_{k=-M}^{M}b_{|k|}c_{j+k}=f_j,\quad j=\overline{-N-M,N+M} \tag{附 3.22}$$

式中，$c_{|k|}=0$(在 $k>N+M$ 情况下)。假设 $f(x)\in C^{r+1}(R)$，那么对于系数由求解式(2.1.22) 确定的式(附 3.19) 近似下列估算正确

$$\| f(x)-\Phi_{N,r}(f;x)\|_{C[-\pi;\pi]}\leqslant\left(1+\frac{1}{q}\right)\|\eta(x)\|_{C[-\pi;\pi]} \tag{附 3.23}$$

附录4 概周期函数

根据文献[54,55]我们可以列出概周期函数理论的基本概念。我们来研究带有任意复系数 a_n 和实指数 λ_n 的有限和的集合

$$s(x)=\sum_{n=1}^{N}a_n e^{i\lambda_n x}\quad(-\infty<x<\infty)\tag{附 4.1}$$

该集合的闭集合 $\{S(x)\}$ 由所有连续函数 $f(x)=u(x)+iv(x)$ 构成，它们可以通过和式(附 4.1)对于所有 x 均匀逼近，也就是 x 具有以下性质：对于任意 $\varepsilon>0$ 都存在 $s(x)$，使 $|f(x)-s(x)|\leqslant\varepsilon$，$-\infty<x<\infty$。这种类型的函数我们表示为 $H\{S(x)\}$。

所研究的问题与对于傅里叶谐波和 $\sum_n a_n e^{inx}$ 情况相应问题的区别是指数 λ_n 从所有实数的不可数集 $-\infty<\lambda_n<\infty$ 中选择，而不只是从可数指数集 $\lambda_n=n$ 中选出。不是整数指数集体整体 $n=0,\pm1,\pm2,\cdots$，而是各种可数的指数整体 $\lambda_1,\lambda_2,\lambda_3,\cdots$ 对应于函数 $f(x)\in H\{S(x)\}$。

作为函数 $f(x)\in H\{S(x)\}$ 最简单的例子我们可以研究函数

$$s(x)=e^{i\lambda_1 x}+e^{i\lambda_2 x}\tag{附 4.2}$$

式中，λ_1，λ_2 为不等于零的实数。被加数 $e^{i\lambda_1 x}$，$e^{i\lambda_2 x}$ 是周期函数，最小周期分别为 $p_1=\dfrac{2\pi}{|\lambda_1|}$，$p_2=\dfrac{2\pi}{|\lambda_2|}$。

可以分出两种情况：

(1) 商 $\dfrac{\lambda_1}{\lambda_2}$ 是有理数，那么 $\dfrac{p_1}{p_2}$ 也是有理数。在上述情况中可以指出两个不等于零的整数 n_1，n_2，满足等式 $n_1p_1=n_2p_2$。那么 $e^{i\lambda_1 x}$ 和 $e^{i\lambda_2 x}$ 两项具有公共的周期 $P=n_1p_1=n_2p_2$，就是说，和 $s(x)$ 是周期函数，周期为 P。

(2) 商 $\dfrac{\lambda_1}{\lambda_2}$ 是无理数，那么 $\dfrac{p_1}{p_2}$ 也是无理数。在这种情况下 p_1 和 p_2 两个数没有公倍数。那么函数 $s(x)$ 不是周期函数。但是无论如何 $\delta>0$，这里可以选出一对任意大的整数 n_1 和 n_2，使得

$$|n_1p_1-n_2p_2|<\delta$$

假设 τ 是离 n_1p_1 和 n_1p_2 很近的数。那么这个 τ 不论是对于 $e^{i\lambda_1 x}$，还是对于 $e^{i\lambda_2 x}$ 都会是概周期，也就是说对于它们的和(附 4.2)也是概周期。因此，差值 $s(x+\tau)-s(x)$ 几乎对所有 x 都非常小。

假设 $f(x)=u(x)+\mathrm{i}v(x)$ 是任意一个在 $-\infty<x<\infty$ 区间上连续的函数。如果对于所有 x 都满足

$$|f(x+\tau)-f(x)|\leqslant\varepsilon$$

那么实数 T 称为函数 $f(x)$ 的对应 ε — 移动(表示为 $\tau(\varepsilon)$ 或 $\tau_f(\varepsilon)$)。显然,函数 $f(x)$ 对应于 ε 的移动会符合任意的 $\varepsilon_1>\varepsilon$。如果 τ 是函数 $f(x)$ 的 ε 移动,那么 $-T$ 也是对于 $f(x)$ 的 ε — 移动。

ε — 移动的性质是

$$\tau(\varepsilon_1)+\tau(\varepsilon_2)=\tau(\varepsilon_1+\varepsilon_2)$$

$$\tau(\varepsilon_1)-\tau(\varepsilon_2)=\tau(\varepsilon_1+\varepsilon_2)$$

定义附 4.1 如果存在长度 L,使得在每个区间上 $\alpha<x<\alpha+L$ 至少含有一个数 $\tau\in E$,那么实数 τ 的集合 E 称为相对稠密集。

相对稠密集最简单的例子是等差级数 $np(n=0,\pm1,\pm2,\cdots,p>0)$。相反,数 $\pm n^2(n=0,1,2,\cdots)$ 不是相对稠密集,因为在 $n\to\infty$ 情况下 $(n+1)^2-n^2=2n+1\to\infty$。相对稠密集可以描述为像等差级数“那么稠密的”集合。

定义附 4.2 如果对于任何 $\varepsilon>0$ 都存在函数 $f(x)$ 对应于 ε 移动的相对稠密集,那么在区间 $-\infty<x<\infty$ 上连续的函数 $f(x)$ 称为概周期函数。

任何纯周期函数都是概周期函数的简单例子。此外,如果 $f(x)$ 是概周期函数,那么函数 $f(x+c)$(c 为任意实数),$cf(x)$(c 为任意复数),$|f(x)|$ 都会是概周期函数。

概周期函数理论的主要结果都可以表述为以下定理。

定理附 4.1 每个概周期函数 $f(x)$ 都可以对于区间 $-\infty<x<\infty$ 上的所有 x,用有限和 $s(x)=\sum\limits_{n=1}^{N}a_n\mathrm{e}^{\mathrm{i}\lambda_n x}$ 均匀逼近,也就是对于每一个 $\varepsilon>0$ 存在和 $s(x)$,使对于所有 x 下式成立

$$|f(x)-s(x)|\leqslant\varepsilon$$

换句话说,所有 $s(x)=\sum\limits_{n=1}^{N}a_n\mathrm{e}^{\mathrm{i}\lambda_n x}$ 形式有限和的闭集合 $H\{s(x)\}$ 都与概周期函数形式一致。

附录5 R 函数的理论基础

求解解析几何的反向问题。

函数$\chi(x)$（集合χ 的二值谓词）

$$\chi(x)=\begin{cases}1, & 如果\ x\in\chi\\ 0, & 如果\ x\notin\chi\end{cases}$$

称为集合 E 的子集χ 的特征函数。

我们来研究由两个元素：0（假）和 1（真）构成的集合 B_2。

F 形式的映射：$B_2^n\rightarrow B_2$，即 $Y=F(X_1,X_2,\cdots,X_n)$，式中 $X_1,X_2,\cdots,X_n,Y\in B_2$ 称为 n 个自变量的布尔函数。两个变量的布尔函数总共有 16 种。

假设在 $\mathbf{R}^2$ 中给出区域 Ω，具有逐块光滑边界，必须建立函数 $w(x,y)$，使其在 Ω 内为正，在 Ω 外为负，在 $\partial\Omega$ 上等于零。方程 $w(x,y)=0$ 将以隐式决定表示区域边界的点的轨迹。

假设$\chi=(w(x,y)\geqslant 0)$是区域Ω的特征函数。如果有特征函数$\chi_i=(w_i(x,y)\geqslant 0)$和布尔函数 $Y=F(X_1,\cdots,X_m)$ 的某一函数系，那么可以建立谓词：

$$\chi=F(X_1,X_2,\cdots,X_m)=F[(\omega_1\geqslant 0),(\omega_2\geqslant 0),\cdots,(\omega_m\geqslant 0)]$$

它决定由辅助区域 $\Omega_1,\Omega_2,\cdots,\Omega_m$ 按布尔函数 F 决定的逻辑规则设计的区域Ω。

假设区域Ω是由初始区域$\Omega_1,\Omega_2,\cdots,\Omega_m$通过交集“$\cap$”、合集“$\cup$”及补集“$\neg$”的集合论运算形成的。形式上可以写成

$$\Omega=F(\{\Omega_1,\Omega_2,\cdots,\Omega_m\},\{\cap,\cup,\neg\})\qquad（附 5.1）$$

假设初始区域的形式比 Ω 更简单，且对于每个初始区域都已知其边界方程 $w_i(x,y)=0(i=1,2,\cdots,m)$。$R$ 函数方法能够根据对Ω 区域的集合论描写得到其边界方程的解析形式 $w(x,y)=0$。

函数的符号完全由其自变量符号决定的函数称为 R 函数（勒瓦切夫函数），它相当于把数轴分成两个区间$(-\infty,0)$和$[0,\infty)$（为了避免使用三值逻辑，有条件地把零归为正数）。在这种情况下与 R 函数一起同时提出了某一具有相同自变量数的布尔伴随函数。因此，还可以说，如果存在布尔函数 Φ，使 $S[z(x,y)]=\Phi[S(x),S(y)]$，式中二值谓词 $S(x)=\begin{cases}0, & x<0\\ 1, & x\geqslant 0\end{cases}$，那么函数 $z=f(x,y)$ 称为 R 函数。

每个 R 函数都对应于一个唯一的布尔伴随函数。相反则不正确，同一个布尔函数对应着 R 函数的无限集合（分支）。如果 H 元素所有累加集合与 R 函数集合的每

个分支的交集为非空集，那么由 R 函数构成的函数系 H 相当完全。H 函数系完全的充分条件是相应布尔伴随函数的函数系完全。主要相当完全的 R 函数系的契合列在附表 5.1 中。

我们把式（附 5.1）中分别用 $w(x,y)$ 替换 Ω，用 $\omega_i(x,y)(i=1,2,\cdots,m)$ 替换 Ω_i，用 R 运算符号 $\{\wedge,\vee,-\}$ 替换符号 $\{\cap,\cup,\rightharpoondown\}$，可以得到以初等函数形式决定所求方程 $\delta\Omega$ 的解析表达式

$$\omega(x,y)=0 \tag{附 5.2}$$

在这种情况下对于区域的内部点 $\omega>0$，对于外部点 $\omega<0$。

附表 5.1

符号	对于 R 契合的表达式
R_α	$x \wedge_\alpha y \equiv \frac{1}{1+\alpha}(x+y-\sqrt{x^2+y^2-2\alpha xy})$，$(-1<\alpha(x,y)\leqslant 1)$
R_0	$x \wedge_0 y \equiv x+y-\sqrt{x^2+y^2}$
R_1	$x \wedge_1 y \equiv \frac{1}{2}(x+y-\|x-y\|)\equiv \min(x,y)$
R_1^m	$x \overset{0}{\underset{m}{\wedge}} y \equiv (x+y-\sqrt{x^2+y^2})(x^2+y^2)^{m/2}$
$\underset{p}{R}$	$x \underset{p}{\wedge} y \equiv x+y-(\|x\|^p+\|y\|^p)^{1/p}$，$(p>1)$
$\overset{0}{\underset{n}{R}}$	$x \overset{0}{\underset{n}{\wedge}} y \equiv \begin{cases} xy(x^n+y^n)^{-1/n} & x>0,y>0 \\ x & x\leqslant 0,y\geqslant 0 \\ y & x\geqslant 0,y\leqslant 0 \\ (-1)^{n+1}(x^n+y^n)^{1/n} & x<0,y<0 \end{cases}$ $(n\geqslant 2)$
${}^sR_{spl}^m$	$x \wedge_{spl}^m y \equiv \frac{1}{2^m}[(x+y)^m \operatorname{sign}(x+y)^{m+1}-(x-y)^m \operatorname{sign}(x-y)^m]$ $(m\geqslant 1)$

规范化的边界方程，微分算子，如果

$$\omega_m\big|_{\partial\Omega}=0,\frac{\partial\omega_m}{\partial n}\bigg|_{\partial\Omega}=-1,\quad \frac{\partial^k\omega_m}{\partial n^k}\bigg|_{\partial\Omega}=0,\quad k=2,3,\cdots,m \tag{附 5.3}$$

式中，n 为在其周期点中确定的边界的外法线向量，那么区域方程 $\omega_m=0$ 称为 m 阶前的规范化方程。在只满足前两个条件（附 5.3）情况下，满足它们的函数 ω_1 称为简单规范化函数。

例如，直线的规范化方程是它的普通正规方程

$$x\cos\alpha+y\sin\alpha-p=0$$

式中，p 为极距；α 为极角。

如果 $\omega \in C^n(\mathbf{R}^2)$ 满足条件 $\omega|_{\partial\Omega}=0$ 及 $\left.\frac{\partial\omega}{\partial n}\right|_{\partial\Omega}>0$，那么表达式

$$\omega_1 \equiv \frac{\omega}{\sqrt{f\omega^2+|\nabla\omega|^2}}+\omega^2\Phi \in C^{n-1}(\mathbf{R}^2) \tag{附 5.4}$$

式中

$$|\nabla\omega| \equiv \sqrt{\left(\frac{\partial\omega}{\partial x}\right)^2+\left(\frac{\partial\omega}{\partial y}\right)^2}$$

$$\Phi, f \in C^m(\mathbf{R}^2),\quad \Phi,\quad f>0(\text{在}(x,y)\in\Omega\text{情况下})$$

它决定着边界 $\partial\Omega$ 所有周期点中满足条件 $\omega_1|_{\partial\Omega}=0$，$\left.\frac{\partial\omega}{\partial n}\right|_{\partial\Omega}=-1$ 的一簇函数。在个别情况下，式(附 5.4) 中取 $f=\text{const}>0$，$\Phi=0$ 很方便。

在结构层面上，对区域方程的规范化会使式(附 5.2) 左边的代数表达式变复杂。在实际上对于很多类型的区域建立规范化方程的过程可以得到简化，因为如果 $i\neq j$ 情况下 $\partial\Omega_i \cap \partial\Omega_j=\varnothing$，那么由规范化函数 ω_i 通过 R_α，$\underset{p}{R}$，$\overset{0}{\underset{n}{R}}$ 系统的 R 运算构成的函数 ω 也会在边界的周期点得到规范。

运用这一事实，某些几何体边界是在 $\mathbf{R}^2$ 中的已知规范化方程，以及对坐标系进行平移和旋转，可以自动得到比较复杂区域在边界周期点中规范化的方程。因此，边长为 $2a$ 和 $2b$ 的矩形的规范化方程形式为

$$\frac{1}{2a}(a^2-x^2)\wedge\frac{1}{2b}(b^2-y^2)=0$$

式中，$\wedge$ 为由 R_α，$\underset{p}{R}$ 或 $\overset{0}{\underset{n}{R}}$ 系统之一的 R 契合。

除了式(附 5.4) 分母中的表达式，可以采用与 $\frac{\partial\omega}{\partial n}$ 边界重合的其他不变为零的函数。函数 ω 正规化的最简单公式是

$$\omega_1 \equiv \frac{\omega}{|\nabla\omega|\partial\Omega} \tag{附 5.5}$$

这样，直线 $ax+by+c=0$ 的规范化方程形式为

$$\frac{1}{\sqrt{a^2+b^2}}(ax+by+c)=0$$

圆的规范化方程为

$$\frac{1}{2R}(R^2-x^2-y^2)=0$$

借助于规范化方程可以建立很多簇函数，其法向导数或切向导数，或者上述导数及区域边界上函数本身的任意线性组合具有设定值。为此引入下列变化系数与区域形状有关的线性微分算子

$$D \equiv \frac{\partial \omega}{\partial x}\frac{\partial}{\partial x}+\frac{\partial \omega}{\partial y}\frac{\partial}{\partial y} \tag{附 5.6}$$

$$T \equiv -\frac{\partial \omega}{\partial x}\frac{\partial}{\partial y}+\frac{\partial \omega}{\partial y}\frac{\partial}{\partial x} \tag{附 5.7}$$

式中，ω 为区域边界的正规化函数。在这种情况下对于 $\partial\Omega$ 上任意相当平滑的函数 f 有

$$Df\mid_{\partial\Omega}=-\left.\frac{\partial f}{\partial \boldsymbol{n}}\right|_{\partial\Omega},\quad Tf\mid_{\partial\Omega}=\left.\frac{\partial f}{\partial \boldsymbol{t}}\right|_{\partial\Omega} \tag{附 5.8}$$

式中，t 为边界切线的微量。对应于 $\partial\Omega$ 边界 $\partial\Omega_i$ 部分的 D 和 T 算子的模拟值分别通过下式表示

$$D^{(i)} \equiv \frac{\partial \omega_i}{\partial x}\frac{\partial}{\partial x}+\frac{\partial \omega_i}{\partial y}\frac{\partial}{\partial y},\quad T^{(i)} \equiv -\frac{\partial \omega_i}{\partial x}\frac{\partial}{\partial y}+\frac{\partial \omega_i}{\partial y}\frac{\partial}{\partial x} \tag{附 5.9}$$

式中，ω_i 为 $\partial\Omega_i$ 部分的规范化函数。

(附 5.6)，(附 5.7) 算子分别是在 $\partial\Omega$ 上与内法线及切线 m 阶层数一致的算子的个别情况：

$$D_m \equiv \sum_{i=0}^{m}\mathrm{C}_m^i\left(\frac{\partial \omega}{\partial x}\right)^{m-i}\left(\frac{\partial \omega}{\partial y}\right)^{i}\frac{\partial^n}{\partial x^{m-i}\partial y^i}=\left(\frac{\partial \omega}{\partial x}\frac{\partial}{\partial x}+\frac{\partial \omega}{\partial y}\frac{\partial}{\partial y}\right)^m \tag{附 5.10}$$

$$T_m \equiv \sum_{i=0}^{m}(-1)^i\mathrm{C}_m^i\left(\frac{\partial \omega}{\partial x}\right)^{i}\left(\frac{\partial \omega}{\partial y}\right)^{m-i}\frac{\partial^m}{\partial x^{m-i}\partial y^i} \tag{附 5.11}$$

因此，$D\equiv D_1$，$T\equiv T_1$。

如果函数 $\omega_1(x)$(式中 $x=(x_1,x_2,\cdots,x_n)\in\mathbf{R}^n$) 达一阶正规化，那么，作为

$$\omega_m=\omega_{m-1}-\frac{1}{m!}\omega_1^m D_m\omega_{m-1},\quad m=2,3,\cdots \tag{附 5.12}$$

计算的函数 $\omega_m(x)$ 满足式(附 5.3) 到 m 阶(包括 m 阶) 的正规化条件。

定理附5.1 假设 $\omega_1(x)\in C^{2m+1}(\Omega)$，并满足式(附5.3)到一阶规范化条件。那么函数

$$\omega_m=\frac{1}{2m}\omega_{m-1}(2m+1-[\nabla\omega_{m-1}-1]^2),\quad m=2,3,\cdots \tag{附 5.13}$$

属于 $C^m(\Omega)$ 类，并满足到 m 阶正规化条件。

极坐标中的 R 函数。假设 $r=r_1(\varphi)$ 和 $r=r_2(\varphi)$ 分别是由对于坐标始点星形限定区域 Ω_1，Ω_2 边界 $\partial\Omega_1$，$\partial\Omega_2$ 的极坐标方程。

显然在 Ω_1 和 Ω_2 内部 $r_1(\varphi)-r>0$，$r_2(\varphi)-r>0$。类似地在 Ω_1，Ω_2 外部满足不等式

$$r_1(\varphi)-r<0\quad 和\quad r_2(\varphi)-r<0$$

如果复杂区域 Ω(星形) 是通过 Ω_1，Ω_2 的交集或并集形成，也就是 $\Omega=\Omega_1\cap\Omega_2$ 或 $\Omega=\Omega_1\cup\Omega_2$，那么隐式 $\partial\Omega$ 边界方程分别可以通过契合及分离 R 运算写出

$$[r_1(\varphi)-r]\wedge[r_2(\varphi)-r]=0 \tag{附 5.14}$$

$$[r_1(\varphi)-r]\vee[r_2(\varphi)-r]=0 \tag{附 5.15}$$

假设 $\wedge$，$\vee$ 为 R_α 系统 R 运算的符号($-1<\alpha\leqslant 1$)，那么，变换后可以由式(附 5.14)，(附 5.15) 得到下列表达式

$$r=r_1\wedge_r r_2\equiv\frac{1}{2}[r_1(\varphi)+r_2(\varphi)-|r_1(\varphi)-r_2(\varphi)|]\equiv\min\{r_1(\varphi),r_2(\varphi)\} \tag{附 5.16}$$

$$r=r_1\wedge_r r_2\equiv\frac{1}{2}[r_1(\varphi)+r_2(\varphi)+|r_1(\varphi)-r_2(\varphi)|]\equiv\max\{r_1(\varphi),r_2(\varphi)\} \tag{附 5.17}$$

它们决定 $\partial\Omega$ 边界的极坐标形式。

如果引入小参数 $\varepsilon>0$，运用概 R 运算，那么代替式(附 5.16)，(附 5.17) 可得

$$r=r_1\wedge_r^\varepsilon r_2\equiv\frac{1}{2}\left[r_1(\varphi)+r_2(\varphi)-\sqrt{[r_1(\varphi)-r_2(\varphi)]^2+2\varepsilon^2}\right]-\varepsilon \tag{附 5.18}$$

$$r=r_1\vee_r^\varepsilon r_2\equiv\frac{1}{2}\left[r_1(\varphi)+r_2(\varphi)+\sqrt{[r_1(\varphi)-r_2(\varphi)]^2+2\varepsilon^2}\right]-\varepsilon \tag{附 5.19}$$

方程(附 5.18)，(附 5.19) 决定着辅助内环 $\partial\Omega^-$ 边界。由条件 $r\geqslant 0$ 可得

$$\varepsilon\leqslant\min_\varphi\left(r_1(\varphi)+r_2(\varphi)-\sqrt{r_1^2(\varphi)+r_2^2(\varphi)}\right) \tag{附 5.20}$$

那么，对于矩形区域$[-a,a]\times[-b,b]$有

$$r(\varphi)=r_1\wedge_r r_2,\quad r_1(\varphi)=\frac{a}{|\cos\varphi|},\quad r_2(\varphi)=\frac{b}{|\sin\varphi|}$$

在式(附 5.18)，(附 5.19) 中认为 $\varepsilon>0$，这相当于在区域 Ω 内部初始闭环 $\partial\Omega$ 形变的情况(在遵守条件(附 5.20) 情况下)。也可以选择参数 $\varepsilon<0$。那么 $\delta\Omega$ 环会在 Ω 外部的 $R^2\backslash\Omega$ 区域内部发生形变(扩大)。辅助环 $\partial\Omega^+$ 对于 $\partial\Omega$ 将为外部环。在这种情况下上述所有公式仍然正确，但条件(附 5.20) 不必要。在 $\varepsilon\to-\infty$ 情况下由(附 5.18)，(附 5.19) 运算形式的外环 $\partial\Omega_n^+$，$\partial\Omega_v^+$ 分别接近以 $\left(1-\frac{\sqrt{2}}{2}\right)|\varepsilon|$ 和 $\left(1+\frac{\sqrt{2}}{2}\right)|\varepsilon|$ 为半径的圆。

如果通过对平滑函数 $r_1(\varphi)$，$r_2(\varphi)$ 采用表达式(附 5.16)，(附 5.17) 可以得到边界 $\partial\Omega$ 方程 $r=r(\varphi)$，那么在 $r_1(\varphi)=r_2(\varphi)$ 情况下该方程不可微。由公式(附 5.18)，(附 5.19) 可得出描述平滑环，在边界段连接角点中没有特点(解析) 的函数。

运用平滑环 $\partial\Omega^-$，$\partial\Omega^+$ 边界方程 $r=r_-(\varphi)$，$r=r_+(\varphi)$，可以用下列方式建立接近 $\partial\Omega$ 的平滑环 $\partial\tilde{\Omega}$ 方程

$$\tilde{r}(\varphi)=\frac{r_-(\varphi)+r_+(\varphi)}{2}$$

例如，当 $r_-=r_1\wedge_r^{|\varepsilon|}r_2, r_+=r_1\wedge_r^{-|\varepsilon|}r_2$ 或 $r_-=r_1\vee_r^{|\varepsilon|}r_2, r_+=r_1\vee_r^{-|\varepsilon|}r_2$，我们有

$$\tilde{r}(\varphi)=\frac{1}{2}\left[r_1(\varphi)+r_2(\varphi)\mp\sqrt{[r_1(\varphi)-r_2(\varphi)]^2+2\varepsilon^2}\right] \quad \text{(附 5.21)}$$

复平面的曲线坐标方程。类似二维情况，我们研究在球坐标系 (r,θ,φ) 中构建平面方程的算法。

假设复杂区域 $\Omega\subset\mathbf{R}^3$，它是通过两个边界方程已知

$$r=r_1(\theta,\varphi),\quad r=r_2(\theta,\varphi) \quad \text{(附 5.22)}$$

的较普通区域 Ω_1,Ω_2 集合论的交集或并集形成的。那么可以通过（概）契合及（概）分解的代数运算得到边界 $\partial\Omega$（在 $\varepsilon=0$ 情况下）及辅助平滑表面（在 $\varepsilon\neq0$ 情况下）的方程

$$r=r_1\wedge^{\varepsilon}r_2\equiv\frac{1}{2}\left[r_1(\theta,\varphi)+r_2(\theta,\varphi)-\sqrt{[r_1(\theta,\varphi)-r_2(\theta,\varphi)]^2+2\varepsilon^2}\right]-\varepsilon \quad \text{(附 5.23)}$$

$$r=r_1\vee^{\varepsilon}r_2\equiv\frac{1}{2}\left[r_1(\theta,\varphi)+r_2(\theta,\varphi)+\sqrt{[r_1(\theta,\varphi)-r_2(\theta,\varphi)]^2+2\varepsilon^2}\right]-\varepsilon \quad \text{(附 5.24)}$$

接近 $\partial\Omega$ 的平滑表面以下列形式给出

$$\tilde{r}(\theta,\varphi)=\frac{1}{2}\left[r_1(\theta,\varphi)+r_2(\theta,\varphi)\mp\sqrt{[r_1(\theta,\varphi)-r_2(\theta,\varphi)]^2+2\varepsilon^2}\right] \quad \text{(附 5.25)}$$

向笛卡儿坐标的转换按下列公式进行

$$\begin{cases}x=r(\theta,\varphi)\sin\theta\cos\varphi\\ y=r(\theta,\varphi)\sin\theta\sin\varphi\\ z=r(\theta,\varphi)\cos\theta\end{cases} \quad \text{(附 5.26)}$$

求解边值问题的结构。在大多数情况物理场的数学模型具有偏导数微分方程边值问题的形式，对场的计算可以简化为在 Ω 区域 $\partial\Omega$ 边界上在下列条件情况下

$$L_iu=\varphi_i,\quad i=1,2,\cdots,m \quad \text{(附 5.27)}$$

在某一区域 Ω 中寻求方程

$$Au=f \quad \text{(附 5.28)}$$

的解，式中，A 和 L_i 为设定的微分算子；f 和 φ_i 分别是在 Ω 区域内部确定的函数和在其边界 $\partial\Omega_i$ 上确定的函数。$\partial\Omega_i$ 部分不一定都不一样，它们有可能与整个边界 $\partial\Omega$ 重合。

在提出边值问题中所列出的函数 u,f,φ 及算子 A 和 L_i 称为边值问题的解析成分，区域 Ω，其边界 $\partial\Omega$ 的部分称为几何成分。

只是对于很少类型的典型域（Каноническое областо）可以由式（附 5.27）、式（附 5.28）通过初等函数确定出 u。通常这种区域的边界是由变量所分布的一个坐标系

的坐标线(坐标面)形成。在其他情况可采用近似法来求解边值问题,而解可以通过某一基函数类$\{\varphi_k\}_{k=1}^{\infty}$,以具有未知系数的级数形式求得

$$u \approx \sum_{k=1}^{N} c_k^{(N)} \varphi_k \tag{附 5.29}$$

在这种情况下在开始就把式(附 5.27)、式(附 5.28)的非齐次问题简化为具有齐次边界条件和非齐次方程 $Au = F, x \in \Omega$,

$$L_i u \Big|_{\partial\Omega_i} = 0, \quad i = 1,2,\cdots,m \tag{附 5.30}$$

的边值问题是合理的。

如果作为函数类$\{\varphi_k\}_{k=1}^{\infty}$ 取函数类$\{\omega \chi_k\}_{k=1}^{\infty}$,式中$\{\chi_k\}_{k=1}^{\infty}$ 是在 Ω 中的完全函数类,而具有连续一阶层数的函数满足条件:

在 Ω 中 $\omega > 0$,

$$L_i \omega \Big|_{\partial\Omega_i} = 0, \quad i = 1,2,\cdots,m$$

那么,对于某些个别情况可以证明,函数类$\{\omega X_k\}_{k=1}^{\infty}$ 完全。在 $L_i f \equiv f$ 算子恒等的情况下对于圆及凸多边形的函数 ω 可以显式写出,这就可以只关注满足主要方程 $Au = f$,而不考虑边界条件。构建 ω 函数的更一般方法是以运用 R 函数理论为基础的。

表达式

$$u = B(\Phi, \omega, \{\omega_i\}_{i=1}^{N}, \{\varphi_i\}_{i=1}^{N}) \tag{附 5.31}$$

称为边值问题解的一般结构。在任意选择不确定成分 φ 的情况下,它都恰好满足边值条件。式中 B 为算子,它取决于区域 Ω,其边界 $\partial\Omega_i$ 段的几何形状,以及边界条件的算子。但与算子 A 及函数 f 的形式无关。

部分解的结构为

$$u = B_i(\Phi, \omega, \omega_i, \varphi_i) \tag{附 5.32}$$

形式的表达式,在任意选择不确定分量的情况下恰好只满足在第 i 段 $\partial\Omega$ 上的边界条件。

解的结构可以继续区域内部的边界条件。对于求解边值问题的 R 函数方法也称 R 函数结构法。对于二阶偏导数微分方程主要类型的边界条件(拉普拉斯方程,泊松方程,亥姆霍兹方程)及相应边值问题解的结构如附表 5.2 中所示(对 $\omega(x,y)$ 及 $\omega_2(x,y)$ 函数微分类型的边界条件在解的结构中是规范化的)。

构建复杂几何体方程问题是比较一般问题的个别情况,这时未知的函数 φ 在区域 Ω 的边界 $\partial\Omega_i$ 各段上的设定值为 φ_i,即

$$\varphi = \varphi_i (\text{在 } \partial\Omega_i \text{ 上}), \quad i = 1,2,\cdots,m \tag{附 5.33}$$

我们认为,φ_i 是在 $\Omega \cup \partial\Omega$ 区域中到处确定的基本初等函数(拉格朗日的广义公式)

$$\varphi=\frac{\sum_{i=1}^{m}\frac{\varphi_i}{w_i}}{\sum_{i=1}^{m}\frac{1}{w_i}} \tag{附 5.34}$$

式中，$\omega_i=0$ 为边界 $\partial\Omega$ 的 $\partial\Omega_i$ 段，且在 $\partial\Omega_i$ 外部 $w_i>0$，在区域中各处确定（除了对于各段的公共点外）。

边界条件	解的结构
第 1 种（狄利克雷） $u\mid_{\partial\Omega}=\varphi$	$u=\omega\Phi+\varphi$（坎脱罗维奇结构）
第 2 种（诺伊曼） $\partial u/\partial \boldsymbol{n}\mid_{\partial\Omega}=\varphi$	$u=(1-\omega D)\boldsymbol{\Phi}-\omega\varphi$
第 3 种（牛顿） $\left(\frac{\partial u}{\partial \boldsymbol{n}}+hu\right)\Big\vert_{\partial\Omega}=\varphi$	$u=[1+\omega(h-D)]\boldsymbol{\Phi}-\omega\varphi$
混合的 $\begin{cases}u\mid_{\partial\Omega_1}=\Phi_1\\ \left(\frac{\partial u}{\partial \boldsymbol{n}}+hu\right)\Big\vert_{\partial\Omega_2}=\varphi_2\end{cases}$	$u=\left[1=\frac{\omega_1\omega_2}{\omega_1+\omega_2}(h-D^{(2)})\right](\omega_1\boldsymbol{\Phi}+\varphi_1)-$ $\frac{\omega_1\omega_2}{\omega_1+\omega_2}\varphi_2$

在所列出表达式中的不确定成分 Φ 通常可以通过下列级数逼近

$$\Phi(x,y)=\sum_{k=0}^{K}c_k\psi_k(x,y) \tag{附 5.35}$$

式中，ψ_k 为完全基函数系的组成部分，而 c_k 为未知系数，它可以通过一种变分方法或投影方法（利杰茨法（методт Ритца)，布勃诺夫－加廖尔金法，最小二乘法等）求得。因此，把式（附 3.35）的不确定成分代入

$$u=B(\Phi,\omega,\{\omega_i\}_{i=1}^{N},\quad\{\varphi_i\}_{i=1}^{N}) \tag{附 5.36}$$

解的结构中，由于线性边界条件，可以得到展开式

$$u=\sum_{k=0}^{K}c_k\chi_k \tag{附 5.37}$$

利用结构公式与所列出方法相结合的效果在很大程度上取决于式（附 5.35）中逼近多项式 ψ_k 的选择。结构的算子 B 在对这些多项式产生作用的同时，会使其变形为式（附 5.37）中的序列 $\{\chi_k\}_{k=1}^{K}$，因此，向边值问题解近似的性质在很大程度上取决于函数 χ_k 的逼近性质。用来确定常数 C_j 的代数方程组系矩阵的受制约性及其他一些性能也与序列 $\{\chi_k\}_{k=1}^{K}$ 有关。所提及的很多方法都要求对区域 Ω 的多重积分计算（或多次计算大量被加数的和）。如果作为函数 ψ_k 选择的是小直径支撑集的有限函数，那么计算难度可以大大减小。那时，代数方程组矩阵的制约性得到改善。此外，

对其每个系数的计算不是计算整个区域Ω的积分，而只是计算函数支撑集ψ_k和ψ_j交集的积分。有限函数中特别是勋伯格样条、小波分析及很多原子函数都具有很好的逼近性质。

附录6 原子函数 $h_a(x)$

函数 $h_a(x)(a>1)$(图 6.1) 是函数微分方程

$$y'(x)=\frac{a^2}{2}[y(ax+1)-y(ax-1)] \qquad (附 6.1)$$

的有限解。在 $a=2$ 情况下函数 $h_a(x)$ 恒等于原子函数 $\mathrm{up}(x)$。我们列出 $h_a(x)$ 的主要性质：

(1) 在 $|x|\geqslant(a-1)^{-1}$ 情况下 $h_a(x)=0$；

(2) 在 $|x|\geqslant\frac{a-2}{a(a-1)}$，$a\geqslant 2$ 情况下 $h_a(x)=\frac{a}{2}$；

(3) $h_a(x)$ 的傅里叶变换形式为

$$\hat{h}_a(p)=\prod_{k=1}^{\infty}\operatorname{sinc}\frac{p}{a^k} \qquad (附 6.2)$$

且在点 $a\pi n(n\neq 0)$ 中变为零。借助于式(附 6.2)，因为随着 k 的增加，它们很快趋于 1，借助于式(附 6.2) 可以把 $h_a(x)$ 在 $|x|\leqslant(a-1)^{-1}$ 区间上的傅里叶级数展开式写为

$$h_a(x)=(a-1)\left(\frac{1}{2}+\sum_{k=1}^{\infty}F_a[(a-1)\pi k]\cos(a-1)\pi kx\right)$$

(4)(附 6.2) 形式的表达式是随机量 $\xi(a)=\sum_{j=1}^{\infty}a^{-j}\xi_j$ 的特征函数，式中 $\{\xi_j\}$ 为独立的、在 $[-1,1]$ 段上均匀分布的随机量序列。函数 $h_a(x)$ 是 $[-a^k,a^{-k}]$ 区间特征函数的无限卷积，是偶然值 $\xi(a)$ 的密度，因此，$\int_{-\infty}^{\infty}h_a(x)\mathrm{d}x=1$。特征区间的长度服从底为 $a^{-1}<1$ 的几何级数的规律。

(5) 式(附 6.2) 在零导数的值与 $h_a(x)$ 之间存在下列联系

$$\int_{-\infty}^{\infty}x^{2k}h_a(x)\mathrm{d}x=(-1)^k\hat{h}_a^{(2k)}(0)$$

此外，$\hat{h}_a^{(2k)}(0)=(2k)!\ c_{2k}(a)$，式中 $C_{2k}(a)$ 的值可以按照简单的递推公式计算

$$c_0(a)=1,c_{2k}(a)=\frac{1}{a^{2k}-1}\sum_{j=0}^{k-j}\frac{(-1)^{k-j}c_{2j}(a)}{(2k-2j+1)!},\quad k=1,2,\cdots$$

(6) 在 $a>2$ 情况下，函数 $h_a(x)$ 是在全集上的多项式，而在其余任何非全集的地方零是非解析函数(泰勒级数或是由有限项数构成，并且不向 $h_a(x)$ 收敛，或者具有零收敛半径)。在 $a>2$ 情况下函数 $h_a(x)$ 是 C^{∞} 类型的样条。

(7)$h_a(x)$ 的导数可以借助于(附 6.1)关系通过对函数本身的位移压缩来递推表示

$$h_a^{(n)}(x)=2^{-n}a^{\frac{n(n+3)}{2}}\sum_{k=1}^{2^n}\delta_k h_a\left(a^n x+\sum_{j=1}^{n}a^{j-1}(-1)^{p_j(k-1)}\right)$$

式中,$\delta_1=1,\delta_{2k}=-\delta_k,\delta_{2k-1}=\delta_k,k=1,2,\cdots$,而 $p_j(k)$ 为数 k 的 j 阶二进制展开数,即 $p_j(k)=[k^{2j}]\mathrm{mod}\ 2$。

我们仅限制在式(附 6.2)乘积中 M 有限项数,并通过 $h_{a,M(x)}$ 表示相应的函数。考虑到傅里叶变换的性质,可以得到下列递推的函数微分关系

$$h'_{a,M}(x)=\frac{a^2}{2}[h_{a,M-1}(ax+1)-h_{a,M-1}(ax-1)]$$

它在 $M\rightarrow\infty$ 的极限情况变为式(附 6.1)。函数 $h_{a,M}(x)$ 称为完全样条。

附录7　四元数理论的基本概念

四元数空间 H 元素由标量部分 $s\in\mathbf{R}$ 和矢量部分 $\boldsymbol{v}=(x,y,z)\in\mathbf{R}^3$ 构成。存在各种记录四元数 q 的形式

$$q\equiv[s,\boldsymbol{v}],\quad s\in\mathbf{R},\quad \boldsymbol{v}\in\mathbf{R}^3 \tag{附 7.1}$$

$$q\equiv[s,(x,y,z)],\quad s,x,y,z\in\mathbf{R} \tag{附 7.2}$$

$$q\equiv s+\boldsymbol{i}x+\boldsymbol{j}y+\boldsymbol{k}z,\quad s,x,y,z\in\mathbf{R} \tag{附 7.3}$$

在表达式(附 7.3) 中虚数单位 $\boldsymbol{i},\boldsymbol{j},\boldsymbol{k}$ 服从下列规则：

$$\boldsymbol{i}^2=\boldsymbol{j}^2=\boldsymbol{k}^2=\boldsymbol{ijk}=-1,\quad \boldsymbol{ij}=\boldsymbol{k},\quad \boldsymbol{ji}=-\boldsymbol{k}$$

$$\boldsymbol{jk}=\boldsymbol{i},\quad \boldsymbol{kj}=-\boldsymbol{i},\quad \boldsymbol{ik}=-\boldsymbol{j},\quad \boldsymbol{ki}=\boldsymbol{j} \tag{附 7.4}$$

矢量部分为零的四元数是标量，而标量部分为零的四元数是 $\mathbf{R}^3$ 中的矢量。

四元数 $q=[s,\boldsymbol{v}]$，$q'=[s',\boldsymbol{v}']$ 的加法运算及乘以标量 $\lambda\in\mathbf{R}$ 的运算按各部分进行

$$q+q'=[s+s',\boldsymbol{v}+\boldsymbol{v}'] \tag{附 7.5}$$

$$\lambda q=[\lambda s,\lambda\boldsymbol{v}] \tag{附 7.6}$$

四元数 $q=[s,\boldsymbol{v}]$ 和 $q'=[s',\boldsymbol{v}']$ 的乘积计算比较复杂

$$qq'=[ss'-\boldsymbol{v}\cdot\boldsymbol{v}',\boldsymbol{v}\times\boldsymbol{v}'+s\boldsymbol{v}'+s'\boldsymbol{v}] \tag{附 7.7}$$

式中符号(·) 和(×) 分别表示标量积和在 $\mathbf{R}^3$ 中的矢量积。因此，四元数的积是不可交换的。

对于任意的四元数 p,q,r 满足结合律和分配律

$$(pq)r=p(qr),\quad p(q+r)=pq+pr$$

$$(q+r)p=qp+rp \tag{附 7.8}$$

共轭四元数的形式

$$q^*\equiv[s,\boldsymbol{v}]^*\equiv[s,-\boldsymbol{v}] \tag{附 7.9}$$

它具有下列性质

$$(q^*)^*=q,\quad (pq)^*=q^*p^*$$

$$(p+q)^*=p^*+q^*,\quad qq^*=q^*\cdot q \tag{附 7.10}$$

四元数的范数确定如下

$$\|q\|\equiv\sqrt{qq^*} \tag{附 7.11}$$

范数的性质

$$\|q\|=\sqrt{s^2+\boldsymbol{v}\cdot\boldsymbol{v}}=\sqrt{s^2+x^2+y^2+z^2}$$

$$\| q^* \| = \| q \|, \quad \| qq' \| = \| q \| \, \| q' \| \qquad (附 7.12)$$

四元数 q, q' 的标量积形式为

$$q \cdot q' = ss' + xx' + yy' + zz' \qquad (附 7.13)$$

由此可得

$$\| q \| = \sqrt{q \cdot q} \qquad (附 7.14)$$

四元数空间 $\mathring{H} \equiv H \backslash \{[0,(0,0,0)]\}$ 是对于具有唯一中性元素 $I=[1,0] \in \mathring{H}$,$(qI = Iq = q)$ 的积的非阿贝尔群。对于任何 $q \in \mathring{H}$ 存在唯一的四元数倒数

$$q^{-1} = \frac{q^*}{\| q \|} \in \mathring{H} \qquad (附 7.15)$$

接下来我们研究具有单位范数的四元数的子集 $H_1 \subset H$。集合 H_1 是 $\mathring{H}$ 的子群，它构成四维空间中的单位球。对于单位四元数 $q=[s,\boldsymbol{v}] \in H_1$ 存在表达式

$$q = [\cos\theta, \quad \boldsymbol{v}'\sin\theta] \qquad (附 7.16)$$

式中，$\theta \in (-\pi, \pi]$，$\boldsymbol{v}' \in \mathbf{R}^3$。如果 $q, q' \in H_1$，那么

$$\| qq' \| = 1, \quad q^{-1} = q^* \qquad (附 7.17)$$

对于四元数 $q=[\cos\theta, \boldsymbol{v}\sin\theta] \in H_1$，对数计算如下

$$\log q \equiv [0, \theta\boldsymbol{v}] \qquad (附 7.18)$$

相应地对于 $q=[0,\theta\boldsymbol{v}]$ 形式的四元数（$\theta \in \mathbf{R}, \boldsymbol{v} \in \mathbf{R}^3$，$|\boldsymbol{v}|=1$），指数函数的形式为

$$\exp q \equiv [\cos\theta, \boldsymbol{v}\sin\theta] \qquad (附 7.19)$$

像实数情况一样，有恒等式

$$\log q^t \equiv t\log q \qquad (附 7.20)$$

利用指数和对数可以计算对于 $q \in H_1$ 的乘方 $t \in \mathbf{R}$

$$q^t \equiv \exp(t\log q) \qquad (附 7.21)$$

单位四元数的乘方运算具有以下性质

$$q^a q^b = q^{a+b}, \quad (q^a)^b = q^{ab}, \quad a, b \in \mathbf{R} \qquad (附 7.22)$$

由于四元数具有如下性质而成为表示三维空间中旋转的方便手段。

命题附 7.1 设 $q=[\cos\theta, n\sin\theta] \in H$，$r=(x,y,z) \in \mathbf{R}^3$，且 $p=[0,r] \in H$，那么，四元数 $p'=qpq^{-1}$ 是四元数 p 绕轴 n 转动 2θ 角。

命题附 7.2 设 $q_1, q_2 \in H_1$，那么对于四元数 q_1, q_2 进行依次旋转等效于对于四元数 $q_2 q_1$ 的一次旋转，即

$$q_2(q_1 p q_1^{-1})q_2^{-1} = (q_2 q_1)p(q_2 q_1)^{-1}$$

我们可以指出四元数的以下微分性质。

幂函数 q^t，$q \in H_1$，$t \in \mathbf{R}$ 的导数为

$$\frac{\mathrm{d}}{\mathrm{d}t} q^t = q^t \log q \qquad (附 7.23)$$

设 $f, g \in C'(R,H)$ 为实数自变量的连续微分“超复数值”函数。那么，积的导数

$$\frac{\mathrm{d}}{\mathrm{d}t}(f(t)g(t))=\left(\frac{\mathrm{d}}{\mathrm{d}t}f(t)\right)g(t)+f(t)\left(\frac{\mathrm{d}}{\mathrm{d}t}g(t)\right) \tag{附 7.24}$$

最后，在 $f\in C'(H,H)$，$g\in C'(R,H)$，$C\in \mathbf{R}$ 情况下，有

$$\frac{\mathrm{d}}{\mathrm{d}t}f(g(c))=f'(g(c))g'(c) \tag{附 7.25}$$

附录8 惠特克－奈奎斯特－香农理论及其广义理论

经典采样定理与惠特克－奈奎斯特－香浓级数。在现代数字处理及数据传递问题中广泛运用模拟信息的离散化算法，并且在实践中很合理地认为函数 $f(x)$ 的频谱是有限谱，因为实际信号所含有的有用信息只在有限的频带范围内，在该频带以外的频谱值相当小。这种离散化最常用的方法是借助于惠特克－奈奎斯特－香浓级数对信号按其样本值进行插值。

假设

$$\hat{f}(\xi)=\int_{-\infty}^{\infty} f(x)\mathrm{e}^{-\mathrm{i}\xi x}\mathrm{d}x,\quad f(x)=\frac{1}{2\pi}\int_{-\infty}^{\infty}\hat{f}(\xi)\mathrm{e}^{\mathrm{i}\xi x}\mathrm{d}\xi$$

决定着对函数 f 及其描绘 $\hat{f}$ 的两个傅里叶变换。

众所周知，在 $|p|>\Omega$ 情况下频谱 $\hat{f}(p)=0$ 的信号 $f(x)$ 可以通过其样本集还原

$$f(x)=\sum_{k=-\infty}^{\infty} f(k\Delta)\operatorname{sinc}\left[\frac{\pi}{\Delta}(x-k\Delta)\right] \tag{附 8.1}$$

式中 $0<\Delta\leqslant\frac{\pi}{\Omega}$。式(附 8.1)右边的表达式在国内文献中称为奈奎斯特级数(ряд Котелвникова)。在实践中必须限制其项数有限，并且项数应该相当大，因为在 $x\to\infty$ 时函数 $\operatorname{sinc}(x)$ 减小很慢。

以原子函数 $h_a(x)$ 为基础的惠特克－奈奎斯特－香浓广义级数。公式(附 8.1)只是在整函数理论中可能运用的插值公式之一。还可以运用原子函数的傅里叶变换来插值有限频谱信号。这是因为这些变换的零有规律分布。此外，原子函数的频谱在无穷远处趋于零的速度要比函数 $\operatorname{sinc}(x)$ 快得多，这就可以限定比较小的插值级数项数。

定理附 8.1 假设连续函数 $f(x)$ 具有有限频谱($\operatorname{supp}\hat{f}(p)=[-\Omega,\Omega]$)。那么下列准确展开式正确

$$f(x)=\sum_{k=-\infty}^{\infty} f(k\Delta)\hat{h}_a\left[\frac{a\pi}{\Delta}(x-k\Delta)\right] \tag{附 8.2}$$

如果满足条件 $a>2$，

$$\Delta\leqslant\frac{\pi}{\Omega}\cdot\frac{a-2}{a-1} \tag{附 8.3}$$

或者

$$\Delta<\frac{\pi}{\Omega},\quad a\geqslant\frac{2-\Delta\Omega/\pi}{1-\Delta\Omega/\pi} \tag{附 8.4}$$

式中，$\hat{h}_a$ 为原子函数 h_a 的傅里叶变换

$$\hat{h}_a(p)=\prod_{k=1}^{\infty}\operatorname{sinc}\frac{p}{a^k} \tag{附 8.5}$$

级数(附 8.5) 称为杰尔金－克拉夫琴科－巴萨拉布级数(РЯД ЗКБ)。我们要指出一些数值插值信号新方法的特点。首先，在实际计算中必须要限制式(附 8.5)右边积的项数有限

$$\hat{h}_{a,M}(p)=\prod_{K=1}^{M}\operatorname{sinc}\frac{p}{a^k} \tag{附 8.6}$$

(完全样条 $h_{a,M}(x)$)。可以确信，在这种情况有式(附 8.2) 的精确展开式，而代替条件(附 8.3) 应该满足更弱的限制条件

$$a(1+a^{-M})>2,\quad \Delta\leqslant\frac{\pi}{\Omega}\cdot\frac{a(1+a^{-M}-2)}{a-1} \tag{附 8.7}$$

在附表 8.1 中对于不同数量的乘积项数 M 给出了由求解方程 $a(1+a^{-M})-2=0$ 得到的最低可能的值 a。显然，在 $M=1$ 情况下作为个别情况可以得到惠特克－奈奎斯特香浓级数(附图 8.1)。

附表 8.1

M	a	M	a	M	a	M	a
1	1	4	1.840 5	7	1.984 3	10	1.998 0
2	1.024 1	5	1.927 7	8	1.992 2	11	2.000 0
3	1.618 9	6	1.966 0	9	1.996 1	12	2.000 0

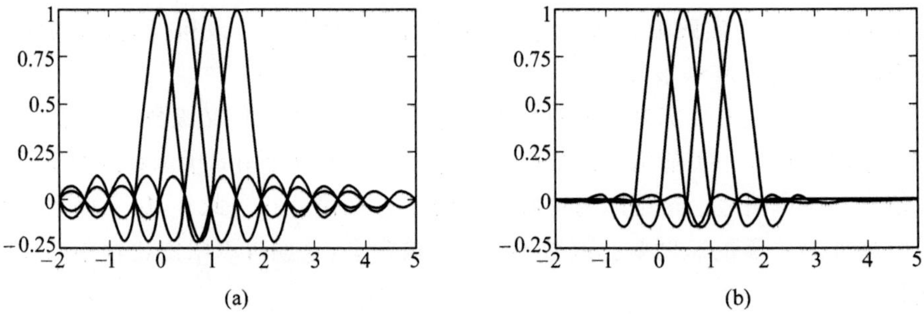

附图 8.1　惠特克－奈奎斯特香浓级数

(a) 在 $a=3$ 情况下的杰尔金－克拉夫琴科－巴萨拉布级数(b) 的相邻函数

第二个问题是必须限制杰尔金－克拉夫琴科－巴萨拉布级数为有限项数

$$\tilde{f}_N(x)=\sum_{k=-N}^{N}f(k\Delta)\hat{h}_a\left[\frac{a\pi}{\Delta}(x-k\Delta)\right]$$

在这种情况中截割效果，不像在用惠特克－奈奎斯特－香浓级数逼近时起那么重要的作用，因为式(附 8.5)，(附 8.6) 函数的旁瓣程度要比 sinc(p) 低得多(附图 8.1)。

名词索引

参考文献

[1] 茹拉夫廖夫 В Ф,科利莫夫 Д М. 固态波陀螺仪[M]. 莫斯科:科学出版社,1985.

[2] 马特维耶夫 В А,里巴特尼果夫 В И,阿列锌 А В. 固态波陀螺仪的设计仪[M]. 莫斯科:莫斯科国立鲍曼技术大学出版社,1997.

[3] 巴萨拉布 М А,克拉夫琴科 В Ф,马特维耶夫 В А. 陀螺仪中物理过程的数学模拟仪[M]. 莫斯科:无线电技术出版社,2005.

[4] 巴萨拉布 М А,克拉夫琴科 В Ф,马特维耶夫 В А. 陀螺仪中信号的模拟方法及数字处理方法仪[M]. 莫斯科:数理技术文献出版社,2007.

[5] 谢维洛夫 Л А. 陀螺系统力学[M]. 莫斯科:莫斯科航空学院出版社 1996.

[6] 茹拉夫廖夫 В Ф. 理论力学基础[M]. 莫斯科:数理技术文献出版社,2001.

[7] 拉斯波波夫 В Я. 微机械仪表(教学参考书)[M]. 莫斯科:机械制造出版社,2007.

[8] 斯捷奇京 С Б,苏博金 Ю Н. 计算数学中的样条函数[M]. 莫斯科:科学出版社,1976.

[9] 格力果留克 Э И, 玛玛依 В И. 薄壁构件的非线性形变[M]. 莫斯科:数理技术文献出版社,1997.